古塔保护技术

袁建力 等 编著

科学出版社

北京

内 容 简 介

　　中国古塔是世界建筑遗产的重要组成部分,具有宝贵的历史、艺术和科学研究价值。本书针对文物保护和现代科学技术发展的需求,基于国内外科学研究和工程实践的成果,对古塔的保护技术作了系统地归纳提炼和运用分析。全书由 10 章组成,在分析古塔的类型与结构、损坏原因与特征的基础上,介绍了古塔的测绘技术、无损检测技术、动力特性测试技术、模型试验与有限元分析技术、地基基础加固与塔体扶正技术、塔身加固技术、构件的修缮技术以及防火防雷技术,论述了各项技术所依据的基本原理、方法和发展趋势,给出了典型工程的应用实例。书中所述的古塔保护技术,既遵循了文物保护和结构安全的原则,也体现了传统工艺和现代科学技术的兼容性,其基本方法可推广至同类砖石、砖木古建筑的保护工程。

　　本书内容丰富、资料详实,注重理论知识与工程实践的结合,具有较强的学习指导和实用价值,可作为城市建设规划部门、文物管理保护部门和古建园林公司科技人员的专业用书,也可作为土木工程、建筑学、风景园林学、旅游管理等专业研究生的参考教材。

图书在版编目(CIP)数据

古塔保护技术 / 袁建力等编著. —北京:科学出版社,2015.11

ISBN 978-7-03-046375-3

Ⅰ. ①古… Ⅱ. ①袁… Ⅲ. ①古塔–文物保护–技术 Ⅳ. ①TU746

中国版本图书馆 CIP 数据核字(2015)第 271165 号

责任编辑:杨　琪　程心珂 / 责任校对:张怡君
责任印制:赵　博 / 封面设计:许　瑞

科 学 出 版 社 出版

北京东黄城根北街 16 号
邮政编码:100717
http://www.sciencep.com

北京利丰雅高长城印刷有限公司 印刷

科学出版社发行　各地新华书店经销

*

2015 年 11 月第 一 版　　开本:720×1000 1/16

2015 年 11 月第一次印刷　　印张:19 1/2

字数:393 000

定价:189.00 元

(如有印装质量问题,我社负责调换)

前　　言

中国宝塔融合了中外文化与建筑艺术的精华，是古代高层建筑的杰出代表。屹立在神州大地上的古塔，以其高耸挺拔的造型和精致典雅的结构展示着文物建筑的特有功能，构筑了历史文化名城和旅游胜地的标志性景观，体现了中华传统文化艺术和建筑技术的高度成就。

中国自汉代开始建造宝塔，目前存世的古塔大多已有数百年或上千年历史，具有极高的历史、艺术和科学研究价值。现存的古塔大多数经历了长期的环境侵蚀或人为损坏，加之自身的薄弱构造和材料老化，结构的整体性能已严重衰退，急需加固和修缮。加强古塔的保护，发挥其宝贵的价值，已成为全社会的共识。

新中国成立之后，古塔的保护工作得到了国家和各级政府的重视，在对遗存古塔考证、勘定的基础上，许多重要的古塔被列入国家、省、市文物保护单位，并逐步实施了维修和加固。自改革开放以来，古塔保护的力度显著加大，列入全国重点文物保护单位的古塔从1982年之前的三十多处增加到2013年的四百多处，充分显示了"盛世修浮图"的深刻涵义。

针对古塔的损伤特征和安全现状进行有效的诊断，采取合理的保护措施使古塔益寿延年，是一项重要的基础性工作。随着我国经济社会建设的发展，政府和社会各界对古塔保护的关注度以及经费的投入也在逐步增加；各级古建园林管理部门、科研院所和高等学校，已积极开展了包括古塔在内的古建筑保护研究工作，并取得了较为丰富的成果。进一步提炼和推广古塔的保护技术，对古塔实施系统的科学性保护，是提升中华传统文化实力的一个组成部分，必将产生相应的经济价值和重要的社会意义。

在国家自然科学基金项目"砖石古塔地震损伤机理与分析模型"、国家自然科学基金重点项目"古建木构的状态评估、安全极限与性能保持"、国家自然科学基金国际合作项目"地震损伤对砖石古塔动力特性的影响"、科技部中国-意大利政府间合作项目"Measure Technology and Modeling Method on Dynamical Behavior of Ancient Buildings"、科技部中国-意大利政府间合作项目"The Chinese pagodas and the Italian middle age towers: Monitoring, models and structural analysis of some emblematic cases"、江苏省社会发展基金项目"虎丘塔纠偏加固与监控技术研究"、扬州市自然科学基金项目"砖木古塔修缮加固技术与抗震能力鉴定的系统方法"、江苏省高校自然科学基金项目"基于探地雷达的砖石古塔特征参数识别及修复评价研究"、江苏省研究生创新工程项目"古塔抗震加固结合体的耐久性与可更新技术"等支持下，本书作者及课题组成员通过二十多年的科学研究和工程实践，在古塔保护技术领域获得了初步的系列性成果。结合文物保护和现代科学技术发展的需求，本书作者基于国内外科学研究和工程实践成果，对古塔的保护技术作了系统的归纳提炼和运用分析，编著了《古塔保护技术》。

本书由 10 章组成，在分析古塔的类型与结构、损坏原因与特征的基础上，介绍了古塔的测绘技术、无损检测技术、动力特性测试技术、模型试验与有限元分析技术、地基基础加固与塔体扶正技术、塔身加固技术、构件修缮技术以及防火防雷技术，论述了各项技术所依据的基本原理、方法和发展趋势，给出了典型工程的应用实例。书中所述的古塔保护技术，既遵循了文物保护和结构安全的原则，也体现了传统工艺和现代科学技术的兼容性，其基本方法可推广至同类砖石、砖木古建筑的保护。

本书的前言、第 1 章、第 2 章、第 7 章、第 8 章由袁建力撰写，第 3 章由孔明明撰写，第 4 章由王仪撰写，第 5 章由袁建力、樊华撰写，第 6 章由李胜才撰写，第 9 章由沈达宝撰写，第 10 章由凌代俭撰写；袁建力对全书进行了统稿和校阅。

本书的素材，除了参考文献中所列之外，尚有部分资料源于国家、省市文物管理部门及相关的网站，在此，对本书所依据的基础材料的作者和编撰者致以诚挚的谢意。对于本书中存在的错误和不足之处，热忱地希望读者和同行专家批评指正。

编著者

扬州大学

2014 年 8 月

目　　录

第1章 古塔的发展历程与保护意义

1.1 塔的起源与发展历程

中国自汉代开始建造宝塔，目前存世的古塔大多已有数百年或上千年历史，具有极高的历史、艺术和科学研究价值，是人类宝贵的文化遗产。屹立在神州大地上的古塔，以其高耸挺拔的造型和精致典雅的结构展示着文物建筑的特有功能，构筑了历史文化名城和旅游胜地的标志性景观，体现了中华传统文化艺术和建筑技术的高度成就。

中国古代建筑的类型非常丰富，包括了楼、台、亭、阁、殿、堂等。中国哲学思想的博大包容性和历代政府采取的"外为己用、推陈出新"的方针，有效地促进了新的建筑类型的产生和发展。宝塔是在我国传统建筑的基础上，吸收外来的艺术形式所创造出的一种新型建筑的成功典范。

塔的原型为印度埋藏高僧遗骨的墓式建筑"窣堵波"。佛祖释迦牟尼去世后，各地弟子筑墓分藏他的舍利以为纪念，窣堵波遂成为佛教建筑的一种形式。中国古代依据梵文"Stupa"和巴利文"Thupo"音译为"窣堵波"和"塔婆"，也称为"浮屠""浮图"等，后根据其造型和含义简化为中华文字"塔"；因塔中藏有佛教珍品，故尊称为"宝塔"。窣堵波随佛教传入中国，对中国早期的宝塔有一定的影响。汉末三国之际，丹阳人笮融在徐州"大起浮图，上累金盘，下为重楼"，是中国造塔的最早记载，该塔的类型为中式多层木楼阁与佛教建筑"窣堵波"的结合。

随着社会经济、宗教文化和科学技术的发展，塔的建筑材料、类型和结构在不断地丰富和完善，并形成了各个历史时期的特色。

汉末和南北朝时期是佛塔在中国初步兴起的阶段，中国固有的木作技术在塔的建造上发挥了显著的作用；木构的楼阁式塔是当时的主流，塔体大都为方形平面，中心用上下贯通的木柱加强结构的整体性。建于北魏时期的洛阳永宁寺塔，为九层四方形楼阁式塔，举高达数十丈，显示了中国古代高层木结构的卓越建造水准。在这一时期，制砖技术和砌筑工艺得到了快速发展，"叠涩"砌筑工艺已成功地运用于佛塔的建造；现存最早的砖塔——河南登封嵩岳寺塔，其"凌空八相而圆"的十二边形塔体和十五层密接的塔檐，反映了砖结构技术的巨大进步。

隋、唐和五代时期，砖已基本取代木材成为造塔的主要材料，有效地提高了塔的防火性和坚固性。模仿木建筑的楼阁式、亭阁式、密檐式砖塔大量涌现，丰富了古塔的造型艺术。这一时期塔的平面以稳重大方的四方形为主，在立面上逐层收分至塔顶。现今遗存的唐代古塔平面基本上为正方形，如中国佛教史上著名的西安兴教寺玄奘法师墓塔、体现民族文化结晶的云南大理崇圣寺千寻塔等。

宋、辽、金时期，塔的建筑形式、营造技术都进入了高峰时期，建筑材料也丰富多样。塔的平面已由四方形发展到六角形、八角形，既丰富了塔的造型，又改善了结构的性能和通视条件。建于辽代的山西应县佛宫寺释迦塔，高度达67.31米，是世界上现存最高大古老的楼阁式木塔，其特有的上下层"叉柱造"连接构造和四百多组丰富多彩的斗栱，体现了中国木结构的高超技艺。建于宋代的河北定县开元寺塔，是十一层楼阁式砖塔，高度达84.2米，开创了古代超高层建筑的先河。金属、琉璃等新材料也在塔的建造中得到了应用，建于北宋时期的河南开封祐国寺塔，全部构件和纹饰都用深褐色琉璃砖砌成，形似"铁塔"，展示了精湛的琉璃工艺水平。

元、明、清时期，多种宗教在中国并行发展，一批新型的宗教塔，如覆钵式塔、过街塔、金刚宝座塔、傣族佛塔群等相继出现，极大地丰富了中国塔的类型。元代引进并在明、清时期得到发展的覆钵式塔是独具特色的代表，由尼泊尔匠师参与设计的北京妙应寺白塔，以稳重的"亚"字形台座、圆浑的覆钵式塔身、庄严的相轮式塔顶构筑了轮廓雄浑的建筑造型，是喇嘛教佛塔中最杰出的创作。明清时期，受科举考试和风水学说的影响，各地建造了大量风水塔以振兴文风或弥补山川形势不足；这些塔大都建造在风水胜地，以楼阁式砖木塔居多，且多以文星塔、振风塔、文峰塔等为名，在造型上也更加注重体现儒教、道教的精神氛围。

为了满足时代的发展和社会需要的变化，塔的功能也逐渐超越宗教的范围在不断地拓展。利用高耸的塔体登高眺望，是中国古塔的一个主要功能；建造在古代边境区域的宝塔，大多兼具战时观察敌情、平时观赏风景的双重用途。依据醒目地段的高塔作为地理标记，是中国古塔的又一实用功能；位于江河岸边或高山之巅的宝塔，是古代交通导向和现代航拍绘图的重要标志性建筑物。借用高耸宝塔的象征性意义来洁净心灵、促进文风，已成为中国古塔的普遍性功能；屹立在神州大地上的古塔，以其精美的结构、挺拔的姿态展现着我国先民的智慧和创造力，并激励着中华民族继往开来、谱写出人类文明新的篇章。

1.2 古塔的类型

中国古塔在近两千年的发展历程中，形成了非常丰富的类型。古塔按建筑造型可分为楼阁式塔、密檐式塔、亭阁式塔、覆钵式塔、金刚宝座塔、花塔等；按建筑材料可分为土塔、木塔、砖塔、砖木塔、石塔、金属塔等。

1.2.1　古塔按建筑造型分类

1. 楼阁式塔

楼阁式塔体型高大、数量众多，是中国古塔中最具代表性的建筑类型。在佛教传入之前的战国、秦、汉时期，我国木结构技术已经发展到一个相当高的水平，修建了大量的多层楼阁。"窣堵波"传入中国后，首先与先进的造楼技术相结合，产生了楼阁式的木塔。唐代以后，随着砖结构技术的发展，砖木结构和砖石仿木构的楼阁式塔成为古塔的主要类型。

楼阁式塔一般具有以下特征：①每一层之间的距离较大，一层塔身相当于一层楼阁的高度；②每层均设有门、窗、柱、枋、斗栱等，与木结构相仿；③塔檐大都仿照木结构房檐建造，木结构或砖木结构的楼阁式塔在转角处有悬挑较大的飞檐；④塔内一般都设有楼梯，能够登临眺望。

现存的著名楼阁式古塔有：陕西西安大雁塔、山西应县佛宫寺释迦塔、苏州云岩寺塔、浙江杭州六和塔、福建泉州开元寺双塔等。建于唐长安年间（701～704 年）的西安大雁塔，为七层方形仿木楼阁式砖塔（图 1-1），高 64.5 米，是我国盛唐时期遗留的佛教胜迹。建于辽清宁二年（1056 年）的应县佛宫寺释迦塔，为五层八角形楼阁式木塔，高 67.31 米，是我国保存最为完整、年代最早的木塔（图 1-2）。

图 1-1　西安大雁塔

图 1-2　应县佛宫寺释迦塔

2. 密檐式塔

密檐式塔是多层古塔中的一种主要类型，大多建造于辽代，分布在我国的北方地区。密檐式塔基本采用砖砌筑，运用"叠涩"工艺构造出密接的塔檐。这种塔的主要特点如下：①第一层塔身特别高大，其上每层之间的距离很小，塔檐紧密相连，形似重檐楼阁的重檐；②第一层塔身开设门窗，其上各层一般不开门窗或设置假窗。少数密檐塔为了内部采光的需要，在檐与檐之间开设了少量的采光小孔；③辽、金时期的密檐式塔基本为实心塔体，不能登临眺望。一些采用空心筒壁的密檐式塔，如嵩岳寺塔、小雁塔等，也不适合于登眺之用；④仿木建筑的密檐式塔，塔身第一层大多有佛龛、佛像、门窗、柱子、斗栱等装饰。

现存的著名密檐式古塔有：河南登封嵩岳寺塔、陕西西安小雁塔、云南大理崇圣寺千寻塔、北京天宁寺塔、河北昌黎元影塔等。建于北魏正光元年（520年）的河南登封嵩岳寺塔（图1-3），高41米，采用砖砌空心筒体结构，外部造型为十二角尖锥体，是我国年代最久的密檐式塔。建于辽代大康九年（1083年）的天宁寺塔是北京地区年代最久的古建筑，塔高57.8米，为八角十三层密檐式实心砖塔，塔檐逐层收减，呈现出丰富有力的卷刹（图1-4）。

图1-3 登封嵩岳寺塔

图1-4 北京天宁寺塔

3. 亭阁式塔

亭阁式塔是印度窣堵波与我国传统建筑中的亭阁相结合的产物，基本上与楼阁式塔在同一时期出现。亭阁式塔大多采用砖石建造，也有少数用土坯修建。亭阁式塔的特点是：塔身为单层的方形、六角、八角或圆形的亭子，下建台基，顶部冠以塔刹；也有的在塔顶上加一小阁，上置塔刹。建于东魏时期的山东历城神通寺四门塔（图 1-5），高 15 米，采用青石砌筑，是中国现存最早、保存最完整的单层亭阁式石塔。

　　高僧墓塔常采用亭阁式塔的造型，著名的有山东长清慧崇禅师塔、河南登封净藏禅师塔、山西平顺明惠大师塔等。山西五台山佛光寺的祖师塔是一种特殊形制的亭阁式塔（图 1-6），塔室之上小阁的高度较大、构造精美，也可视为两层的楼阁式塔。

图 1-5　历城神通寺四门塔　　　　　　图 1-6　五台山佛光寺祖师塔

4. 覆钵式塔

　　覆钵式塔的外形与印度窣堵波的形制非常接近，塔的下部为一高大的基座，其上砌筑瓶式或钵式塔身，塔身之上为逐层收缩的相轮，顶上设有华盖和宝刹。由于塔身的造型类似一个倒置的喇嘛教化缘钵，所以称为"覆钵式"塔。自元代以来，喇嘛教建佛塔常采用此种形式，所以又称为喇嘛塔。

　　元代时期喇嘛教在我国广泛传播，其中尤以西藏最盛，这种源于窣堵波式的塔逐成为喇嘛教建塔的基本形式。覆钵式塔在内地发展的过程中，结合了高层楼阁式塔和密檐式塔的建筑成就，形体更加高大雄伟。现存全国最大的覆钵式喇嘛塔——北京妙应寺白塔（图 1-7），高 59 米，建于元朝至元八年（1271 年），由尼泊尔工匠阿尼哥主持设计，是我国建造最早的覆钵式塔。明清时期喇嘛教继续发展，覆钵式塔修建得更多，而且成为高僧墓塔的主要形式。覆钵式塔有时也被作为园林的点缀，如北京北海琼华岛白塔、江苏扬州瘦西湖莲性寺白塔等。在过街塔和金刚宝座塔之上所建的小塔，大多也采用覆钵式塔。

5. 金刚宝座塔

　　金刚宝座塔在佛教上属于密宗一派，以五方佛为内容，象征须弥山五形。以北京真觉寺金刚宝座塔（图 1-8）为例，据明成化九年（1473 年）"创建真觉寺金刚宝座塔碑记"和《帝京景物略》上记载，此塔系仿照中印度的规式与佛陀伽耶（Bunda Gaya）的金刚宝座大塔而建；但是与两者相比，也不完全一致。佛陀伽耶塔塔座较低，台上五塔中间一塔较大；而真觉寺金刚宝座塔的台座极为高大，中塔稍大，其余四塔相去不远。尤其是雕刻技法、风格，均具中国传统艺术特点，斗栱、柱子、椽飞、瓦垄等均为中国建筑的结构形式。值得注意的是，金刚宝座塔结合了我国古代高层建筑的特点，台座修建得十分高大，以显示其不凡的气势。

现存金刚宝座塔的实物不多，约十来座，大都为明清时期建造，计有云南昆明妙湛寺金刚宝座塔、北京真觉寺金刚宝座塔、碧云寺金刚宝座塔、西黄寺金刚宝座塔，内蒙古呼和浩特金刚座舍利宝塔，山西五台山圆照寺金刚宝座塔、甘肃张掖金刚宝座塔等。建于明成化九年的北京真觉寺金刚宝座塔，为五座密檐方形石塔，石造金刚宝座高 7.7 米，中心宝塔高 8 米，是我国最早的金刚宝座塔。

图 1-7　北京妙应寺白塔　　　　　图 1-8　北京真觉寺金刚宝座塔

6. 花塔

花塔，也称华塔，其特征是在塔的上半部装饰有巨大的莲瓣，或密布佛龛及狮子、大象等动物形象，或点缀其他装饰，看去形如一束巨花，因此被称为花塔。花塔的出现，受印度、东南亚佛教国家寺塔雕刻装饰的影响，也代表了我国古塔发展从高大朴质向华丽的趋势。花塔最初的发展是从亭阁式的墓塔开始的，即在亭阁式塔的塔顶之上加上几层大型仰莲花瓣为装饰，山西佛光寺东南的唐代亭阁式墓塔即是初期花塔的例子。

花塔大多数是辽金时期建造的，到元代以后较为少见。在古塔发展过程中，花塔是一种值得重视的古塔类型，目前保存的数量也很少。

现存著名的花塔有河北正定广惠寺花塔、北京房山万佛堂花塔、河北涞水庆化寺花塔等。建于金大定年间（1161～1189 年）的河北正定广惠寺花塔（图 1-9）是现存最大的花塔；该塔由主塔和附属小塔组成，高 40.5 米，造型奇特，结构富于变化，是我国砖塔中造型最为奇异、装饰最为华丽的塔。

7. 过街塔及塔门

过街塔的特点是建于街道中或是大路之上，修建成门洞的形式，塔的下面可走行人车马。过街塔在建筑造型上结合了我国古代城关建筑的特点，因而曾有人直呼这种塔为"关"，如北京居庸关云台被称为"居庸关"，江苏镇江过街塔被称作"昭关"。过街塔及塔门在佛教教义上曾有这样说法：让过往行人得以顶戴礼佛，即从塔下经过就算是向佛进行礼拜了。

过街塔和塔门也是从元代开始发展起来的，由于元代大兴喇嘛教，所以过街塔和塔门上的塔大多是喇嘛塔。北京居庸关云台就是元代至正二年（1342 年）创建的过街塔的座子。江苏镇江的昭关，是一座跨于大街之上的石制门框的楼子，上建一喇嘛式塔。北京西郊法海寺门前有一个塔门，跨于大道之上，上建喇嘛塔一座。河北承德普陀宗乘之庙的内外建有不少的塔门，跨于大道之上，有一孔、三孔的，门上的塔有单塔、三塔和五塔等。承德普陀阁和北京颐和园后山香岩宗印之阁四周的四大部洲的塔台，其下开有券门，以表示人行其下顶戴礼佛之义。建于元代的镇江昭关石塔（图 1-10），高 4.69 米，分为塔座、塔身、塔颈、十三天、塔顶五部分，全部用青石分段雕成，是我国保存完好、年代最久的过街石塔。

图 1-9　河北正定广惠寺花塔

图 1-10　江苏镇江昭关石塔

8. 其他形式的塔

自从塔在我国出现以来，古代匠师在传统建筑艺术的基础上，结合地域和民族的特点建造出了多种表现形式和建筑风格的塔。除了上述主要建筑类型的塔之外，还有以石材建造为主的经幢式塔、宝箧印塔、五轮塔等经塔和墓塔，具有特殊造型的圆柱式塔、球形塔、多顶塔等，以及兼具楼阁式、密檐式和覆钵式特征的组合式塔，多种类型塔并列组合而成的塔群、塔林等。各具特色、形式多样的古塔，既丰富了古塔的建筑类型，也扩大了古塔在世界建筑遗产中的整体影响。

1.2.2 古塔按建筑材料分类

1. 土塔

依据当地的经济状况及出产的建筑材料营造建筑物，是我国古代建筑所遵循的营造原则。在我国西北地区的一些佛寺里，就有各时期建造的土塔。这些地区气候干燥、年降雨量很少，但土质较纯、粘结性好，适合用土坯砖建造塔和其他类型的建筑。

土塔以喇嘛塔较多，其主要原因在于喇嘛塔是实心体，没有塔室，完全可以用土来堆砌。土塔一般用土坯砌筑成型，然后用极细的黄泥浆抹面使外表平整，待干燥后再粉刷一层白灰成为白色喇嘛塔。

土塔在年代上出现最早，但是并末得到普及与发展，而逐渐被其他材料所筑的塔取代。其主要原因：一是受环境气候限制，在气候潮湿、土质松软的地区容易被侵蚀和损毁；二是受土的力学性能限制，难以建造出外形优美、结构高大的塔体。

但通过技术改良，采用特殊的工艺制作的土坯砖，并结合细致的构造技术，造出较为高大的土塔也不无可能。如用糯米浆、石灰、卵石、黄土和麻纤维等材料，按照一定比例拌和压制成土坯砖，可有效地提高土坯砖的强度和防风化能力。位于四川安县花荄镇的文星塔（图1-11），就是用特制土坯砖建造且保存较好的古塔。该塔建于清光绪十六年（1890年），为13层方形楼阁式塔，通高28米。塔体第一层下部用条石砌筑，以增强承载能力和防潮性能；其余12层用340mm×240mm×150mm的土坯叠砌至顶，出檐部分用300mm×250mm×70mm的青砖叠涩出檐防水。文星塔在2008年汶川特大地震中震毁，于2010年采用仿古方法制作土坯砖并按原样进行了修复。

2. 木塔

我国木塔起源甚早，汉末三国时代笮融"大起浮图，上累金盘，下为重楼"，造的就是木塔。在随后的近千年期间，木塔始终居我国古塔造型艺术之首要位置。

　　常见木塔的平面为方形或八角形，其造型大多为楼阁式。中国古代工匠在木结构建筑的营造方面积累了丰富的经验，不仅能充分利用构件组合的技巧创造出优美的塔型，而且能合理地采用叠层结构建造高大稳定的塔身。

(a) 文星塔原貌　　　　　(b) 土坯砖制作　　　　(c) 用土坯砖复建的塔体

图 1-11　安县文星塔

　　由于木材的耐久性和防火性较差，难于保存，且受木材资源缺乏的影响，自宋代之后，木塔基本被砖、石塔取代。留存至今的木塔也为数不多，有代表性的木塔为建于辽代的山西应县佛宫寺释迦塔，即应县木塔（图 1-2）。

　　3. 砖塔

　　由于砖取材方便、制作简单，且具有较好的耐久性，自唐代以来，砖已取代木材成为建塔的主要材料。现存的古塔中砖塔的数量最多，并分布于全国各地。其中河北定县宋代建造的开元寺塔高 84 米（图 1-12）、陕西泾阳县明代建造的崇文塔高 87 米（图 1-13），代表了古代高层建筑的建造水平。

　　建造砖塔时砖壁表面的砌砖方式主要有两种：一种是在表皮部位用"长身砌"，称为"层层错缝长身砌法"；第二种为"长身、丁头法"，即是"层层一长一顺错缝砌法"。塔壁内部一般采用非规则的填砌方式，这种方式既可以满足塔身尺寸逐层收分的要求，又能将有损坏和断裂的砖都运用到塔上以充分利用材料。

　　建造砖塔所用砖的尺度不尽相同，有的塔用砖薄而小，有的则厚而大。产生此种情况，既有时代原因，又有地区差异。砌砖塔时用的灰浆，各时代、各地方截然不同。唐代砖塔全部以黄土为浆，其粘结性稍差；宋、辽、金时期的塔，在泥浆内掺入少量的石灰以增加粘结力；明、清两代砌建塔时，则全部改用白灰浆，有效地提高了粘结力。

在工艺方面，用砖材可砌出各种构件的形状以仿造木结构的造型，可以采用叠涩方式砌出楼层以表达楼阁式建筑的特征。砖塔的缺陷在于其自重较大，对地基的变形较为敏感，此外，砖塔上容易生长草木，破坏塔的坚固性。

图 1-12　河北定县开元寺塔　　　　　　图 1-13　陕西泾阳崇文塔

4. 砖木混合塔

砖木混合塔的塔身仍然用砖砌筑，但具有木结构特征的构件如斗栱、角梁、平座、栏杆、楼层、木檐子等使用木材建造。与纯砖塔相比，砖木混合塔在木构件的制作方面较省工，但需要对木构件涂刷油漆进行保护。

砖木混合塔可充分发挥砖、木材料在结构受力和构件造型方面的优势，体现楼阁式塔的特征，这在当时的历史条件下是建筑艺术的发展。不过，砖、木材料的耐久性差异很大，当年代久远后，安插在砖砌体中的木构件先腐烂、毁坏。如若进行维修，需在砖壁上的洞中进行填补，施工十分不便。

砖木混合塔有较强的地域性，大多在长江以南地区采用，以满足南方塔在造型上有较大挑檐和平座的需要。浙江杭州六和塔、上海松江兴圣教寺塔、江苏苏州报恩寺塔和瑞光寺塔都是著名的砖木混合塔，其中，江苏苏州瑞光寺塔是宋代早期南方砖木混合塔的代表作，该塔为七级八面砖木结构楼阁式塔，塔身为砖石砌筑，塔檐和平座栏杆均为木构（图 1-14）。砖木混合塔在北方的数量较少，现存的有河北正定天宁寺塔、甘肃张掖木塔、内蒙呼和浩特万部华严经塔等；其中，甘肃张掖木塔的一至七层采用砖壁，外檐是木制结构，八至九层则是完全的木制结构（图 1-15）。

图 1-14　苏州瑞光寺塔　　　　　　　　图 1-15　甘肃张掖木塔

5. 石塔

我国采用石材建塔历史悠久，数量很多，分布于全国各地。尤其在石质较好的山区或临近山区的地方，石塔数量更多。石材质地坚硬、耐久性好，建造的石塔易于保存。

塔中用石材建造者，以小型塔为多，如造像塔、经幢式塔、宝箧印塔、法轮塔、五轮塔、多宝塔等。墓地或塔林中的各式各样墓塔，多数也采用石材建造。

福建泉州开元寺东、西两座石塔（图 1-16），是大型楼阁式石塔的代表；西塔称仁寿塔，建于南宋绍定六年（1228 年），高 44.06 米；东塔称镇国塔，建于南宋嘉熙二年（1238 年），高 48 米，是现存最高的石塔；两座石塔均采用大型石块建造，需吊装到 40 多米高的部位，并雕琢拼缝、安装，显示了高超的设计水平与施工技术能力。扬州古木兰院石塔于唐开成三年（838年）为收藏古佛舍利建造，南宋嘉熙年间、清乾隆年间重修，1979 年开筑石塔路将石塔原地保留在路中（图1-17）；该塔为五层六面仿楼阁式，通高 10.09 米，青石构筑，塔基为须弥座，塔身嵌小佛像，塔顶六角攒尖，整个造型稳重挺秀。

石塔可做成方形、六角形、八角形或圆形，塔身可采用石块、石条砌筑，石塔上的雕刻往往很多，有佛像、佛生故事、佛礼图、佛说法等。

图1-16 泉州开元寺双塔　　　　　　图1-17 扬州古木兰院石塔

6. 砖石混合塔

对非山石产地而言，石材资源较为紧缺；与砖塔相比，石塔的制作工艺也较为复杂；将石材和砖搭配运用，促成了砖石混合式塔的出现。

石材一般用在砖塔的重要部位，以发挥其强度高、耐久性和装饰性强的特点。砖石混合塔的台基、台阶均采用石材砌筑，以达到防潮、防水和提高耐磨性的效果；塔的檐角、斗栱、门窗也常采用石材砌筑，以增强塔的美观性。

7. 其他材料建造的塔

1）琉璃塔

琉璃塔的起源，是从宫廷庙宇等重要建筑上采用琉璃发展而来的。用琉璃作为建材，见于最早的文字记载是北魏时代。后来到宋、元、明、清各代，才得以大发展，建塔时采用琉璃材料也逐渐增多。琉璃材料的特点主要是起防水与防潮作用，也有防火和防风化的作用；此外，琉璃表面的色彩鲜艳而丰富，可以有效地美化塔的外观。

琉璃塔用砖砌筑塔身，然后用琉璃粘贴外表，根据粘贴程度可分为两种方式。第一种，塔身全部粘贴琉璃，如开封祐国寺塔、山西洪洞广胜寺飞虹塔（图1-18）、金陵大报恩寺琉璃宝塔、北京颐和园琉璃塔等；第二种，塔身局部粘贴琉璃以节省造价，如山西五台山狮子窝梁塔、安徽蒙城万佛塔、山西临汾灵光寺琉璃塔等。

2）金属塔

我国大量佛塔中，只有很少量的塔采用金属材料建造。这些金属材料建造的塔中，又以铜、铁为主。金属材料坚固耐久，用其建造的塔华美壮丽；但因金属塔的造价昂贵，制造技术复杂，安装也存在许多困难，故没有得到普及和发展。

　　我国从五代时就开始运用铜铁材料造塔。铜铁塔采用铸造方式分段制造，然后逐段安装，与现今建筑上的预制构件很相似。采用铜铁建造的塔，其式样大多与木结构楼阁式塔相同，也有基座、塔身、梁枋、斗栱、檐椽、平座等；不过一些较细致的纹饰难于浇铸，且构件的高度与体积都有一定限度。现存于广州光孝寺中的西铁塔，为五代南汉大宝六年（963 年）铸造，该塔为七层仿楼阁式塔，现残高 3.1 米，是文献记载中建造最早的金属塔。湖北省当阳县玉泉寺的如来舍利宝塔，是一座八角十三层仿木构楼阁式铁塔（图1-19），于宋嘉祐六年（1061 年）铸造，总高 17.9 米，耗铁量达 38 300 多千克，造型精美，为中国古建筑艺术和冶金技术史上的杰作。

图 1-18　洪洞县广胜寺飞虹塔

图 1-19　当阳县玉泉寺铁塔

1.3　古塔的结构与特征

　　中国古塔因类型和功能的不同，在外形上有很大的差异；但作为高层建筑的一个特定的种类，其结构仍可归纳为下部结构和上部结构两大部分。结合古塔的建筑特征，其主体结构自下而上由基础、地宫、基座、塔身、塔顶和塔刹组成，如图 1-20 所示。

　　1. 基础

　　基础是建筑物的根本。相对于其他古建筑而言，塔体较为高大，占地面积相

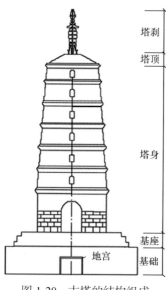

塔刹

塔顶

塔身

基座
地宫
基础

图 1-20　古塔的结构组成

对较小；塔的地基基础承受的负荷，比一般建筑物要大得多。因此，塔的地基基础，比其他建筑的基础更为重要。

建塔首先要选择合适的地区，要有良好的地势和地质条件。由于我国佛寺大都建在山区，建在平原地区的塔也基本选择地势高、土质坚硬的地点建造；所以，佛塔大都满足上述两个条件。然而，大多数风水塔难以具备上述条件，一是风水塔的建造地点是依据风水学说确定；二是风水塔多处于城镇的低洼地区。

塔的地基基础依据其建造场地可归纳为三类：①在石山上建塔，其基础大多直接坐落在山石之上；②在平原的土地上建塔，其基础下大多为夯实的土基；③在水边建塔，其基础大多采用木桩加固处理。

2. 地宫

地宫是我国佛塔构造特有的部分，是佛塔埋藏佛舍利之用，且与中国古时的深藏制度的结合。地宫是用砖石砌成的方形、六角形、八角形或圆形的地下室，大都整体埋入地下，也有一半埋入地下的。地宫中除了安置石函、金银、木制棺椁盛放舍利之外，还会放有各种物品、经书等。新中国成立之后清理和维修的许多古塔，都发现了地宫，有的还埋藏有舍利或其他文物，包括江苏镇江甘露寺铁塔、北京西长安街庆寿双塔、云南大理崇圣寺千寻塔、河北正定天宁寺凌霄塔地宫等，为古塔地宫形制与结构的研究提供了可靠的实物资料。

3. 基座

塔的基座覆盖在地宫之上，通常从基座正中向下即可探到地宫。早期的塔基一般都比较低矮，高度只有几十厘米，如北魏时期的嵩岳寺塔和东魏时期的四门塔，塔基都非常低矮，均是用素平砖石砌成。到了唐代，为了显示塔的高耸，建造了高大的基座，如西安唐代的小雁塔、大雁塔等。唐代以后，塔基有了急剧的发展，明显地分成基台与基座两部分。基台一般比较低矮，而且没有什么装饰；基座这一部分则大为发展，日趋富丽，成了整个塔中雕饰极为华丽的一部分。辽、金时期塔的基座大都为须弥座的形式，"须弥"指佛教中佛与菩萨居住的须弥山，以须弥为名表示稳固之意。北京天宁寺塔的须弥座为八角形，高度约占了塔高的五分之一，是全塔的重要组成部分。此后，其他类型的塔的基座也往高大华丽的方向发展。喇嘛塔的基座发展得非常高大，几乎占了全塔的大部分体量，高度约占三分之一。金刚宝座塔的基座已经成为塔身的主要部分，基座比上部的塔身还要高大。过街塔下的基座也较上面的塔身要高大得多。塔的基座部分的发展，与我国建筑中重视台基的传统有着密切联系；它不仅保证了上层建筑物的坚固稳定，而且增强了艺术上庄严雄伟的气势。

4. 塔身

塔身是塔的结构主体，由于建筑类型不同，塔身的形式各异。塔身根据内部的结构情况主要分实心结构和中空结构两种。实心塔的内部有用砖石全部满铺满砌，也有用土夯实填满；有些实心塔内也用木骨填入以增加塔的整体连接，但结构仍然比较简单。大多数密檐式塔和喇嘛塔为实心塔身。楼阁式塔多为中空结构塔，内部可以攀登。塔身结构通常依据所用的材料分为以下几种类型：

1）木楼层塔身

这是木造楼阁式塔的结构形式，现存的唯一实物是应县木塔。应县木塔的塔身由明层和暗层交替叠加构成（图1-21（a））；每一层采用普拍枋、阑额、地栿等水平构件，将外檐柱和内槽柱结合成两个大小相套的八角形柱圈（图1-21（b）），形成整体性较强的双层柱圈结构。

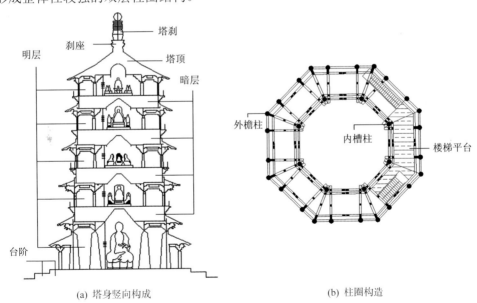

(a) 塔身竖向构成　　　　(b) 柱圈构造

图 1-21　应县木塔的塔身结构

这种结构的特点是在水平方向明确地分出层次，每一层是一个整体构造，层与层的关系只是各层整体的重叠，因此，不需要通连的长柱，并且十分稳定。这种结构在设计上有较大的弹性，特别适宜于大面积或高层建筑物，是中国古代木结构建筑最突出的创造。

2）砖壁木楼层塔身

此种塔身采用砖砌筒壁形成空筒式结构，再根据塔层的高度和门窗的位置安设内部木楼层。早期的楼阁式砖塔大多为这种结构。造塔时在砌筑砖筒壁的过程中，预先留出安设楼板木枋的位置，并挑出小半匹砖作为搁放木枋的支座，有些塔还在内部角隅处砌筑砖柱以承托楼板。现存的楼阁式塔如陕西西安大雁塔、江苏苏州罗汉院双塔等均为砖壁木楼层塔身。砖壁木楼层塔身的结构简单，但楼盖的拉结性能较弱；当木楼盖年久腐朽或遭遇火灾毁坏后，整个塔身就成为名副其实的砖壁空筒，如图1-22所示的上海天马山护珠塔木楼盖损毁的空筒塔身。

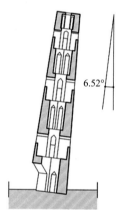

6.52°

(a)塔身照片　　　　　　　(b) 塔身剖面图　　　　　　　(c) 塔身内部仰视

图1-22　上海天马山护珠塔的塔身结构

3）砖木混砌塔身

这种塔身是木结构塔转化为纯砖石塔的过程中的一种结构方式，即塔身用砖砌，塔檐、平座、栏杆等部分均为木结构。塔身砌筑时埋入木梁等木构件，并挑出角梁和挑檐，木构件与砖墙的拉结性能要好于砖壁木楼层塔身。此种结构在宋塔中极为普遍，如浙江杭州六和塔，江苏苏州瑞光寺塔、报恩寺塔等。

4）砖石塔心柱塔身

这种塔身的结构是我国古代砖石结构发展到高峰的产物，在塔的主体结构上完全摆脱了以木材作为辅助构件的结构方法。塔身全部为砖砌，楼梯、楼板、回廊、塔檐等用砖石砌成一个整体，结构复杂但刚度很大。塔的中心是一个自顶至底的砖石柱（或筒），每一楼层的楼板均为中心柱（筒）与外壁横向联系的构件，使中心柱与外壁结为一体，形成整体性很强的筒–柱（或筒中筒）结构。塔心柱与外壁之间设有回廊，楼梯有两种形式：一种是沿塔心柱的外侧转折上登，每层均有塔心室，如河南开封祐国寺塔、陕西扶风法门寺塔等；另一种是穿过塔心柱后转折上登，如四川大足宝顶山塔，河北定县开元寺料敌塔等。这些塔大多是宋、明时期修建的，楼层的砌法分拱券和叠涩两种，在砖石结构技术上达到了相当高的水平。建于五代时期的苏州云岩寺塔是早期塔心柱砖塔的代表，图 1-23 为其双筒式塔身结构。

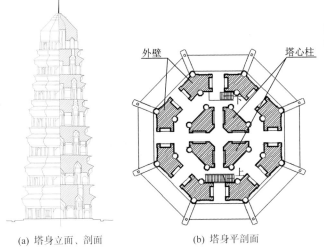

(a) 塔身立面、剖面　　　　(b) 塔身平剖面　　　　(c) 内外壁之间的叠涩构造

图 1-23　苏州云岩寺塔的塔身结构

5）高台塔身

金刚宝座塔的宝座实际上即是塔身，砌成高大的台座，从台座的内部砌砖石梯子盘旋登上。北京真觉寺金刚宝座塔的内部有塔心柱，在塔心柱的周围设有回廊，回廊上用拱券顶，其上砌平台，分建小塔。北京碧云寺塔、内蒙古慈灯寺金刚宝座塔都是这种作法。

5. 塔刹

刹，梵文名"刹多罗"，意思是"土田"，代表国土，也称为"佛国"。塔刹是塔的顶子，作为塔的最为崇高的部分冠表全塔，至为重要，因此用了"刹"这个字。

从建筑艺术上讲，塔刹是全塔艺术处理的顶峰，以冠盖全塔的形象，所以对塔刹给以非常突出和精密的处理，使之高插云天或玲珑挺拔。

在建筑结构的作用上，塔刹也很重要，是作为收结顶盖用的部件。木制塔顶为四角或是六角、八角形的屋盖，各个屋面的椽子、望板、瓦垄都汇集到塔顶的中心点。塔刹的作用是固定住屋盖汇集的构件，并防止雨水下漏。

塔刹的造型实际为一小型的佛塔，所以它的结构也明显地分为刹座、刹身、刹顶三个部分，内用刹竿直贯串联。刹座是刹的基础，覆压在塔顶之上，压着椽子、望板、角梁后尾和瓦垄，并包砌刹杆。刹身的形象特征是套贯在刹杆上的圆环，称为相轮，或称为金盘、承露盘。刹顶，是全塔的顶尖，在宝盖之上，一般为仰月、宝珠等组成。刹竿是通贯塔刹的中轴，用于串联和支固塔刹的各个部分；一些较为高大的塔刹，常用铁链将刹竿与屋脊相连，以增加其稳定性能。图1-24为应县木塔的塔刹构造。

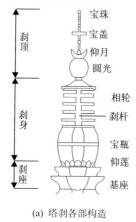

(a) 塔刹各部构造

(b) 塔刹及塔顶照片

图 1-24　应县木塔的塔刹构造

1.4　古塔的文物价值与保护意义

中国塔的历史悠久、类型丰富、分布地域广，充分反映了中华文明的发展与传承，展现了各地各民族的艺术特征，是我国乃至世界的重要文化遗产。中国自东汉时期开始造塔，至今已有两千多年的历史，各个时期遗存的塔，代表了当时的社会风貌和科学技术水平，可为历史考古提供翔实的证据。中国在科学技术尚不发达的封建社会阶段，就成功地建成高达60多米的木塔和80多米的砖塔，展示了古代工程技术人员勇于探索的精神和工程经验的积累，也为现代建筑科学的创新发展提供有益的借鉴。源于佛教的中国古塔，结合中国传统文化的特色，在建筑造型和艺术风格上均有了很大的创新，并带动了东亚地区古建筑的发展，体现了中华文明包容兼用、推陈出新的精神，对新时期的中外文化交流和人类共同进步有着积极的指导意义。

中国塔融合了中外文化与建筑艺术的精华，具有极高的历史、艺术和科学研究价值；现存的古塔已成为各地风景名胜区域和历史文化名城不可或缺的有机部分，是我国重要的旅游资源；加强古塔的保护，发挥其宝贵的价值，已成为社会的共识。新中国成立之后，古塔的保护工作得到了国家和各级政府的重视，在对遗存古塔考证、勘定的基础上，许多重要的古塔被列入国家、省市文物保护单位，并逐步实施了维修和加固。1.5 节给出了我国第一批至第七批全国重点文物保护单位中古塔的名录，从各批列入的古塔数量可以看到，自改革开放以来，古塔保护的力度显著加大，古塔作为文化遗产的地位也在不断提高，充分显示了"盛世修浮图"这句名言的深刻涵义。

我国现存的古塔，列入县级以上重点文物保护单位的不足三千处，且大多数古塔经历了长期的环境侵蚀或人为损坏，加之自身的薄弱构造和材料老化，结构的整体性能已严重衰退，急需加固和修缮。针对古塔的损伤特征和安全现状进行有效的诊断、提出合理的保护措施、延长古塔的使用寿命，是一项重要的基础性工作。随着我国经济社会建设的发展，政府和社会各界对古塔保护的关注度以及经费投入在逐步增加；各级古建园林管理部门、科研院所和高等学校，已积极开展了古塔保护研究工作，并取得了较为丰富的成果。进一步提炼和推广古塔的保护技术，对古塔实施系统的科学性保护，是提升中华传统文化实力的一个组成部分，必将产生相应的经济价值和重要的社会意义。

1.5 全国重点文物保护单位——古塔名录

全国重点文物保护单位是中华人民共和国对不可移动文物所核定的最高保护级别，即中国国家级文物保护单位。自 1961 年起至 2013 年，国务院已公布了七批全国重点文物保护单位，共计四千二百多处，其中古塔约四百处。表 1-1 至表1-7 列出了各批次全国重点文物保护单位中的古塔（包含具有塔式特征的经幢），表中，除了国务院通知中直接公布名称的塔（如嵩岳寺塔等），还列出了包含在同批公布的寺庙和园林中的塔（如颐和园多宝琉璃塔等）；塔的类型主要参照 1.2.1 节中建筑造型的定义确定，对于塔林或塔群则给出了代表性塔的类型。

表 1-1　第一批全国重点文物保护单位-塔（1961 年 3 月 4 日）

编号	名称	时代	类型	地址
1-1	嵩岳寺塔	北魏	密檐式	河南省登封县
1-2	四门塔	东魏	亭阁式	山东省历城县
1-3	大雁塔	唐	楼阁式	陕西省西安市
1-4	小雁塔	唐	密檐式	陕西省西安市
1-5	崇圣寺三塔	唐、五代	密檐式	云南省大理市

编号	名称	时代	类型	地址
1-6	房山云居寺塔	辽	组合式	北京市房山县
1-7	兴教寺塔	唐	楼阁式	陕西省长安县
1-8	苏州云岩寺塔	五代	楼阁式	江苏省苏州市
1-9	祐国寺塔（铁塔）	宋	楼阁式	河南省开封市
1-10	定县开元寺塔（料敌塔）	宋	楼阁式	河北省定县
1-11	佛宫寺释迦塔（应县木塔）	辽	楼阁式	山西省应县
1-12	六和塔	宋	楼阁式	浙江省杭州市
1-13	广惠寺华塔	金	花塔	河北省正定县
1-14	妙应寺白塔	元	覆钵式	北京市西城区
1-15	真觉寺金刚宝座塔（五塔寺塔）	明	金刚宝座式	北京市海淀区
1-16	海宝塔	清	楼阁式	宁夏回族自治区银川市
1-17	赵州陀罗尼经幢（石塔）	宋	经幢式	河北省宁晋县
1-18	佛光寺祖师塔	北魏	亭（楼）阁式	山西省五台县
1-19	光孝寺东、西铁塔	五代	楼阁式	广东省广州市
1-20	晋祠舍利生生塔	宋（清）	楼阁式	山西省太原市
1-21	白马寺齐云塔	金	密檐式	河南省洛阳市
1-22	广胜寺飞虹塔	明	楼阁式	山西省洪洞县
1-23	居庸关云台（过街塔基座）	元	过街塔	北京市昌平县
1-24	北海白塔	清	覆钵式	北京市西城区
1-25	布达拉宫达赖喇嘛灵塔	清至民国	覆钵式	西藏自治区拉萨市
1-26	塔尔寺八宝如意塔等	清	覆钵式	青海省湟中县
1-27	普宁寺四塔门	清	塔门	河北省承德市
1-28	普乐寺阁城八塔	清	覆钵式	河北省承德市
1-29	普陀宗乘之庙五塔门	清	塔门	河北省承德市
1-30	须弥福寿之庙万寿琉璃塔	清	楼阁式	河北省承德市
1-31	颐和园多宝琉璃塔	清	组合式	北京市海淀区
1-32	避暑山庄舍利塔	清	楼阁式	河北省承德市
1-33	汉魏洛阳故城永宁寺塔遗址	北魏	木塔遗址	河南省洛阳市
1-34	辽中京遗址（辽中京白塔）	辽	密檐式	内蒙古自治区宁城县
1-35	安平桥（桥口白塔）	宋	楼阁式	福建省晋江县
1-36	北山摩崖造象（北山多宝塔）	宋	楼阁式	重庆大足县

表 1-2　第二批全国重点文物保护单位-塔（1982 年 2 月 23 日）

编号	名称	时代	类型	地址
2-1	修定寺塔	唐	亭阁式	河南省安阳县
2-2	玉泉寺及铁塔	宋	楼阁式	湖北省当阳县
2-3	万部华严经塔	辽	楼阁式	内蒙古自治区呼和浩特市
2-4	开元寺镇国塔、仁寿塔	宋	楼阁式	福建省泉州市
2-5	灵岩寺辟支塔	宋	楼阁式	山东省长清县
2-6	显通寺铜塔	明	组合式	山西省五台县
2-7	拉卜楞寺白塔	清	覆钵式	甘肃省夏河县
2-8	地藏寺经幢	大理	经幢式	云南省昆明市
2-9	常德铁幢	宋	经幢式	湖南省常德市

表 1-3　第三批全国重点文物保护单位-塔（1988 年 1 月 13 日）

编号	名称	时代	类型	地址
3-1	风穴寺塔林（七祖塔等）	唐至清	密檐式等	河南省临汝县
3-2	净藏禅师塔	唐	亭阁式	河南省登封县
3-3	云龙寺塔	唐	楼阁式	广东省仁化县
3-4	凌霄塔	唐至宋	楼阁式	河北省正定县
3-5	朝阳北塔	唐至辽	密檐式	辽宁省朝阳市
3-6	灵光塔	渤海	楼阁式	吉林省长白朝鲜族自治县
3-7	闸口白塔	五代	楼阁式	浙江省杭州市
3-8	栖霞寺舍利塔	五代	密檐式	江苏省南京市
3-9	三影塔	宋	楼阁式	广东省南雄县
3-10	广教寺双塔	宋	楼阁式	安徽省宣州市
3-11	崇觉寺铁塔	宋	楼阁式	山东省济宁市
3-12	瑞光塔	宋	楼阁式	江苏省苏州市
3-13	飞英塔	宋	楼阁式	浙江省湖州市
3-14	释迦文佛塔	宋	楼阁式	福建省南蒲县
3-15	天宁寺塔	辽	密檐式	北京市宣武区
3-16	崇兴寺双塔	辽	密檐式	辽宁省北镇县
3-17	辽阳白塔	辽至金	密檐式	辽宁省辽阳市
3-18	银山塔林	金至元	密檐式等	北京市昌平县
3-19	拜寺口双塔	西夏	密檐式	宁夏回族自治区贺兰县
3-20	一百零八塔	元	覆钵式	宁夏回族自治区青铜峡市
3-21	广德寺多宝塔	明	金刚宝座式	湖北省襄樊市

续表

编号	名称	时代	类型	地址
3-22	曼飞龙塔	清	组合式塔群	云南省景洪县
3-23	金刚座舍利宝塔	清	金刚宝座式	内蒙古自治区呼和浩特市
3-24	苏公塔	清	圆柱式	新疆维吾尔自治区吐鲁番市
3-25	千佛崖造像（龙虎塔、九顶塔）	唐	亭阁式	山东省济南市历城区
3-26	松江唐经幢	唐	经幢式	上海市松江县

表 1-4　第四批全国重点文物保护单位-塔（1996 年 11 月 20 日）

编号	名称	时代	类型	地址
4-1	仙游寺法王塔	隋	密檐式	陕西省周至县
4-2	治平寺石塔	唐	楼阁式	河北省赞皇县
4-3	开福寺舍利塔	宋	楼阁式	河北省景县
4-4	兴圣教寺塔	宋	楼阁式	上海市松江县
4-5	罗汉院双塔	宋	楼阁式	江苏省苏州市
4-6	怀圣寺光塔	唐	圆柱式	广东省广州市
4-7	美榔双塔	元	楼阁式	海南省澄迈县
4-8	妙湛寺金刚塔	明	金刚宝座式	云南省昆明市
4-9	初祖庵及少林寺塔林	唐－清	亭阁式、密檐式等	河南省登封市
4-10	白居寺白居塔	明	覆钵式	西藏自治区江孜县
4-11	岭山寺塔（延安宝塔）	宋	楼阁式	陕西省延安市
4-12	龙兴观道德经幢	唐	经幢式	河北省易县
4-13	天护陀罗尼经幢	唐	经幢式	河北省石家庄市

表 1-5　第五批全国重点文物保护单位-塔（2001 年 6 月 25 日）

编号	名称	时代	类型	地址
5-1	万佛堂及塔	隋、唐至明	花塔	北京市房山区
5-2	清净化城塔	清	金刚宝座式	北京市朝阳区
5-3	白云观罗公塔	清	亭阁式	北京市西城区
5-4	碧云寺金刚宝座塔	清	金刚宝座式	北京市海淀区
5-5	潭柘寺塔林	金至清	密檐式、覆钵式等	北京市门头沟区
5-6	临济寺澄灵塔	金	密檐式	河北省正定县
5-7	幽居寺塔	唐	密檐式	河北省灵寿县

续表

编号	名称	时代	类型	地址
5-8	源影寺塔	金	密檐式	河北省昌黎县
5-9	普利寺塔	北宋	密檐式	河北省临城县
5-10	涿州双塔	辽	楼阁式	河北省涿州市
5-11	南安寺塔	辽	密檐式	河北省蔚县
5-12	庆化寺花塔	辽	花塔	河北省涞水县
5-13	阿育王塔	元	覆钵式	山西省代县
5-14	明惠大师塔	五代	亭阁式	山西省平顺县
5-15	觉山寺塔	辽	密檐式	山西省灵丘县
5-16	泛舟禅师塔	唐	亭阁式	山西省运城市
5-17	开鲁县佛塔	元	覆钵式	内蒙古自治区开鲁县
5-18	广济寺塔	辽	密檐式	辽宁省锦州市
5-19	湖镇舍利塔	宋	楼阁式	浙江省龙游县
5-20	功臣塔	五代	楼阁式	浙江省临安市
5-21	水西双塔	宋	楼阁式	安徽省泾县
5-22	天中万寿塔	宋	宝箧印塔式	福建省仙游县
5-23	崇妙保圣坚牢塔	五代	楼阁式	福建省福州市
5-24	宝轮寺塔	金	密檐式	河南省三门峡市
5-25	天宁寺三圣塔	金	密檐式	河南省沁阳市
5-26	妙乐寺塔	五代	密檐式	河南省武陟县
5-27	安阳天宁寺塔	五代	密檐式	河南省安阳市
5-28	明福寺塔	宋	楼阁式	河南省滑县
5-29	永泰寺塔	唐	密檐式	河南省登封市
5-30	法王寺塔	唐	密檐式	河南省登封市
5-31	四祖寺塔	唐、宋、元	亭阁式	湖北省黄梅县
5-32	邵阳北塔	明	楼阁式	湖南省邵阳市
5-33	元山寺福星垒塔	清	楼阁式	广东省陆丰市
5-34	宝光寺舍利塔	唐	密檐式	四川省新都县
5-35	石塔寺石塔	宋	密檐式	四川省邛崃市
5-36	鸠摩罗什舍利塔	唐	亭阁式	陕西省户县
5-37	泰塔	宋	楼阁式	陕西省旬邑县
5-38	香积寺善导塔	唐	密檐式	陕西省长安县
5-39	八云塔	唐	密檐式	陕西省周至县
5-40	泾阳崇文塔	明	楼阁式	陕西省泾阳县

编号	名称	时代	类型	地址
5-41	彬县开元寺塔	宋	楼阁式	陕西省彬县
5-42	凝寿寺塔	五代、宋	楼阁式	甘肃省宁县
5-43	圆通寺塔	明、清	覆钵式	甘肃省民乐县
5-44	圣容寺塔	唐	密檐式	甘肃省永昌县
5-45	东华池塔	宋	楼阁式	甘肃省华池县
5-46	藏娘佛塔	宋	覆钵式	青海省玉树县
5-47	梵天寺经幢	五代	经幢式	浙江省杭州市

表 1-6　第六批全国重点文物保护单位-塔（2006 年 5 月 25 日）

编号	名称	时代	类型	地址
6-1	解村兴国寺塔	唐	密檐式	河北省博野县
6-2	万寿寺塔林	五代至清	亭阁式等	河北省平山县
6-3	宝云塔	宋	楼阁式	河北省衡水市
6-4	修德寺塔	宋	花塔	河北省曲阳县
6-5	庆林寺塔	宋	楼阁式	河北省故城县
6-6	静志寺塔基地宫	宋	地宫	河北省定州市
6-7	净众院塔基地宫	宋	地宫	河北省定州市
6-8	天宫寺塔	辽	密檐式	河北省唐山市
6-9	圣塔院塔	辽	密檐式	河北省易县
6-10	西岗塔	辽	密檐式	河北省涞水县
6-11	兴文塔	辽	楼阁式	河北省涞源县
6-12	柏林寺塔	元	密檐式	河北省赵县
6-13	妙道寺双塔	宋	楼阁式	山西省临猗县
6-14	禅房寺塔	辽	密檐式	山西省大同市
6-15	三圣瑞现塔	金	密檐式	山西省陵川县
6-16	文峰塔	明至清	楼阁式	山西省汾阳市
6-17	永祚寺双塔	明	楼阁式	山西省太原市
6-18	云接寺塔	辽	密檐式	辽宁省朝阳市
6-19	龙华塔	宋	楼阁式	上海市徐汇区
6-20	崇教兴福寺塔	宋	楼阁式	江苏省常熟市
6-21	海清寺塔	宋	楼阁式	江苏省连云港市
6-22	报恩寺塔	宋至清	楼阁式	江苏省苏州市
6-23	昭关石塔	元	过街塔	江苏省镇江市

续表

编号	名称	时代	类型	地址
6-24	莲花桥和白塔	清	覆钵式	江苏省扬州市
6-25	松阳延庆寺塔	宋	楼阁式	浙江省松阳县
6-26	普陀山多宝塔	元	宝箧印式	浙江省舟山市
6-27	蒙城万佛塔	宋	楼阁式	安徽省蒙城县
6-28	振风塔	明	楼阁式	安徽省安庆市
6-29	泉州港古建筑（关锁塔、六胜塔）	宋至元	楼阁式	福建省泉州市、石狮市
6-30	圣寿宝塔	宋	楼阁式	福建省长乐市
6-31	无尘塔	宋	楼阁式	福建省仙游县
6-32	真如寺塔林	唐至元	亭阁式等	江西省永修县
6-33	大宝光塔	唐	亭阁式	江西省赣县
6-34	赣州佛塔	宋	楼阁式	江西省赣州市、大余县、信丰县、安远县、石城县
6-35	隆兴寺铁塔	宋	楼阁式	山东省聊城市
6-36	法行寺塔	唐至宋	密檐式	河南省汝州市
6-37	阎庄圣寿寺塔	宋	密檐式	河南省睢县
6-38	乾明寺塔	宋	楼阁式	河南省鄢陵县
6-39	泗洲寺塔	宋至明	楼阁式	河南省唐河县
6-40	尉氏兴国寺塔	宋至明	楼阁式	河南省尉氏县
6-41	商水寿圣寺塔	宋至明	楼阁式	河南省商水县
6-42	柴庄延庆寺塔	宋	密檐式	河南省济源市
6-43	胜果寺塔	宋	楼阁式	河南省修武县
6-44	宝严寺塔	宋	楼阁式	河南省西平县
6-45	崇法寺塔	宋	楼阁式	河南省永城市
6-46	百家岩寺塔	金	楼阁式	河南省修武县
6-47	许昌文峰塔	明	楼阁式	河南省许昌市
6-48	悟颖塔	明	楼阁式	河南省汝南县
6-49	福胜寺塔	明	楼阁式	河南省邓州市
6-50	柏子塔	唐	楼阁式	湖北省麻城市
6-51	荆州万寿宝塔	明	楼阁式	湖北省荆州市
6-52	钟祥文风塔	明	喇嘛式	湖北省钟祥市
6-53	慧光塔	宋	楼阁式	广东省连州市
6-54	龟峰塔	宋	楼阁式	广东省河源市
6-55	六榕寺塔	宋	楼阁式	广东省广州市

续表

编号	名称	时代	类型	地址
6-56	玉台山石塔	唐	覆钵式	四川省阆中市
6-57	彭州佛塔（正觉寺塔、云院寺塔、镇国寺塔）	宋	密檐式	四川省彭州市
6-58	无量宝塔	宋	密檐式	四川省南充市
6-59	圣德寺塔	宋	密檐式	四川省简阳市
6-60	淮口瑞光塔	宋	楼阁式	四川省金堂县
6-61	鹫峰寺塔	宋	楼阁式	四川省蓬溪县
6-62	水目寺塔	唐至明	密檐式	云南省祥云县
6-63	惠光寺塔和常乐寺塔	唐、清	密檐式	云南省昆明市
6-64	佛图寺塔	唐	密檐式	云南省大理市
6-65	大姚白塔	唐	覆钵式	云南省大姚县
6-66	松卡石塔	唐	覆钵式	西藏自治区扎囊县
6-67	精进寺塔	唐至宋	楼阁式	陕西省澄城县
6-68	长安圣寿寺塔	唐	楼阁式	陕西省西安市
6-69	长安华严寺塔	唐	楼阁式	陕西省西安市
6-70	百良寿圣寺塔	唐	密檐式	陕西省合阳县
6-71	昭慧塔	唐	密檐式	陕西省高陵县
6-72	开明寺塔	唐	密檐式	陕西省洋县
6-73	大秦寺塔	宋	楼阁式	陕西省周至县
6-74	太平寺塔	宋	楼阁式	陕西省岐山县
6-75	武陵寺塔	宋	楼阁式	陕西省永寿县
6-76	神德寺塔	宋	楼阁式	陕西省铜川市
6-77	庆安寺塔	明	楼阁式	陕西省渭南市
6-78	湘乐砖塔	宋	楼阁式	甘肃省宁县
6-79	延恩寺塔	明	楼阁式	甘肃省平凉市
6-80	格萨尔三十大将军灵塔	宋、元	组合式塔群	青海省襄谦县
6-81	承天寺塔	清	楼阁式	宁夏回族自治区银川市
6-82	开元寺须弥塔	唐	密檐式	河北省正定县
6-83	灵宝塔	唐、明	密檐式	四川省乐山市
6-84	大佛顶尊胜陀罗尼经幢	金	经幢式	河北省卢龙县
6-85	安国寺经幢	唐	经幢式	浙江省海宁市
6-86	法隆寺经幢	唐	经幢式	浙江省金华市

表1-7 第七批全国重点文物保护单位-塔（2013年3月5日）

编号	名 称	时 代	类 型	地 址
7-1	良乡多宝佛塔	辽	楼阁式	北京市房山区
7-2	镇岗塔	金	花塔	北京市丰台区
7-3	万松老人塔	元、清	密檐式	北京市西城区
7-4	姚广孝墓塔	明	密檐式	北京市房山区
7-5	慈寿寺塔	明	密檐式	北京市海淀区
7-6	蓟县白塔	辽至清	组合式	天津市蓟县
7-7	南贾乡石塔	唐	密檐式	河北省邢台县
7-8	佛真猞猁迤逻尼塔	辽	密檐式	河北省宣化县
7-9	大辛阁石塔	辽	密檐式	河北省永清县
7-10	永安寺塔	辽	密檐式	河北省涿州市
7-11	伍侯塔	辽	密檐式	河北省顺平县
7-12	澍鹫寺塔	金至元	组合式	河北省阳原县
7-13	开化寺塔	金至明	密檐式	河北省元氏县
7-14	双塔庵双塔	金至明	密檐式	河北省易县
7-15	皇甫寺塔	金至明	密檐式	河北省涞水县
7-16	半截塔	元	组合式	河北省围场县
7-17	金山寺舍利塔	元	密檐式	河北省涞水县
7-18	金河寺悬空庵塔群	元至明	密檐式等	河北省蔚县
7-19	重光塔	明	楼阁式	河北省城县
7-20	普彤塔	明	楼阁式	河北省南宫市
7-21	郎寨砖塔	唐宋	密檐式	山西省安泽县
7-22	先师和尚舍利塔	唐	密檐式	山西省屯留县
7-23	北阳城砖塔	宋	密檐式	山西省稷山县
7-24	巷口寿圣砖塔	宋	楼阁式	山西省芮城县
7-25	闾原头永兴寺塔	宋	楼阁式	山西省临猗县
7-26	张村圣庵寺塔	宋	楼阁式	山西省临猗县
7-27	万荣稷王山塔	宋	密檐式	山西省万荣县
7-28	中里庄八龙寺塔	宋	楼阁式	山西省万荣县
7-29	万荣旱泉塔	宋	密檐式	山西省万荣县
7-30	南阳村寿圣寺塔	宋	楼阁式	山西省万荣县
7-31	运城太平兴国寺塔	宋	楼阁式	山西省运城市
7-32	上贤梵安寺塔	宋、明	楼阁式	山西省文水县
7-33	冠山天宁寺双塔	宋、明至清	楼阁式	山西省平定县
7-34	麻衣寺砖塔	金	密檐式	山西省安泽县

续表

编号	名称	时代	类型	地址
7-35	灵光寺琉璃塔	金	楼阁式	山西省襄汾县
7-36	浑源圆觉寺塔	金	密檐式	山西省浑源县
7-37	帖木儿塔	元	密檐式	山西省阳曲县
7-38	晋源阿育王塔	明至清	覆钵式	山西省太原市
7-39	八棱观塔	辽	密檐式	辽宁省朝阳市
7-40	白塔峪塔	辽	密檐式	辽宁省葫芦岛市
7-41	班吉塔	辽	花塔	辽宁省凌海市
7-42	东平房塔	辽	密檐式	辽宁省朝阳市
7-43	东塔山塔	辽	密檐式	辽宁省阜新县
7-44	广胜寺塔	辽	密檐式	辽宁省义县
7-45	黄花滩塔	辽	密檐式	辽宁省朝阳市
7-46	金塔	辽	密檐式	辽宁省鞍山市
7-47	磨石沟塔	辽	密檐式	辽宁省兴城市
7-48	青峰塔	辽	密檐式	辽宁省朝阳县
7-49	双塔寺双塔	辽	组合式	辽宁省朝阳县
7-50	塔营子塔	辽	密檐式	辽宁省阜新县
7-51	无垢净光舍利塔	辽	密檐式	辽宁省沈阳市
7-52	妙峰寺双塔	辽	密檐式	辽宁省绥中县
7-53	银塔	辽至明	密檐式	辽宁省海城市
7-54	沙锅屯石塔	金	密檐式	辽宁省葫芦岛市
7-55	农安辽塔	辽	密檐式	吉林省农安县
7-56	海春轩塔	唐	密檐式	江苏省东台市
7-57	文通塔	宋	密檐式	江苏省淮安市
7-58	甲辰巷砖塔	宋	楼阁式	江苏省苏州市
7-59	月塔	宋	楼阁式	江苏省涟水县
7-60	聚沙塔	宋	楼阁式	江苏省常熟市
7-61	兴国寺塔	宋、明	楼阁式	江苏省江阴市
7-62	甘露寺铁塔	宋、明	楼阁式	江苏省镇江市
7-63	万佛石塔	元	组合式	江苏省苏州市
7-64	秦峰塔	明	楼阁式	江苏省昆山市
7-65	慈云寺塔	明	楼阁式	江苏省苏州市
7-66	瑞隆感应塔	五代	楼阁式	浙江省台州市
7-67	灵隐寺石塔和经幢	五代、北宋	楼阁式	浙江省杭州市
7-68	保俶塔	五代、明	楼阁式	浙江省杭州市

续表

编号	名称	时代	类型	地址
7-69	二灵塔	宋	楼阁式	浙江省宁波市
7-70	国安寺塔	宋	楼阁式	浙江省温州市
7-71	观音寺石塔	宋	楼阁式	浙江省温州市
7-72	护法寺桥和塔	宋	组合式	浙江省苍南县
7-73	东化成寺塔	宋	楼阁式	浙江省诸暨市
7-74	龙德寺塔	宋	楼阁式	浙江省浦江县
7-75	南峰塔和福印山塔	宋	楼阁式	浙江省仙居县
7-76	乐清东塔	宋	楼阁式	浙江省乐清市
7-77	栖真寺五佛塔	宋	组合式	浙江省平阳县
7-78	真如寺石塔	元	组合式	浙江省乐清市
7-79	普庆寺石塔	元	楼阁式	浙江省临安市
7-80	千佛塔	元	楼阁式	浙江省临海市
7-81	绍衣堂和横山塔	元	楼阁式	浙江省龙游县
7-82	黄金塔	宋	楼阁式	安徽省无为县
7-83	太平塔	宋	楼阁式	安徽省潜山县
7-84	天寿寺塔	宋	楼阁式	安徽省广德县
7-85	长庆寺塔	宋	楼阁式	安徽省歙县
7-86	仙人塔	宋	楼阁式	安徽省宁国市
7-87	法云寺塔	宋	楼阁式	安徽省岳西县
7-88	五塔岩石塔	宋	组合式	福建省南安市
7-89	龙华双塔	宋、清	楼阁式	福建省仙游县
7-90	罗星塔	明	楼阁式	福建省福州市
7-91	乘广禅师塔和甄叔禅师塔	唐	亭阁式	江西省上栗县
7-92	永福寺塔	宋	楼阁式	江西省鄱阳县
7-93	马祖塔亭	宋	亭阁式	江西省靖安县
7-94	大胜塔	宋至明	楼阁式	江西省九江市
7-95	锁江楼塔	明	楼阁式	江西省九江市
7-96	聚星塔	明至清	楼阁式	江西省南城县
7-97	永丰塔	宋	楼阁式	山东省巨野县
7-98	重兴塔	宋	楼阁式	山东省邹城市
7-99	兴国寺塔	宋	楼阁式	山东省高唐县
7-100	太子灵踪塔	宋	楼阁式	山东省汶上县
7-101	兴隆塔	宋至清	楼阁式	山东省兖州市
7-102	龙泉塔	明	密檐式	山东省滕州市

续表

编号	名称	时代	类型	地址
7-103	光善寺塔	明	楼阁式	山东省金乡县
7-104	翠屏山多佛塔	明至清	楼阁式	山东省平阴县
7-105	阳台寺双石塔	唐	密檐式	河南省林州市
7-106	兴国寺塔	宋	楼阁式	河南省鄢陵县
7-107	千尺塔	宋	楼阁式	河南省荥阳市
7-108	寿圣双塔	宋	楼阁式	河南省中牟县
7-109	凤台寺塔	宋	密檐式	河南省新郑市
7-110	五花寺塔	宋	密檐式	河南省宜阳县
7-111	玲珑塔	宋	楼阁式	河南省原阳县
7-112	广唐寺塔	宋	楼阁式	河南省延津县
7-113	大兴寺塔	宋	密檐式	河南省内黄县
7-114	兴阳禅寺塔	宋	密檐式	河南省安阳县
7-115	香山寺大悲观音大士塔	宋至清	楼阁式	河南省宝丰县
7-116	秀公戒师和尚塔	金	楼阁式	河南省平舆县
7-117	天王寺善济塔	宋	楼阁式	河南省辉县市
7-118	玄天洞石塔	元至明	楼阁式	河南省鹤壁市
7-119	高贤寿圣寺塔	明	楼阁式	河南省太康县
7-120	双城塔	宋	楼阁式	湖北省红安县
7-121	无影塔	宋	楼阁式	湖北省武汉市
7-122	胜像宝塔	元至明	覆钵式	湖北省武汉市
7-123	郑公塔	元至明	密檐式	湖北省黄冈市
7-124	慈氏塔	宋	楼阁式	湖南省岳阳市
7-125	花瓦寺塔	宋	密檐式	湖南省澧县
7-126	廻龙塔	明	楼阁式	湖南省永州市
7-127	新化北塔	清	楼阁式	湖南省新化县
7-128	文光塔	宋至清	楼阁式	广东省汕头市
7-129	斗柄塔	明至清	楼阁式	海南省文昌市
7-130	灵岩寺千佛塔	唐	覆钵式	四川省都江堰市
7-131	丹棱白塔	宋	密檐式	四川省丹棱县
7-132	旧州塔	宋	密檐式	四川省宜宾市
7-133	中江北塔	宋	密檐式	四川省中江县
7-134	广安白塔	宋	楼阁式	四川省广安市
7-135	三江白塔	宋	密檐式	四川省井研县
7-136	荣县镇南塔	宋	楼阁式	四川省荣县

续表

编号	名称	时代	类型	地址
7-137	报恩塔	南宋	楼阁式	四川省泸州市
7-138	龙护舍利塔	元	密檐式	四川省德阳市
7-139	蓬溪奎塔	清	楼阁式	四川省蓬溪县
7-140	奎光塔	清	楼阁式	四川省都江堰市
7-141	弘圣寺塔	唐至宋	密檐式	云南省大理市
7-142	勐旺塔及西北塔	明	组合式	云南省临沧市
7-143	法源寺塔	唐	楼阁式	陕西省富平县
7-144	慧彻寺南塔	唐	密檐式	陕西省蒲城县
7-145	净光寺塔	唐	楼阁式	陕西省眉县
7-146	开元寺塔	唐	楼阁式	陕西省富县
7-147	罗山寺塔	唐	楼阁式	陕西省合阳县
7-148	清梵寺塔	唐	楼阁式	陕西省兴平市
7-149	报本寺塔	宋	楼阁式	陕西省武功县
7-150	柏山寺塔	宋	楼阁式	陕西省富县
7-151	崇寿寺塔	宋	密檐式	陕西省蒲城县
7-152	重兴寺塔	宋	密檐式	陕西省印台县
7-153	大象寺塔	宋	密檐式	陕西省合阳县
7-154	福严院塔	宋	楼阁式	陕西省富县
7-155	敬德塔	宋	楼阁式	陕西省户县
7-156	万凤塔	宋	楼阁式	陕西省洛川县
7-157	延昌寺塔	宋	密檐式	陕西省铜川市
7-158	汉中东塔	南宋	楼阁式	陕西省汉中市
7-159	鸿门寺塔	元	密檐式	陕西省横山县
7-160	慧照寺塔	明	楼阁式	陕西省渭南市
7-161	北杜铁塔	明	楼阁式	陕西省咸阳市
7-162	塔儿庄塔	五代	楼阁式	甘肃省宁县
7-163	栗川砖塔	宋	楼阁式	甘肃省徽县
7-164	白马造像塔	宋	楼阁式	甘肃省华池县
7-165	脚扎川万佛塔	宋	楼阁式	甘肃省华池县
7-166	环县塔	宋	楼阁式	甘肃省环县
7-167	肖金塔	宋	楼阁式	甘肃省庆阳市
7-168	塔儿湾造像塔	宋	密檐式	甘肃省合水县
7-169	双塔寺造像塔	宋	楼阁式	甘肃省华池县
7-170	宏佛塔	宋	组合式	宁夏回族自治区贺兰县

续表

编号	名称	时代	类型	地址
7-171	康济寺塔	宋、明	密檐式	宁夏回族自治区同心县
7-172	鸣沙洲塔	明	楼阁式	宁夏回族自治区中宁县
7-173	田州塔	清	楼阁式	宁夏回族自治区平罗县
7-174	拜吐拉清真寺宣礼塔	清	组合式	新疆维吾尔自治区伊宁市
7-175	哈纳喀及赛提喀玛勒清真寺宣礼塔	清	八角柱式	新疆维吾尔自治区塔城市
7-176	邢台道德经幢	唐	经幢式	河北省邢台市
7-177	惠山寺经幢	唐、宋	经幢式	江苏省无锡市
7-178	龙兴寺经幢	唐	经幢式	浙江省杭州市
7-179	惠力寺经幢	唐	经幢式	浙江省嘉兴市
7-180	尊胜陀罗尼经幢	唐	经幢式	河南省新乡市
7-181	陀罗尼经幢	五代	经幢式	河南省卫辉市
7-182	清凉山万佛洞石窟及琉璃塔	宋、明	楼阁式	陕西省延安市

第2章 古塔的损坏因素与损坏特征

现存的古塔经历了长期的环境侵蚀或人为损坏，加之自身内在的薄弱构造和材料老化，结构的整体性能已严重衰退。了解古塔损坏的因素和特征，有针对性地提出合理的保护措施，是古塔修缮和加固的前提。

造成古塔损坏的因素很多，大致可分为自然作用损坏和人为作用损坏两类。自然作用主要包括地震作用、风雨侵蚀、地基失效、植物侵蚀等，其中，地震作用是造成古塔损坏最大的因素。人为作用主要包括战火毁坏、工程破坏、维护缺失等，在现代社会中，不恰当的工程建设是造成古塔损坏的重要因素。

2.1 地震作用引起的古塔损坏

2.1.1 古塔的历史震害记录与统计

中国是一个文明古国，也是地震多发的国家。自公元前1831年《竹书纪年》记载"夏帝发七年泰山震"以来，历代王朝均将地震灾害作为天命大事专栏记载。一些重要的古建筑，特别是古塔，其损伤状况通常作为判断地震烈度的参考指标，是历史地震记录的关键内容。古塔的历史震害记录，是地震考古学科的重要依据，也是工程学科研究古塔地震损伤特征和规律的宝贵资料。

古塔是高耸建筑物，对地震作用较其他古建筑更为敏感。通过历史文献的查询可以发现，每一次强烈地震，总有一批古塔遭到破坏，甚至倒塌而消失。地震区现今尚存的重要古塔，大部分经历过地震的破坏且经过修复以后才保持了目前的状态。以下摘录的历史地震记录和近期地震资料，为了解古塔的震害规律和损伤特征提供了有益的参考。

1604年泉州海外发生7.5级大地震，泉州市区地震烈度为Ⅷ～Ⅸ度。据乾隆《晋江县志》记载："城内外庐舍倾圮，镇国塔第一层尖石坠，第二、第三层扶栏因之并碎"。

1668年7月25日晚在山东郯城—莒南一带发生了8.5级特大地震，极震区烈度达Ⅻ度。据《中国地震资料年表》记载，地震波及中国东部绝大部分地区以及东部海域，山东、江苏和安徽北部150余县均遭受不同程度破坏。地震导致大量的人员伤亡和建筑物的损毁，其中古塔的损坏较为严重，震中 100 千米范围内的古塔基本倒塌或崩溃，距震中约 300 千米的古塔塔顶也遭受了损坏。

国家重点保护文物北京北海永安寺白塔，始建于 1651 年，至今二百多年中已有三次倒塌或严重破坏史。清康熙十八年（1679 年 9 月 2 日）河北三河、平谷发生震中烈度为 XI 度大地震，"白塔以地震颓毁"（《华东录》），第二年"拆卸重新修建"（《故宫档案》）；清雍正 8 年（1730 年 9 月 30 日）发生在北京西郊的震中烈度为 VIII 度的地震，使白塔"塔身塔座彻底闪裂，必须全行拆卸重修"（《故宫档案》），其后修复；1976 年 7 月 28 日唐山大地震，白塔基座开裂，塔刹宝顶震掉。

1976 年 7 月 28 日唐山 7.8 级大地震中，位于烈度 VI～VIII 度区的 19 座古塔，其中倒塌及基本倒塌的有 4 座，中等及严重破坏的有 8 座，一般轻微破坏的有 6 座，基本完好的仅 1 座。

2008 年 5 月 12 日汶川 8.0 级特大地震中，中国的古建筑遭受了巨大的损失，砖石古塔在此次地震中损伤相当严重。根据对四川省地震烈度 VI 度及以上区域中 61 座古塔的损害状况统计分析，基本完好的古塔共 10 座，轻度损坏的古塔共 19 座，中度破坏的古塔共 11 座，严重破坏的古塔 17 座，完全毁坏的古塔 4 座。

2.1.2 古塔的地震损坏特征与规律

大量的古塔震害统计资料表明，砖石古塔对地震作用非常敏感，其震害程度随着地震烈度的增大而趋于严重；古塔的场地条件、构造特征和结构类型对其震害程度有明显的影响，古塔的震害可归纳为地基变形震害、薄弱构造震害和结构垮塌震害等主要类型。

1. 古塔震害程度与震中距的关系

据江苏重灾区各府县志的记载，1668 年 7 月 25 日晚在山东郯城—莒南一带发生的 8.5 级特大地震中，自震中向南至扬州，共有 4 座古塔遭受了不同程度的破坏，详见表 2-1。从表 2-1 记录的 4 座古塔损伤状况和所在区域的位置可以看出，古塔的损伤程度与震中距之间基本存在着线性的比例关系。

表 2-1　郯城地震江苏古塔损伤状况记录

序号	塔名	府县志名	方志记录	震中距
1	青云塔	嘉庆赣榆县志	青云塔，在治东二里，明万历间建，其下有招提院，康熙七年地震俱倾	约 50 千米
2	招德寺塔	康熙沭阳县志	招德寺塔，去治东五里，东南隅有古塔，高七层，康熙七年地震崩溃，仅存其半	约 93 千米

序号	塔名	府县志名	方志记录	震中距
3	妙通塔	康熙安东(涟水)县志	妙通塔,在能仁寺,去治西一百六十步。寺为宋天圣元年敕建,塔七级,皆砖石甃成。康熙七年地大震,人家屋檐俯于地,簸荡不定,塔尖坠,塔几倾	约 142 千米
4	文峰塔	嘉庆重修扬州府志	文峰塔,在官河南岸,明万历十年建七级浮图并建寺⋯,国朝康熙戊申夏六月地大震,塔尖坠地	约 296 千米

2. 古塔地基变形震害的特征与规律

砖石古塔的自重大、基础相对较小,对地基的变形较敏感。当古塔位于河岸湖边,地下水位的变化将导致塔基震陷加剧;若场地有液化土层且面向河心倾斜时,则易发生地基不均匀沉降。当古塔建于山丘坡地上且基础填平层厚薄不均时,地基在地震作用下易产生不均匀沉降;建于山顶的塔,地震加速度的放大极易导致塔基的变形。此外,长细比(H/D)较大的塔,对地基的不均匀沉降更为敏感。

在 2008 年汶川地震中,四川省有 11 座古塔发生基础沉降、沉陷和塔身倾斜等地基变形震害。统计分析表明:①建造场地状况对地基基础的震害有明显的影响,11 座发生地基震害的古塔均建造在河边、山顶或坡地上。②塔的长细比(H/D)与地基震害有一定的关联性,11 座塔的长细比均大于 3.0,其中大部分塔的长细比超过了 4.0,在地基不均匀沉降的情况下更加剧塔身的倾斜。③地基基础的震害程度随着地震烈度的增大而加剧,并导致上部结构的变形加重。

3. 古塔薄弱构造震害的特征与规律

砖石砌体因抗拉强度低,在地震作用产生的拉力下易开裂。对各层门洞在同一方位成串设置的古塔,其上下层门洞之间墙体为受力薄弱部位(图 2-1),在地震作用下,易产生剪切变形并导致竖向劈裂。

在 2008 年汶川地震中,属于塔身砌体开裂损坏的古塔 20 多座,其中,裂缝主要沿塔身竖向中面洞口连线开展的古塔共 8 座。

统计分析表明:①塔身的开裂程度随着地震烈度的增大而加剧,且位于山顶的古塔开裂程度较平地严重。②沿塔身竖向开设的门窗洞形成了薄弱构造,明洞串联的墙体构造是塔身贯穿性劈裂的主要原因。

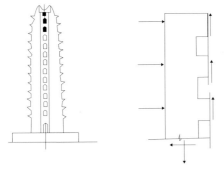

图 2-1　门窗洞对墙体的削弱

4. 古塔结构垮塌震害的特征与规律

对于塔身长细比 H/D 较大且结构的整体性较差的古塔，在强烈的水平地震作用下，结构易发生较大的水平位移，并导致塔身局部折断或整体垮塌。

在 2008 年汶川地震中，四川省共有 16 座塔发生塔身局部倒塌或全部垮塌。统计分析表明：①发生倒塌震害的古塔，其长细比 H/D 基本在 3.0 以上；且长细比 H/D 越大，塔身倒塌的程度越严重。②从结构类型来看，楼阁式塔的损坏程度比密檐式塔严重，原因是楼阁式塔的墙体相对较薄、空间刚度相对较小。③塔身倒塌的程度随着地震烈度的增大而加剧，且山体的高度对地震作用有明显的放大效应。

2.2　环境侵蚀引起的古塔损坏

2.2.1　风雨侵蚀引起的古塔损坏

古塔大部分建造在山顶或水边，周围地势开阔，对风雨的侵蚀全无遮挡。长期作用在古塔上的风雨，不仅对结构有直接的破坏作用，且通过风蚀、水侵将大气中对材料有破坏作用的物质带进塔体，降低古塔的强度与抗腐蚀能力。由风雨侵蚀形成的材料剥落、构件变形通常称为风化，风化不单单是风的作用，而是多种因素共同侵袭的结果。

用于造塔的砖是一种经高温烧制成型并提高了机械强度的材料，由于烧制时内外冷却的速度不同，表面的强度高于其内部；砖塔表面一旦出现剥落，其风化速度加快。风力的大小与距地面的高度成正比，即距地面越高风力越大；我国古塔的高度大多在 50 米到 80 米，对古塔现状考察发现，40 米以上的部位比其下部位损坏得严重。我国北方多西北风，因而每座塔西北方各面，破坏的程度比其他面严重。此外，塔身明显暴露的部位，如各层腰檐、平座、转角、塔顶、塔刹等突出部位，都比其他部位遭到的损坏严重。

我国北方有许多高大的塔，由于长年风力、雨水的作用使塔的西北角首先损坏，逐步的使全塔遭到破坏。如建于辽圣宗太平三年（1023 年）的吉林农安辽塔，是一座高达 44 米的 13 层密檐式砖塔，在数百年的风雨侵蚀下古塔严重受损。从伪满洲国时期留下来的老照片（图 2-2）可以看到，辽塔的塔刹无存，塔身大面积损毁，已濒临坍塌。

我国南方的砖木塔常采用瓦木塔顶，一些塔顶年久失修极易塌毁，使雨水直接灌入塔内，造成塔内长年阴湿。如安徽泾县小观塔（图 2-3）是一座方形七层楼阁式砖塔，建于南宋绍兴三十一年（1161年），塔顶损坏后遭风雨侵蚀，导致上部

图 2-2 风蚀严重的吉林农安辽塔

图 2-3 塔顶缺失的安徽泾县小观塔

塔体严重开裂。

2.2.2 植物侵蚀引起的古塔损坏

暴露在自然环境中的古塔，除了受到风吹、日晒、雨淋的侵蚀，还易遭受生长在塔体上植物的破坏。在潮湿的环境条件下，长在塔体上的植物对塔的危害性远远超过了风雨的侵蚀。在我国南方，附生的植物常造成塔顶脱落、塔身开裂的现象，伸入塔基的强大植物根系甚至能将砖石基础撑裂，甚至使整个塔体变形破坏。

从实地考察得知，附生在塔上的植物种类很多，属于木本的计有松、柏、榆、槐、杉等；属于草本的更多，一般当地有何杂草，塔上就会生长，表现出很强的地方性。如云南各地都生长仙人掌，长在古塔上的仙人掌就随处可见。江西有一种生命力很强的藤萝，当地的古塔常受这种植物的侵袭；江西浮梁县双峰山的双峰寺塔，维修前曾爬满藤萝，将塔身上砖缝完全覆盖；藤萝的根扎入塔身很深，维修时难以清除。

图 2-4（a）为浙江平阳宝胜寺双塔 1984 年修缮之前的老照片，这两座五层六面的砖塔，塔顶和塔檐均被植物侵蚀，损坏严重。图 2-4（b）为四川都江堰奎光塔 2001 年纠偏加固前的照片，这座六面十七层砖塔的顶上长了一棵大树，且杂草丛生，植物根系已将砖块胀裂，遭遇大风大雨砖块时有掉落；奎光塔修

缮后将这棵大树移栽在塔前苗圃中，作为古塔保护工作的纪念物。图 2-4（c）为长沙望城区九峰山惜字塔的树塔状况，塔顶上的朴树高约 7 米，形成了一座巨大的伞盖，被当地百姓视为奇观；但大树的根系已将塔尖挤裂，塔、树均有倒塌的危险。

(a) 平阳宝胜寺双塔　　　　　(b) 都江堰奎光塔　　　　　(c) 长沙九峰山惜字塔

图 2-4　植物对古塔的侵蚀破坏

2.3　地基失效引起的古塔损坏

2.3.1　地基水土流失和下陷引起的古塔损坏

受时代条件的限制，我国古塔的选址大多从"风水"上着眼，对水文地质情况考虑较少，因而常将塔建在河边或临水地区。当古塔位于上述场地，水位的变化易导致地基土的流失；若场地有液化土层且面向河心倾斜时，则易发生地基不均匀沉降。从历史文献中可发现较多临水古塔歪斜的实例：北宋时代，东京城（今开封）开宝寺塔歪斜，是由于城北的五大河水侵蚀塔基的结果；山西平遥冀郭村慈相寺塔，临近大河，河水侵蚀塔基，造成了塔身的歪斜等。

建于低洼地区的古塔，因积水导致的地基的沉陷也是一大隐患。较多的古塔由于地下水位升高，使塔的地宫进水成为一个地下水室。安徽蒙城万佛塔由于周围地势低，年年雨水蓄积，致使塔的第一层以下砖砌体阴湿受损，整个塔往东北方向倾斜。一些古塔因地基下陷，周围淤土增高，塔的基座或底层被埋入土中，造成雨水与地下水同时对塔基的侵蚀。如江西信丰县大圣寺大圣塔，是一座宋代塔，由于建于低洼地区，塔的基座、台基及第一层塔身均已埋入土中，维修时很难进行处理。湖北沙市万寿宝塔建造在长江边上，于明朝嘉靖三十一年（1552 年）

建成，塔体七层，高达 40 余米；由于 450 多年历史的变迁，荆江河床不断抬高、塔基不断下陷，塔的底层已下沉至地面之下 7 米多（图 2-5（a）），在维修时不得已修建了坑穴式台阶入塔（图 2-5（b））。

(a) 万寿宝塔全貌　　　　　　　　(b) 位于地表之下的塔门

图 2-5　下陷的湖北沙市万寿宝塔

2.3.2　地基非均匀沉降引起的古塔损坏

古塔在建造时，因缺乏有效的勘探技术手段，难于获得详细的地质资料。当地基土层的压缩性、厚度和分布有较大差异，常引起古塔的不均匀沉降。此外，当古塔建于山坡处，基岩上填平层厚薄不匀且未能很好处理时，也易引起塔体倾斜。如苏州云岩寺塔坐落在虎丘山上，山顶岩面西南高、东北低，坡度为 1∶4；云岩寺塔建造于山顶人工填土层上，地基土持力层西南薄、东北厚，产生了不均匀的压缩变形，导致了塔身倾斜。倾斜度达 6°52′的上海天马山护珠塔是我国目前倾斜度最大的砖塔（图 2-6），该塔位于松江区天马山中峰之右的山坡上，塔基之下的土层东南厚、西北薄，地基的不均匀沉降是导致倾斜的重要因素之一。

在软土、湿陷性黄土地区，土层对含水量的影响特别敏感。塔下地基土薄厚分布不均或土层的含水量分布不均，也易引起塔基的不均匀沉降。如陕西眉县的净光寺塔（图 2-7），因地基不均匀沉降导致倾斜；"文化大革命"期间在塔的附近修建公共厕所，污水渗漏引发地基土湿陷，加快了塔体的倾斜。2002 年对该塔进行纠偏前，塔顶中心点已偏离垂直中心线近 2 米，向北侧明显倾斜；而且塔基陷入地面 1.5 米，底层塔体剥蚀严重，整个塔体岌岌可危，随时都有倒塌的可能。

图 2-6　上海天马山护珠塔

图 2-7　陕西眉县净光寺塔

2.3.3　地基坡体滑动引起的古塔损坏

滑坡是一种常见的山区地质灾害。在影响边坡稳定性和促成边坡滑动的诸多因素中，不良的工程地质条件是内因；大量的降雨、人为的坡脚开挖及地下开采等是外因。我国古塔大多数依山而建，地形坡度较陡，遇突发因素有可能产生顺坡滑动现象。

兰州白塔建于明景泰年间，是甘肃省重点保护文物。该塔所在的塔院之下存在南北两个滑坡（图 2-8），白塔坐落在南滑坡的坡体上，并随着南滑坡向南向下的蠕动而倾斜。根据白塔纠偏加固前的测量，塔顶已经偏离地面形心 555mm，倾斜率达到 3.84%。

南京方山定林寺塔（图 2-9）下的基岩南高北低，对土层向北滑移形成了地质条件；因在山北修筑公路，筑路切除坡脚产生新的临空面，影响了山体稳定，使堆积层向北缓慢滑移，造成塔身倾斜速度加快。

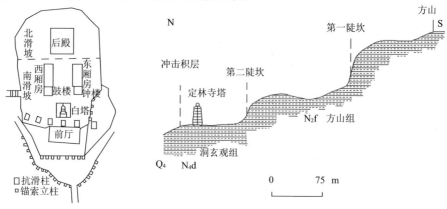

图 2-8　兰州白塔滑坡平面示意图　　图 2-9　南京方山定林寺塔场地地质示意图

2.4　人为因素引起的古塔损坏

2.4.1　战争与火灾造成的古塔损坏

从古至今，火对绝大多数建筑的危害极大，历史上著名宏伟的建筑毁于一炬的事例很多。我国早期盛行建造木塔，因木材防火性能较差，大多数木塔毁于历代战争的火灾中；其中也有少数木塔因不慎失火损坏，加之年久失修而腐败塌毁。隋文帝为祝贺母寿在全国几十个州县建造舍利塔，这些舍利塔均为三层的木塔，大多数已毁于战火，少数也因年久失修倒塌，只有一些如"木塔寺"的地名还流传至。北魏时代建造的洛阳永宁寺塔，为九层四方形楼阁式木塔，举高达数十丈，是我国古代最为高大的木结构建筑；该塔建成后仅 18 年，就由于火灾使木塔完全烧毁。

在砖木混合结构的塔上，最能看出火灾后的残破情景。砖木混合结构塔遍布全国各地，多数位于江南广大地带。现留存下来的这一式样的塔，有相当多的塔被火烧过。这类塔的塔身为砖砌，檐子、斗栱、平座、楼层等采用木制，火灾后木构件全部毁掉，塔身上留下许多窟窿。如杭州雷峰塔在宋宣和二年（1120 年）曾遭兵燹，塔刹、塔顶、塔檐、平座、回廊等木结构和构件全部烧毁，仅剩破败的砖塔身（图 2-10）。因地基不均匀沉降而倾斜的上海松江护珠塔（图 2-6），乾隆五十三年经历了一场火灾，塔顶全部烧毁，木结构荡然无存，进一步加剧了塔身的倾斜；后有人在砖缝中发现宋代钱币，遂拆砖觅宝，使底层西北角砖身渐被拆毁，形成一个直径约 2 米的大窟窿，因此塔身倾斜日趋严重。

在古塔的人为破坏因素中，战争破坏力最为严重，古代因战争毁坏的古塔不胜枚举。在宋宣和年间，杭州六和塔因方腊之乱惨遭焚毁。晚清太平天国战争期间，江苏省有多座古塔被破坏；其中，代表明代皇家建筑和装饰工艺最高水准的金陵大报恩寺琉璃宝塔，于 1856 年完全毁于兵燹；扬州文峰塔、江阴兴国寺塔、镇江金山慈寿塔等遭严重破坏，图 2-11 为木构件毁于兵燹的扬州文峰塔。八国联军进入北京以后，大肆破坏文物，著名的通州燃灯古塔上留下了侵略者的铁证。近代军阀混战中，山西应县木塔遭到炮轰，虽幸免倒塌之难，但至今弹孔清晰可见，为木塔的扭曲变形埋下隐患。日寇侵华战争期间中，日本军队炮击江西九江锁江楼塔，塔体三处被击穿，弹洞最大直径达 5 米，斗栱、腰檐、平座均遭不同程度的损伤，致使塔身因一侧缺损产生倾斜变形；浙江海宁镇海塔（图 2-12）于 1937 年、1938 年两次遭到日本侵略军的炮火轰击，塔身东北半边弹痕累累，第五、六层毁坏严重。

图 2-10　杭州雷峰塔老照片　　图 2-11　扬州文峰塔老照片　　图 2-12　海宁镇海塔老照片

2.4.2　不当工程活动造成的古塔损坏

　　人类不当的工程活动对古塔的损害也很严重，特别是近几十年来，随着经济建设速度的加快，道路、矿山等大规模工程的建设以及城市地下水开采量的激增，对古塔所在场地产生扰动或地质灾害，导致古塔破坏的案例也逐渐增多。

　　山西省介休市虹霁塔是一座明代修建的砖塔，坐落在蕴藏着煤炭资源的银锭山上。煤炭开采是银锭山所在的义棠镇的支柱产业，2005 年以来，一些煤矿越界采煤，造成采空塌陷，导致虹霁塔倾斜开裂。2007 年 1 月，山西省文物局技术中心对现场进行了勘察，历经 5 次的观测数据表明：虹霁塔顶至顶中心偏离 80cm，倾斜角度 5°；塔基座北偏东一侧下沉 4cm，南偏西一侧上升 1cm 左右，塔身整体向北偏东倾斜（图 2-13）。

　　建于明代的万寿寺塔位于西安市西光中学内，是一座高 22m 的楼阁式砖塔。20 世纪六七十年代学校开挖防空洞时，万寿寺塔发生了倾斜，塔基开始下沉；此后，受地下水位变化等多种因素影响，万寿寺塔的倾斜量逐渐发展，至 2007 年偏移量达 1.064m。2011 年 5 月，西安连降大雨，校方发现塔身倾斜加剧，将险情上报了文物部门。2011 年 6 月初，文物部门对该塔采取抢救性保护措施，用钢架做了支撑（图 2-14）。

　　建于唐朝的大雁塔因唐僧玄奘而闻名于世，是古城西安的标志性建筑。从相关史料中大雁塔倾斜度的测量值得知，自 1719 至 1941 年的两百多年间，大雁塔塔身倾斜值从 198mm 发展到 413mm。西安自古以来的水源结构就比较单一，到 1995 年，西安年用水量达 3 亿立方米，几乎全部来自地下水。由于地下水的过度开采，大雁塔的倾斜速度开始加快，1996 年经国家测绘单位实地测量，大雁塔的倾斜值已达 1010.5mm。大雁塔倾斜的问题引起了陕西省和西安市有关部门的高度重视,1996 年西安市政府对大雁塔周边单位的 400 多口自备井实施封井措施;从 1997 年开始,大雁塔倾斜的问题得到有效遏制并开始缓慢"回位";截至 2006 年底,大雁塔已经向倾斜的相反方向"回位"了 9.4mm,平均每年"回位"1mm。

过度开采地下水导致塔体倾斜还有一个更著名的例子。比萨斜塔的倾斜,除了基底应力过大和塔基下存在不均匀压缩土层外,地下水的开采也是一个重要的因素。观测数据表明(图 2-15),比萨平原曾在 20 世纪 60 年代后期至 70 年代初期深层抽水,使该地区地下水位普遍下降,导致比萨斜塔的倾斜速率明显增加。当地控制了地下水位抽取之后,比萨斜塔的倾斜也恢复到原来的速率。

图 2-13　山西介休虹霁塔

图 2-14　西安万寿寺塔

(a) 比萨斜塔

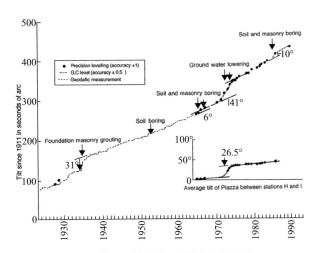

(b) 20 世纪比萨斜塔基础倾斜度的变化曲线

图 2-15　地下水开采导致比萨斜塔倾斜加剧

2.5 汶川地震砖石古塔的损坏特征与规律研究

2.5.1 研究概况

2008 年 5 月 12 日汶川 8.0 级大地震中，四川省的古塔遭受了严重损坏，引起国家有关部门和社会各界的高度关注。在四川省文物局和相关市县文管所的支持下，扬州大学古塔保护课题组多次赴地震重灾区进行古塔的震害状况调研、查勘和检测，获得了较为丰富的原始资料。开展古塔的损坏规律研究，总结相应的经验教训，为各地古塔的抗震鉴定提供有益的借鉴，是研究项目的宗旨。

研究项目共收集了地震烈度Ⅵ度及以上区域中 61 座样本古塔的资料，样本古塔的基本信息如下：

（1）塔的结构类型：按照塔的建筑造型和塔身结构确定。其中，楼阁式塔 34 座，密檐式塔 25 座，宝瓶式塔 2 座。

（2）塔的建筑材料：按照塔身的材料确定。其中，砖塔 37 座，砖身石基塔 21 座，石塔 2 座，土砖塔 1 座。

（3）塔的建造场地：按照平地、河岸、山顶确定。其中，建于平地上的塔 16 座，河岸边的塔 5 座，山顶上的塔 40 座（含坡地上的塔 9 座）。

研究项目分析了样本古塔的地震损坏规律，重点考察了场地条件、构造特征和结构类型对古塔震害程度的影响；针对地基变形震害、薄弱构造震害、结构垮塌震害三种损坏特征，选择部分典型古塔作为案例，进一步论述了古塔的地震损坏规律。

2.5.2 砖石古塔震害程度与地震烈度的相应关系

1. 古塔震害的分级与特征描述

基于古塔震害程度的确认与保护方案的研制，课题组在四川省各市县文物部门上报材料的基础上，对六十多座样本古塔的损害状况进行了统计分析，参照《中国地震烈度表》（GB/T 17742—2008），针对古塔的建筑结构特征、地震损伤规律以及文物修复的特定要求，提出了古塔震害分级与特征描述的定义，如表 2-2 所示。

2. 样本古塔的震害分类与比例统计

按照表 2-2 的定义，课题组对四川省地震烈度Ⅳ度及以上区域中样本古塔的震害进行了分类，如表 2-3 所示。表 2-3 中，方框内的号码为研究项目给定的样本古塔的序列号，古塔所在地区的地震烈度根据中国地震局编绘的《汶川 8.0 级地震烈度分布图》确定（图 2-16）。为便于对照，图 2-16 中以方框序列号的形式标出了样本古塔所在地区的位置。

表 2-2　古塔震害的分级与特征描述

震害级别	震害程度	损伤特征描述	文物价值损失	震后修复要求
1 级	轻微损坏	塔身有微细裂缝，塔檐、塔刹轻微损坏	基本保存	可进行常规修缮
2 级	局部损坏	塔身局部开裂，塔檐、塔刹局部损坏	局部损失	需进行局部修复
3 级	中度破坏	塔身严重开裂或倾斜，塔檐、塔刹倒塌	部分丧失	需进行整体修复
4 级	严重破坏	塔身贯穿性劈裂、严重倾斜或部分倒塌	严重丧失	需进行重大修建
5 级	完全毁坏	塔身全部倒塌	完全丧失	仅能重新建造

注：各震害级别对应的震害指数 D 为：1 级，$0.00 \leqslant D < 0.10$；2 级，$0.10 \leqslant D < 0.30$；3 级，$0.30 \leqslant D < 0.55$；4 级，$0.55 \leqslant D < 0.85$；5 级，$0.85 \leqslant D < 1.00$。

表 2-3　四川省样本古塔的震害分类

地震烈度	古塔震害类别				
	轻微损坏	局部损坏	中度破坏	严重破坏	完全毁坏
VI	61 自贡富顺迴澜塔 60 渠县三汇文峰塔 59 达州开江文笔塔 58 达州大竹文峰塔 57 乐山三江白塔 56 眉山大旺寺塔 55 简阳题名塔 54 简阳红白塔 53 宜宾筠连登瀛塔 52 宜宾旧州塔	51 巴中步月塔 50 内江高寺塔 49 乐山灵宝塔 48 宜宾七星黑塔 47 宜宾东山白塔 46 达州龙爪塔 45 开江宝泉塔 44 广安白塔 43 南充无量宝塔 42 荣县镇南塔 41 洪雅修文塔 40 威远白塔 39 资阳丹山白塔 38 资中三元塔 37 资中苍颉塔 36 蓬溪鹫峰寺塔	35 内江三元塔 34 巴中凌云塔 33 遂宁善济塔 32 广安岳池白塔 31 简阳圣德寺塔		
VII		30 蒲江文峰塔 29 邛崃石塔寺塔 28 邛崃回澜塔	27 新都宝光寺塔 26 淮口瑞光塔 25 南部县神坝塔 24 丹棱白塔 23 阆中玉台山塔 22 崇州字库塔	21 剑阁鹤鸣山塔 20 绵阳三台东塔 19 绵阳三台北塔 18 苍溪崇霞宝塔 17 阆中白塔 16 盐亭笔塔	
VIII			15 江油蓂英塔 12 彭州镇国寺塔	14 中江南塔 13 中江北塔 11 彭州云居院塔 10 彭州正觉寺塔 9 德阳龙护舍利塔 8 广元来雁塔 7 绵阳南山南塔 6 江油云龙塔	5 江油南雁塔

续表

地震烈度	古塔震害类别				
	轻微损坏	局部损坏	中度破坏	严重破坏	完全毁坏
IX				④都江堰奎光塔	③安县文星塔
≥X					②绵竹文峰塔 ①汶川迴澜塔

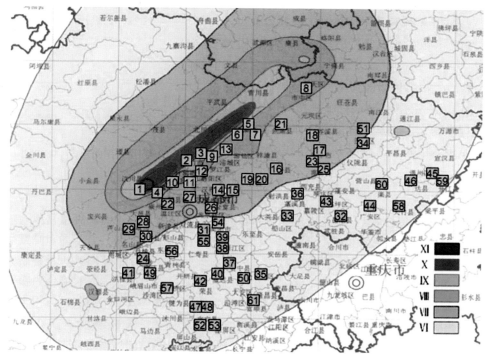

图 2-16　汶川地震的烈度分布及四川省样本古塔的位置

　　以地震各烈度区域中的样本古塔总数为基数，分别计算出各类震害程度古塔所占的百分比，如表 2-4 所示。由表 2-4 可知：①轻微损坏的古塔共 10 座，占总数的 16%，全部位于烈度VI度区域；②局部损坏的古塔共 19 座，占总数的 31%，分别位于烈度VI度和VII度区域；③中度破坏的古塔共 13 座，占总数的 21%，分别位于烈度VI度、VII度和VIII度区域；④严重破坏的古塔 15 座，占总数的 25%，分别位于烈度VII度、VIII度和IX度区域；⑤完全毁坏的古塔 4 座，占总数的 7%，分别位于烈度VIII度、IX度和≥X度的区域。值得注意的是，在烈度并不是很高的VII度区域，已有 6 座古塔的塔身部分倒塌，表明地震对古塔的破坏相当严重。

表 2-4　四川省样本古塔的震害分类比例

地震烈度	样本数量	震害程度									
		轻微损坏		局部损坏		中度破坏		严重破坏		完全毁坏	
		数量	比例	数量	比例	数量	比例	数量	比例	数量	比例
VI	31	10	32%	16	52%	5	16%				
VII	15			3	20%	6	40%	6	40%		
VIII	11					2	18%	8	73%	1	9%
IX	2							1	50%	1	50%
≥X	2									2	100%
总计	61	10	16%	19	31%	13	21%	15	25%	4	7%

3. 砖石古塔震害程度与地震烈度的对应关系

对汶川地震四川省古塔震害的研究表明，砖石古塔的震害程度随着地震烈度的增大而趋于严重，两者之间有着明显的对应关系。对照我国现行的地震烈度表（GB/T 17742—2008）可知，相对于单层或多层旧式房屋，砖石古塔因其结构高、自重大，对地震作用更加敏感；此外，与现代砖烟囱相比，古塔的建造年代久远、材料老化损伤较严重，震害程度也更加严重。从强化文物资源利用和抗震保护的角度来看，建立古塔震害程度与地震烈度的对应关系，以提高古建筑抗震规划的科学性，具有特定的参考价值和社会意义。

我国现行《建筑抗震设计规范》（GB50011—2010）将建筑物的抗震设防烈度定为 6 度、7 度、8 度和 9 度，《古建筑木结构维护与加固技术规范》（GB50165—92）也将古建筑木结构抗震鉴定的烈度范围定在 6～9 度。参照这两个标准并兼顾古塔抗震鉴定与加固的要求，在设防烈度 6 度（VI度）至 9 度（IX度）的范围内建立砖石古塔震害程度与地震烈度的表述关系是合适的。根据表 2-2 的定义和表 2-3、表 2-4 的统计分析，可给出与现行国家标准和规范中地震烈度相对应的砖石古塔震害程度参考指标，如表 2-5 所示。

表 2-5　砖石古塔震害程度与地震烈度对应的参考指标

地震烈度	砖石古塔的震害程度
VI	少数中度破坏，多数局部损坏，少数轻微损坏
VII	少数严重破坏，多数中度破坏，少数局部损坏
VIII	个别完全毁坏，大多数严重破坏，少数中度破坏
≥IX	大多数完全毁坏，少数严重破坏

注：本表数量词的界定参照《中国地震烈度表》（GB/T 17742—2008）：① "个别"为 10% 以下；② "少数"为 10%～45%；③ "多数"为 40%～70%；④ "大多数"为 60%～90%；⑤ "绝大多数"为 80% 以上

2.5.3 砖石古塔地基变形震害的特征与规律

1. 古塔地基变形震害的统计分析

砖石古塔的自重大、基础相对较小，对地基的变形较为敏感。在汶川地震中约 11 座古塔发生了基础沉降、沉陷和塔身倾斜等地基变形震害，各座塔的名称及所在烈度区域和建造场地见表 2-6。表中以基础和塔身的损坏程度为准，按震害状态将古塔分为三种类型。

表 2-6　地基变形震害分类

地震烈度	建造场地	地基及塔身震害状态					
		基础沉降、塔身开裂		基础沉陷、塔身倾斜		基础严重沉陷、塔身严重倾斜	
		塔名	H/D	塔名	H/D	塔名	H/D
VI	河边	广安白塔	4.3				
	山顶	威远白塔 资中三元塔	3.1 4.5	广安岳池白塔 开江宝泉塔 南充无量宝塔	3.4 4.1 4.1	内江三元塔	3.8
VII	河边			邛崃回澜塔	4.3	南部县神坝砖塔	4.7
	山顶					金堂淮口瑞光塔	4.8
VIII	坡地					彭州云居院塔	4.0

注：H 为塔的高度；D 为塔底的对边长度

由表 2-6 可知：①建造场地状况对地基基础的震害有明显的影响，11 座发生地基震害的古塔均建造在河边、山顶或坡地上。②塔的长细比 H/D 与地基震害有一定的关联性，11 座塔的长细比均大于 3.0，其中大部分塔的长细比超过了 4.0，在地基不均匀沉降的情况下易加剧塔身的倾斜。③地基基础的震害程度随着地震烈度的增大而加剧，并导致上部结构的变形加重。需要注意的是，在地震烈度VI度和VII度的情况下，地基基础的失效也将导致古塔发生严重的震害。

2. 地基变形震害导致塔身严重倾斜的典型古塔

（1）南部县神坝砖塔。神坝砖塔建于清同治三年，为七层六角形仿木结构浮雕砖塔，高 14 米（图 2-17）。该塔位于我国西南最大水库升钟湖淹没区，塔基因库区水位变化而受损。汶川地震中，神坝砖塔地基沉陷，塔身严重倾斜。

（2）内江三元塔。三元塔始建于唐代、于清代重修，为十层八角形楼阁式砖塔，高 62.7 米（图 2-18）。该塔位于沱江右岸三元山的顶端，由于灌木、杂草的根系钻入砖缝，导致塔基开裂并倾斜。汶川地震使三元塔的倾斜加剧，经全球卫星定位系统测量，三元塔塔顶位移值为 0.631 米，塔顶偏离角度为 14°41′50″，而且塔身表面有剥落，塔体开裂、破损，塔体转角装饰柱出现坍塌现象，被鉴定为危塔。

（3）彭州云居院塔。云居院塔建于宋代，为十三层四方形密檐式砖塔，高20.9米（图2-19）。该塔位于彭州市楠杨镇大曲村曲尺山中。在汶川地震前，由于塔基下面水土流失较为严重，塔基已经有一定程度损毁。汶川地震后，整个塔基松动并发生较为严重的位移，导致塔身向西倾斜约10厘米左右，塔体内外均出现明显裂缝，整体结构已有松散征兆。

图 2-17　南部县神坝砖塔　　　图 2-18　内江三元塔　　　图 2-19　彭州云居院塔

2.5.4　砖石古塔薄弱构造震害的特征与规律

1. 古塔薄弱构造震害的统计分析

砖石砌体因抗拉强度低，在地震作用产生的拉力下易开裂。对各层门洞在同一方位成串设置的古塔，其上下层门洞之间墙体为受力薄弱部位，在地震作用下，易产生剪切变形并导致竖向劈裂。

在汶川地震中属于塔身砌体开裂损坏的样本古塔20多座，其中，裂缝主要沿塔身竖向中面洞口连线开展的古塔共 8 座，各座塔的名称及所在烈度区域见表2-7。表中将古塔开裂状态分为三种类型，并给出墙体竖向开洞状态作为参考。

由表 2-7 可知：①塔身的开裂程度随着地震烈度的增大而加剧，且位于山顶的古塔开裂程度较平地的古塔严重。②沿塔身竖向开设的门窗洞形成了薄弱构造，明洞串联的墙体构造是塔身贯穿性劈裂的主要原因。

表 2-7　古塔薄弱构造震害分类

地震烈度	建造场地	塔身开裂状态					
		局部开裂		严重开裂		贯穿性劈裂	
		塔名	洞口	塔名	洞口	塔名	洞口
VI	平地	简阳圣德寺塔	A				
	山顶			巴中凌云塔	A		
VII	平地			丹棱白塔 新都宝光寺塔	B C		
VIII	山顶			彭州镇国寺塔	A	彭州正觉寺塔 德阳龙护舍利塔	A A
IX	平地					都江堰奎光塔	A

注：墙体竖向开洞状态：A 为明洞串连；B 为明洞、暗槽（假洞）隔层串连；C 为暗槽串连

2. 薄弱构造震害导致塔身竖向劈裂的典型古塔

（1）都江堰奎光塔。奎光塔建于清代，为十七层六角形楼阁式砖塔，高 52.7 米。汶川地震中，塔体西南侧和东北侧第五层至塔顶出现自下而上的贯穿裂缝，这两组裂缝从塔体第十层处已延伸至塔体内部并连通，从而将塔体分割为南北两部分，裂缝最大宽度达到 15 厘米（图 2-20）。

（2）德阳龙护舍利塔。龙护舍利塔建于元代，为十三层方形平面密檐式砖塔，高 37.8 米（图 2-21）。汶川地震中，该塔自底层至塔顶沿塔身的竖向中线，在南北两面出现贯穿裂缝；塔身裂缝沿高度发展并扩大，将塔体割裂为东西两个部分，导致结构严重破坏。

（3）彭州正觉寺塔。正觉寺塔建于宋代，为十三层方形密檐式砖塔，高 27.54 米。汶川地震使塔身四面均出现明显的裂缝，在塔的西面，自底层拱门上方至塔顶出现约 5 厘米宽度的贯穿性裂缝；在塔的北面，沿竖向中线也出现了宽约 4 厘米的通缝；四面塔檐严重损坏，方砖脱落，塔顶破损非常严重（图 2-22）。

2.5.5　砖石古塔结构垮塌震害的特征与规律

1. 古塔结构垮塌震害的统计分析

对于塔身长细比 H/D 较大且结构的整体性较差的古塔，在强烈的水平地震作用下，结构易发生较大的水平位移，并导致塔身局部折断或整体垮塌。四川省地震灾区内的古塔主要为密檐式和楼阁式两种结构类型，密檐式塔一般不可攀登，内部多用砖土砌实；楼阁式塔大多可攀登至顶层，其内部空间较大，整体刚度相对较差。

本项目所统计的样本古塔中，共有 16 座塔发生塔身局部倒塌或全部垮塌，各座塔的名称及所在烈度区域见表 2-8，表 2-8 中给出了塔的长细比 H/D 以及结构类型作为参考。

图 2-20 奎光塔贯穿裂缝　　图 2-21 龙护塔裂缝分布图　　图 2-22 正觉寺塔贯穿裂缝

表 2-8 古塔结构倒塌震害分类

地震烈度	建造场地	塔身震害状态						
		部分倒塌				全部倒塌		
		塔名	倒塌层数/总层数	H/D	结构类型	塔名	H/D	结构类型
VII	平地	盐亭笔塔	5/7	3.5	A			
		崇州字库塔	2/5	5.0	A			
	山顶	苍溪崇霞宝塔	3/9	4.4	A			
		绵阳三台北塔	4/9	3.0	A			
		绵阳三台东塔	4/9	3.5	A			
		剑阁鹤鸣山白塔	4/7	3.7	A			
		阆中白塔	7/13	3.9	A			
VIII	山顶	中江南塔	1/9	3.2	A			
		中江北塔	3/13	3.0	B			
		绵阳南山南塔	4/9	3.1	A	江油南雁塔	2.8	C
		江油云龙塔	7/9	3.1	A			
		广元来雁塔	7/13	5.3	A			
IX	平地					安县文星塔	3.1	A
≥X	平地河边					绵竹文峰塔	5.5	B
						汶川迴澜塔	4.7	B

注：塔身结构类型：A 为楼阁式；B 为密檐式；C 为宝瓶式

由表 2-8 可知：①发生倒塌震害的古塔，其长细比 H/D 基本在 3.0 以上；且长细比 H/D 越大，塔身倒塌的程度越严重。②从结构类型来看，楼阁式塔的损坏程度比密檐式塔严重，这在Ⅵ度和Ⅶ度区域较为明显，原因是楼阁式塔的墙体相对较薄、空间刚度相对较小。③塔身倒塌的程度随着地震烈度的增大而加剧，且山体的高度对地震作用有明显的放大效应；在Ⅶ度和Ⅷ度区域，建于山顶的古塔倒塌的较多。值得注意的是，在Ⅶ度的情况下，已有 7 座古塔发生塔身倒塌，表明地震对古塔的破坏相当严重。

2. 结构整体性震害导致塔身严重垮塌的典型古塔

（1）盐亭笔塔。盐亭笔塔建于清光绪年间，为七层六角形楼阁式砖塔，高 31 米。该塔位于地震烈度Ⅶ度区域，且建筑场地为平地，但地震中塔身大部分垮塌，仅余底层约 9 米（图 2-23）。震后检测表明，该塔的砌体材料强度不高、砌筑质量较差，墙体较薄且壁龛对墙体有较大的削弱，导致结构的整体抗震性能不足。

（2）广元来雁塔。来雁塔建于清代同治年间，为十三层八角形楼阁式砖塔，高 36 米。2008 年 5 月 12 日汶川地震发生时，塔体第七层以上即震塌；5 月 25 日至 27 日青川、宁强等地多次余震波及，使来雁塔再次受损，第五层以上已全部倒塌（图 2-24）。分析表明，来雁塔建于山顶，塔的高度 H 与塔底直径 D 之比约为 5.3，山体高度对地震的放大效应及塔身较大的长细比，是塔身垮塌的重要因素。

(a) 汶川地震前 (b) 汶川地震后

图 2-23　盐亭笔塔

(a) 汶川地震前　　　　　　　　　　　　(b) 汶川地震后

图 2-24　广元来雁塔

（3）安县文星塔。安县文星塔建于清代道光年间，为十三层方形楼阁式土砖塔，高 28 米。该塔第一层下部用条石砌筑，其余 12 层主要用土坯砖叠砌。其独特的建筑材料与砌筑方式在我国现存的古塔中尚不多见。文星塔的土坯砖采用麻、草等纤维与黏土混合制成，塔身砌筑时采用黏土、砂与糯米浆混合料，结构的整体性并不高。在地震烈度高达Ⅸ度的区域，强烈的地震作用导致 12 层土坯塔身全部倒塌，仅余底层约 6 米（图 2-25）。

(a) 汶川地震前　　　　　　　　　　　　(b) 汶川地震后

图 2-25　安县文星塔

2.5.6　结论与建议

汶川地震中遭受损坏的古塔是古建筑保护研究的重要资源。本书在资料收集和实地勘查的基础上，分析了砖石古塔的损坏规律及震害程度与地震烈度的相应关系。研究表明：①古塔的震害程度随着地震烈度的增大而趋于严重，两者之间有着明显的对应关系；古塔的震害程度重于我国现行地震烈度表（GB/T 17742—2008）中所列的 A 类房屋和独立砖烟囱的震害程度，在编制古建筑抗震规划时应给以足够的重视。②古塔对地震作用下的场地状况非常敏感，对建于河边和山顶的古塔，需加强地基震害的防范。③古塔的结构类型和构造特征对震害程度有较大的影响，对门窗洞沿竖向串连设置的古塔，需注意塔体的抗劈裂鉴定；对位于Ⅶ度及以上烈度区域、长细比 *H/D* 大于 3.0 的楼阁式古塔，需注意结构的抗倒塌鉴定。

第3章 古塔测绘技术

对于古塔保护工作来说，不论是日常的维修，还是损坏后的修复乃至特殊情况下的易地重建，一套完备的测绘资料都是最基础、最直接、最可靠的依据。同时，古塔测绘作为一种资料收集手段，也是建筑理论研究的必备环节和基础步骤，通过测绘还可以为古塔的结构安全性评估提供科学的依据。

3.1 古塔控制测量

测量工作的基本原则是"从整体到局部、先控制后碎部"，古塔测绘也必须遵循这一原则，即测量由控制测量开始，并且由高等级到低等级逐级加密进行，然后再在控制点的基础上进行碎部测量。

控制测量分为平面控制测量和高程控制测量，测定控制点平面位置（x，y）的工作，称为平面控制测量；测定控制点高程（H）的工作，称为高程控制测量。

在全国范围内建立的控制网，称为国家控制网，它是全国各种比例尺测图的基本控制，并为确定地球的形状和大小提供研究资料。在城市或厂矿等地区，一般应在上述国家控制点的基础上，根据测区的大小、城市规划和施工测量的要求，布设不同等级的城市控制网。直接供工程测图使用的控制网称为图根控制网。

根据实际情况，平面控制网点可同时作为高程控制网点。

3.1.1 平面控制测量

常用的平面控制测量有导线测量、三角测量和 GPS 测量等。

1. 导线测量

将测区内相邻控制点连成直线而构成的折线称为导线，这些控制点称为导线点。导线测量就是依次测定各导线边的长度和转折角值，根据起算数据，推算各边的坐标方位角，从而求出各导线点的坐标。

用经纬仪测量转折角，用钢尺测定边长的导线，称为经纬仪导线；若用光电测距仪测定导线边长，则称为电磁波测距导线。

导线测量是建立小地区平面控制网常用的一种方法，特别是地物分布较复杂的建筑区、视线障碍较多的隐蔽区，多采用导线测量的方法。根据测区的不同情况和要求，导线可布设成卜列三种形式：

1）闭合导线

起讫于同一已知点的导线称为闭合导线。如图 3-1 所示，导线从已知高级控制点 B 和已知方向 BA 出发，经过 1、2、3、4 点，最后仍回到起点 B，形成一闭合多边形，它本身存在着严密的几何条件。

图 3-1　闭合导线

2）附合导线

布设在两已知点间的导线称为附合导线。如图 3-2 所示，导线从一高级控制点 B 和已知方向 BA 出发，经过 1、2、3 点，最后附合到另一已知高级控制点 C 和已知方向 CD，此种布设形式，具有检核观测成果的作用。

图 3-2　附合导线

3）支导线

由一已知点和一已知边的方向出发，既不附合到另一已知点又不回到原起始点的导线称为支导线，图 3-3 中的 B、1、2 就是支导线，B 为已知点，1、2 为支导线点。因支导线缺乏检核条件，故其边数一般不超过 4 条。

图 3-3　支导线

2. 三角测量

将测区内各控制点组成相互连接的若干三角形而构成三角网，这些三角形的顶点称为三角点。三角测量就是观测所有三角形的各内角，丈量 1～2 条边的长度，用近似方法进行平差，然后应用正弦定律算出各三角形的边长，再根据已知边的坐标方位角、已知点坐标，按类似于导线计算的方法，求出各三角点的坐标。

在山区和丘陵地区等不便于测距的地区，可布设成三角网进行三角测量，根据测区地形条件、已知高级控制点分布情况及工程要求，三角网可布设成单三角锁、中心多边形等形式，如图 3-4 所示。

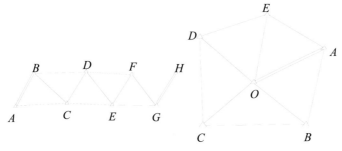

图 3-4　单三角锁、中心多边形

3. GPS 测量

GPS 测量是利用人造地球卫星进行点位测量，GPS 系统主要由空间卫星星座、地面监控站和信号接收机三部分组成，如图 3-5 所示。

GPS 定位的基本原理是空中测距后方交会，如图 3-6 所示。用广用 GPS 接收机在某一时刻同时接收三颗以上的 GPS 卫星信号，测量出测站点（接收机天线中心）至卫星的距离 ρ_i（i=1，2，3，…），通过导航电文可获得卫星的坐标（x_i，y_i，z_i）（i=1，2，3，…），据此即可求出测站点的坐标（x，y，z）。

$$\rho_i = \sqrt{(x_i - x)^2 + (y_i - y)^2 + (z_i - z)^2}\qquad(3\text{-}1)$$

根据精度要求，采用静态测量或动态测量的方式建立控制网，测量控制点的坐标。

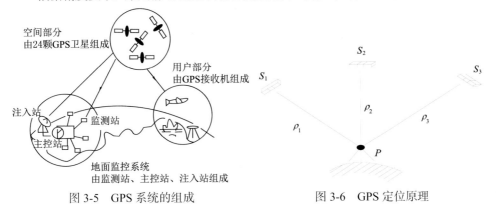

图 3-5　GPS 系统的组成　　　　图 3-6　GPS 定位原理

3.1.2　高程控制测量

高程控制测量的方法主要有水准测量和三角高程测量。

1. 水准测量

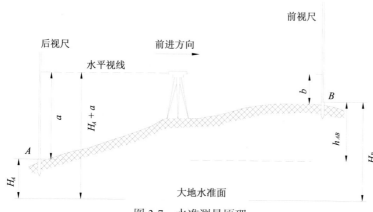

图 3-7　水准测量原理

水准测量是利用水准仪提供的一条水平视线，对竖立于两个点上的水准尺进行瞄准读数，来测定两点间的高差，再根据已知点的高程计算待定点的高程。如图 3-7 所示，在地面上有 A、B 两点，已知 A 点高程为 H_A，求 B 点的高程 H_B。由图 3-7 可知，若能求出 A、B 两点之间的高差 h_{AB}，就能求得 B 点的高程。为此，在 A、B 两点间安置一台水准仪，并在 A、B 点上分别竖立水准尺，根据水准仪提供的水平视线在 A 点水准尺上的读数为 a，在 B 点水准尺上的读数为 b，则 A、B 两点间的高差为

$$h_{AB} = a - b \tag{3-2}$$

B 点的高程为

$$H_B = H_A + h_{AB} \tag{3-3}$$

水准测量是目前高程测量中最基本和精度较高的一种测量方法，广泛用于国家高程控制测量、工程勘测、施工测量和变形监测中。

2. 三角高程测量

三角高程测量是根据两点的水平距离和竖直角，应用三角学公式计算出两点间的高差，从而根据已知点的高程求出待定点的高程。如图 3-8 所示，若已知 A 点高程 H_A，欲测定 B 点高程 H_B，

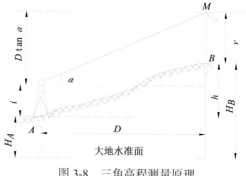

图 3-8　三角高程测量原理

可在 A 点安置经纬仪，在 B 点竖立标杆，用望远镜中丝瞄准标杆顶端，测出竖直角 α，量出标杆高 v 及仪器高 i，再根据 AB 之平距 D，则可算出 AB 的高差：

$$h = D\tan\alpha + i - v \tag{3-4}$$

B 点的高程为

$$H_B = H_A + h = H_A + D\tan\alpha + i - v \qquad (3\text{-}5)$$

在山区或一些特殊情况下，采用水准测量将会遇到一定困难甚至无法进行，此时采用三角高程测量将会十分便捷。随着电子测量仪器的普及使用，三角高程测量的应用越来越广泛。

在全站仪导线测量和 GPS 测量中，在测量精度许可的情况下，可将平面控制测量和高程控制测量同时进行。

3.2　古塔细部测量

与常规测量类似，古塔控制测量完成后即可进行古塔细部测量。但在测绘地物平面图时，通常是测定各建筑物的外廓及其相互位置关系，而在古塔细部测量时，除测定建筑物的外廓及其相互位置关系外，更要测定建筑物内各部位及其相互关系，因此，细部测量的内容和方法，需根据测绘目的与测绘对象的具体情况确定。

3.2.1　古塔细部测量的准备工作

1. 踏勘现场、收集资料

到达现场开始测量工作之前，应对现场进行详细踏勘，确认测绘的工作范围，了解所测古塔的历史、艺术和科学价值，了解其历史沿革和当前的整体情况，同时尽可能地收集测绘古塔的相关档案和图文资料，内容包括：

（1）古塔所在地的地形图等；

（2）古塔所在地的工程地质、水文、气象资料等；

（3）古塔的老照片、航拍照片及其他相关图像资料等；

（4）古塔原有测绘图、修缮工程设计图、竣工图等；

（5）古塔的管理档案和研究文献。

2. 绘制测量草图

草图就是按所测古塔的现状和测绘要求而勾画的草稿或测稿，是测绘的第一步工作。它是绘制正式图纸的唯一依据，也是研究古塔建筑史和进行修缮、加固设计的第一手资料。因此，它必须客观反映古塔各部位的结构、式样及其特征。

勾绘草图时要注意以下几点：

（1）结构交代要明确；

（2）外观形状要反映原有风貌；

（3）比例关系选择要适宜；

（4）图面安排要匀称；

（5）线条运用要适当；

（6）统一编制序号。

3. 制定测量方案、准备仪器和工具

根据古塔建筑的复杂程度、场地条件等制定测量方案，准备相应的测量仪器和工具。

3.2.2 古塔细部测量的基本原则和方法

1. 测量的基本原则

1）从整体到局部，先控制后细部

这是一条重要的测量原则，目的是为了限制误差的传播，使不同局部取得的数据能够统一成整体。细部测量时，先测量控制性尺寸，确定一些建筑上的控制点和控制线的精确位置，包括平面位置和高程，以统一整体的测量工作。

2）尊重现状，合理筛选

在古塔测绘中，由于材料本身的缺陷，加以当时工具简陋、技术水平差异等原因，使建筑平面及其构架间同部位的尺寸或构架间相应关系的尺寸往往出现不一致的现象，如果随意凑合画出来，图就会失真。这时就需对古塔的现状尺寸进行分析和研究，找出古塔基本构件的原始合理尺寸，使其结构交接合理，正确反映古塔的原貌，绘出一套准确完善的图纸。

3）注意规律，加强检核

古塔的建造是有一定的营造法式，掌握利用这些规律可以使测量工作事半功倍，因此，测量时应充分注意平面是否对称、方正等。但是否对称、正交不能仅凭观察就主观认定，而应当用数据来证明。所以在测量过程中应注意加强检核，如对方形古塔，除测量四周边长外，在可能情况下加测对角线进行验证。

4）增加多余观测，合理消除误差

为了提高测量精度，应尽可能增加多余观测，但由此也会带来尺寸不统一的矛盾，对此在确定统一尺寸时应遵循以下原则：

（1）次要尺寸服从主要尺寸；

（2）分尺寸服从总尺寸；

（3）少数服从多数。

2. 测量的基本方法

1）仪器测量

一般使用全站仪或经纬仪，将仪器安置在控制点上，用极坐标法（图3-9）或角度交会法（图3-10）测量出古塔外形特征点及能直接测定的内部特征点的三维坐标。

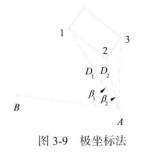

图 3-9　极坐标法

图 3-10　角度交会法

2）手工测量

一般使用钢尺、皮尺、小卷尺、水平尺、角尺、垂球及花杆等工具，有条件的还可配置手持激光测距仪、激光标线仪等小型轻便仪器，用直角坐标法（图 3-11）或距离交会法（图 3-12），测绘古塔内部特征点的位置。

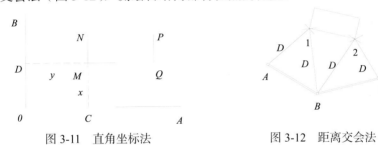

图 3-11　直角坐标法　　　　　　　　图 3-12　距离交会法

3）近景摄影测量

一般使用数码相机采用全景摄影方式测量局部隐蔽结构及雕刻图案等。

3.2.3　古塔测绘图纸的绘制

1. 整理测稿

测量过程中完成的测稿，应当用正确的投影清晰地表达出建筑的总体关系和微小细节，数据记录应该完整无误。

对原稿中勾画有误、交代不清、标注混乱等有失"可读性"之处，应进行局部整饰或整体重绘。

2. 数据成果的整理汇总

排查可能漏测的数据，整理所测数据，包括测量学和建筑学上的判断、处理和改正，然后将建筑的主要控制性尺寸（总尺寸、重要定位尺寸）以及构件细部尺寸等汇总列表，作为绘制正式图的依据。

3. 正式测绘图纸的绘制

根据实测到的距离数据、角度数据、坐标数据、图像数据及整理后的测稿，使用计算机在 CAD 软件中进行绘制。

3.3 古塔变形测量

古塔大多历经百年乃至千年岁月的洗礼，风振、日照、雷电、地震等自然因素和人为因素给这些建筑造成了不同程度的破坏，因此，必须对其几何变形情况进行测量，为判断古塔破坏程度、指导古塔维修保护提供准确的依据。

3.3.1 古塔变形测量概述

1. 变形测量的基本思路

变形测量工作开始前，应根据变形类型、测量目的、任务要求以及测区条件进行施测方案设计。对于重点保护的项目，尚应进行监测网的优化设计。施测方案应经实地勘选、多方案精度估算和技术经济分析比较后择优选取。

按照变形测量的要求，分别选定基准点、工作基点及监测点，埋设相应的标石标志，建立平面控制网和高程控制网，作为变形测量的控制。平面控制测量可采用独立直角坐标系统，高程控制测量应尽量采用本地区原有高程系统。

变形测量前，应先对基准点进行稳定性检查或检验，然后根据基准点对监测点进行变形测量。变形测量结束后，应对观测成果及时处理，并进行严密平差计算和精度评定，然后进行变形分析，对变形趋势作出预报。

2. 变形观测精度与频率的确定

《建筑变形测量规范》（JGJ 8—2007）给出了建筑变形测量的级别、精度指标及其适用范围（表 3-1）。对列入全国重点文物保护单位的古塔，变形测量的等级宜取为一级。

观测频率是指一定时间内重复观测的次数，也可用两期观测的时间间隔表示。因为古塔变形是一个逐渐变化的过程，是时间的函数，而且变形速度是不均匀的，而进行变形观测的次数是有限的，所以合理地选择观测频率和观测时间，对正确分析变形结果尤为重要。

一般情况下，观测频率取决于变形的大小、速度及观测目的，以能系统反映所测变形的变化过程且不遗漏其变化时段为原则，根据单位时间内变形量的大小及外界因素影响确定。

控制网复测周期应根据测量目的和点位的稳定情况确定，一般宜每半年复测一次，当复测成果或检测成果出现异常或测区受到如地震、洪水、台风、爆破等外界因素影响时，应及时进行控制网的复测。

表 3-1　建筑变形测量的级别、精度指标及其适用范围

变形测量级别	沉降观测 观测点测站高差中误差 /mm	位移观测 观测点坐标中误差 /mm	主要适用范围
特级	±0.05	±0.3	特高精度要求的特种精密工程和重要科研项目的变形测量
一级	±0.15	±1.0	高精度要求的大型建筑物和科研项目的变形测量
二级	±0.50	±3.0	中等精度要求的建筑物和科研项目的变形测量
三级	±1.50	±10.0	一般精度要求的建筑物变形测量

注：1.观测点测站高差中误差，系指水准测量的测站高差中误差或静力水准测量、电磁波测距三角高程测量中相邻观测点相应测段间等价的相对高差中误差

2.观测点坐标中误差，系指观测点相对测站点（如工作基点）的坐标中误差，坐标差中误差以及等价的观测点相对基准线的偏差值中误差、建筑或构件相对底部固定点的水平位移分量中误差

3.3.2　古塔变形测量实施

古塔变形测量包括沉降观测、位移观测、倾斜观测和裂缝观测等。

1. 沉降观测

沉降观测是根据基准点测定古塔上沉降点随时间的高程变化量的工作。基准点设置在沉降影响范围之外，一般不少于 3 个点。沉降点设置在古塔的能反映沉降特征的部位上。用水准测量方法或其他精度满足要求的高程测量方法，定期测量沉降点相对于基准点的高差，然后从各个沉降点高程的变化中分析古塔的上升或下降情况。

1）沉降观测点的设置

沉降观测点一般布设在古塔承受主要荷载的构件（如承重墙体或柱子）上，且能全面反映建筑物沉降变化特征的地方。沉降观测点标志可根据不同的建筑结构类型和建筑材料，采用墙(柱)标志、基础标志和隐蔽式标志。如图 3-13、图3-14、图 3-15 所示。

2）沉降观测基本要求

对于特级、一级沉降观测，应使用 DSZ05 或 DS05 型水准仪、铟瓦合金标尺，按光学测微法观测；对于二级沉降观测，应使用 DS1 或 DS05 型水准仪、铟瓦合金标尺，按光学测微法观测；对于三级沉降观测，可使用 DS3 型水准仪、区格式木质标尺，按中丝读数法观测，也可使用 DS1、DS05 型水准仪、铟瓦合金标尺，按光学测微法观测。

各等级变形观测的技术要求应符合表 3-2、表 3-3 的有关规定。

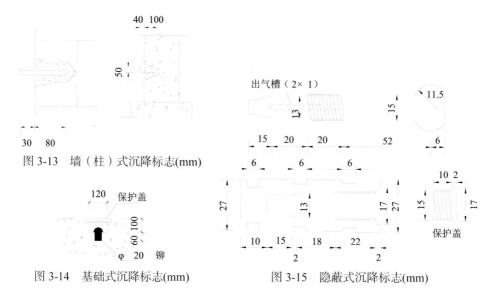

图 3-13　墙（柱）式沉降标志(mm)

图 3-14　基础式沉降标志(mm)　　　　图 3-15　隐蔽式沉降标志(mm)

表 3-2　水准观测的视线长度、前后视距差和视线高　　（单位：m）

级别	视线长度	前后视距差	前后视距差累积	视线高度
特级	≤10	≤0.3	≤0.5	≥0.8
一级	≤30	≤0.7	≤1.0	≥0.5
二级	≤50	≤2.0	≤3.0	≥0.3
三级	≤75	≤5.0	≤8.0	≥0.2

表 3-3　水准观测的限差　　（单位：mm）

级别		基辅分划读数之差	基辅分划所测高差之差	往返较差及附合或环线闭合差	单程双测站所测高差较差	检测已测测段高差之差
特级		0.15	0.2	$\leq 0.1\sqrt{n}$	$\leq 0.07\sqrt{n}$	$\leq 0.15\sqrt{n}$
一级		0.30	0.5	$\leq 0.3\sqrt{n}$	$\leq 0.20\sqrt{n}$	$\leq 0.45\sqrt{n}$
二级		0.50	0.7	$\leq 1.0\sqrt{n}$	$\leq 0.70\sqrt{n}$	$\leq 1.50\sqrt{n}$
三级	光学测微法	1.00	1.5	$\leq 3.0\sqrt{n}$	$\leq 2.00\sqrt{n}$	$\leq 4.50\sqrt{n}$
	中丝读数法	2.00	3.0			

在观测过程中，如在基础附近地面有荷载突然增减、基础四周大量积水、长时间连续降雨等情况，均应及时进行观测；当古塔突然发生大量沉降、不均匀沉降或严重裂缝时，应缩短观测周期，立即进行逐日或几天一次的连续观测。

2. 位移观测

位移观测是根据平面控制点测定建筑物上观测点随时间产生的平面位置变化量的工作。

古塔的水平位移测量一般采用坐标法。即利用平面控制网测量被测点在平面坐标系中的坐标，通过比较两次测量坐标值的坐标差值，求出所测部位在水平面中的位移向量。

位移观测的工作基点根据需要形成一定平面控制网结构，如图 3-16 所示。可采用测角网、测边网、边角网、导线网或 GPS 网等方法测定这些工作基点的坐标，然后利用角度交会或全站仪坐标法测量被测点的坐标。

为了保证测量结果的可靠性，对有特殊需要的古塔，应该在工作基点上建造观测墩或埋设专门观测标石，并根据使用仪器和照准标志的类型配备强制对中装置，如图 3-17 所示。

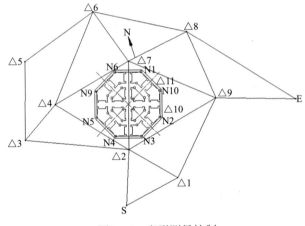

图 3-16　变形测量控制

3. 倾斜观测

倾斜观测是通过测定建筑物顶部相对于底部或各层面上层相对于下层的水平位移 a 与高差 h，计算整体或分层的倾斜度，即

$$i=a/h \tag{3-6}$$

水平位移 a 一般采用坐标法测出；高差 h 可采用三角高程法测量，测量方法如下：

1）底部中心可以到达

如图 3-18 所示，将仪器安置于 A 点，量取 A 点至古塔底部中心的距离 d，望远镜分别瞄准古塔顶端 C 和底端 B，测得竖直角为 α_1 和 α_2（α_2 为俯角时，角值为负，此处取用其绝对值），则古塔的高度为

(b)

(a)   (c)

图 3-17   虎丘塔变形测量观测墩和观测标志

$$h = h_1 + h_2 = d \times (\tan \alpha_1 + \tan \alpha_2) \tag{3-7}$$

2）底部中心不能到达

如图 3-19 所示，古塔底部中心 D 不能到达，无法直接量距，则在塔的附近选择 A、B 两点，量取其距离 d，然后在 A 点和 B 点分别安置仪器观测 C 点，测得水平角 β_1 和 β_2、竖直角 α_1 和 α_2、量出 A 站和 B 站的仪器高 i_1 和 i_2，同时测出 A、B 和 D 点（该点可选择在塔外与塔底中心同高处）的高程 H_A、H_B、H_D，则

$$d_1 = \frac{d \times \sin\beta_1}{\sin(\beta_1 + \beta_2)} \qquad (3\text{-}8)$$

$$d_2 = \frac{d \times \sin\beta_2}{\sin(\beta_1 + \beta_2)} \qquad (3\text{-}9)$$

由 A 点和 B 点分别求得塔顶 C 的高程：

$$H_C^{/} = H_A + d_1 \times \tan\alpha_1 + i_1 \qquad (3\text{-}10)$$

$$H_C^{//} = H_B + d_2 \times \tan\alpha_2 + i_2 \qquad (3\text{-}11)$$

在精度允许范围取其中间值作为最后结果，即

$$H_C = \frac{H_C^{/} + H_C^{//}}{2} \qquad (3\text{-}12)$$

由 H_C 减去 H_D 即可求出高度 h。

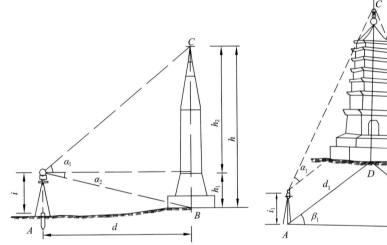

图 3-18　底部中心可以到达时的高度测量　　图 3-19　底部中心不能到达时的高度测量

4. 裂缝观测

裂缝观测是测定建筑物上裂缝发展情况的观测工作。建筑物出现裂缝就是变形明显的标志，对出现的裂缝要及时进行编号，并分别进行裂缝分布位置、走向、长度、宽度及其变化程度等项目的观测。

常用的裂缝观测方法有以下几种：

1）石膏标志法

在裂缝两端抹一层石膏，长约 250mm、宽约 50mm、厚约 10mm。石膏干固

后用红漆喷一层宽约 5mm 的横线，横线跨越裂缝两侧且垂直于裂缝。若裂缝继续扩张，则石膏开裂，每次测量红线处裂缝的宽度并做记录。

2）白铁皮标志法

如图 3-20 所示，用两块白铁皮，一片取 150mm×150mm 的正方形固定在裂缝的一侧，另一片取 50mm×200mm 的矩形固定在裂缝的另一侧，并使其中的一部分重叠。然后在两块白铁皮的表面涂上红色油漆。如果裂缝继续扩张，两块白铁皮将逐渐拉开，露出正方形上原没有被覆盖油漆的部分，其宽度即为裂缝加大的宽度，用尺子量出并做记录。

3）金属标志点法

如图 3-21 所示，对于重要的裂缝也可以选其代表性的位置埋设标志，即在裂缝的两侧打孔埋设金属标志点，定期用游标卡尺量出两点间的距离变化，即可精确测得裂缝宽度的变化情况。

对于面积较大且不便于人工测量的众多裂缝，可采用近景摄影测量方法，当需要连续监测裂缝变化时，还可采用测缝计或传感器自动测记的方法。

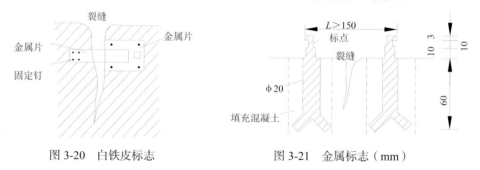

图 3-20　白铁皮标志　　　　图 3-21　金属标志（mm）

3.3.3　古塔变形测量的成果整理与分析

变形测量不仅需要采集变形数据，而且还需对采集到的原始数据进行整理与分析，以便存档和进一步利用。当资料积累到一定数量以后，要对它们进行分析以研究变形的规律和特征，并做出古塔安全状态的判断。

1. 列表汇总

将各次观测成果按时间先后进行列表，通过列表进行变形分析。表 3-4 是一个沉降观测的成果汇总，表中列出了每次观测各点的高程 H 及与上一期观测相比较的沉降量 S、累计沉降量 $\sum S$、荷载情况、平均沉降量及平均沉降速度等，在作变形分析时，对这些信息可以通过一些数学或力学方法进行分析与处理。

表 3-4　沉降观测成果汇总表

点号	首次成果 2004-8-27	第二次成果 2005-4-3			第三次成果 2005-11-12			…
	H_0/m	H/m	s/mm	$\sum s$/mm	H/m	s/mm	$\sum s$/mm	…
1	17.595	17.590	5	5	17.588	2	7	…
2	17.555	17.549	6	6	17.546	3	9	…
3	17.571	17.565	6	6	17.563	2	8	…
4	17.604	17.601	3	3	17.600	1	4	…
5	17.597	17.591	6	6	17.587	4	10	…
⋮	⋮	⋮	⋮	⋮	⋮	⋮	⋮	⋮
静荷载 p/kPa	30	46			80			…
平均沉降/ mm	—	5.0			3.2			…
平均速度/ （mm /d）	—	0.018			0.015			…

2. 绘图

为了对变形作定性分析，变形测量成果整理通常需绘制以下几种图：

1）变形过程曲线图

图 3-22 是一个沉降随时间发展的变形过程曲线，它能直观地反映一个观测点的变形趋势、规律以及与其他因素的内在联系。

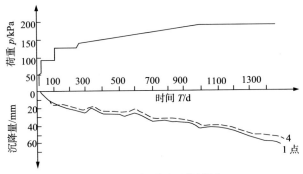

图 3-22　变形过程曲线图

2）变形等值线图

图 3-23 是一建筑物的沉降等值线图，它能较好地反映变形在某一时间的空间分布情况。

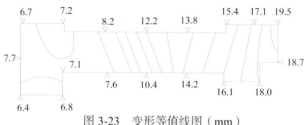

图 3-23　变形等值线图（mm）

3. 统计分析

变形观测数据的统计分析，是指把一大批变形观测数据结合某种具体物理模型进行统计归纳，最后获得一些简明的参数供定量分析使用。

1）平均变形量

对一个建筑物，可由 n 个沉降点的沉降量计算出它的平均沉降量。

$$s_平 = \frac{\sum\limits_{i=1}^{n} s_i}{n} \qquad (3\text{-}13)$$

2）差异沉降与沉降速度

为了更完善地描述沉降随时间而变化的特征，常利用差异沉降 Δs_{ij}、沉降速度 υ_i 和沉降加速度 a_i 来说明，相应的计算公式为

$$\Delta s_{ij} = s_j - s_i \qquad (3\text{-}14)$$

$$\upsilon_i = \Delta s_i / \Delta t \qquad (3\text{-}15)$$

$$a_i = \upsilon_i / \Delta t \qquad (3\text{-}16)$$

式（3-14）中的 i 和 j 为同一建筑体上的两个沉降观测点，式（3-15）中的 Δs_i 为 i 点在两次观测间的沉降差。

3）基础倾斜

设某基础面上有 i、j 两个沉降观测点，其间距为 L，它们在某时刻的沉降量为 s_i、s_j，则此基础的倾斜量为

$$\tau_{ij} = \frac{s_j - s_i}{L} \qquad (3\text{-}17)$$

4）线性回归分析

在数理统计中，常用回归分析处理变量与变量之间的统计关系。设变形量 Y_1，

Y_2，$\cdots$，Y_n 与变形因素量 X_1，X_2，$\cdots$，X_n 有一定关系，它们之间近似有直线关系：

$$Y = a + bX \qquad (3\text{-}18)$$

由于各种随机因素的影响，实际观测值存有误差而不符合式（3-18），即

$$\varepsilon_i = Y_i - a - bX_i \qquad (3\text{-}19)$$

按最小二乘原理，即在 $\Sigma\varepsilon_i^2 = \min$ 条件下可求得 a、b 的估值为

$$\hat{b} = \frac{\sum(X - \overline{X})(Y - \overline{Y})}{\sum(X - \overline{X})^2} \qquad (3\text{-}20)$$

$$\hat{a} = \overline{Y} - \hat{b}\overline{X} \qquad (3\text{-}21)$$

式中，$\hat{a}$、$\hat{b}$ 为回归直线方程式中的两个常数；$\overline{X}$、$\overline{Y}$ 为平均值。

判断变量 Y 与变量 X 之间是否存在线性关系，用数理统计原理中线性相关系数 γ 来判别，γ 的计算式为

$$\gamma = \frac{\sum(X - \overline{X})(Y - \overline{Y})}{\sqrt{\sum(X - \overline{X})^2 \Sigma(Y - \overline{Y})^2}} \qquad (3\text{-}22)$$

$|\gamma|$ 值愈接近 1，表明 Y 与 X 相关愈密切。为了判断 Y 与 X 是否相关，可根据置信水平 α 及自由度（$n-2$）查取相关系数 γ 与临界值 γ_0 表（参见有关数理统计书籍），如果 $|\gamma| \geqslant \gamma_0$ 则认为在 α 水平上相关显著。

3.4 三维激光扫描技术在古塔测绘中的应用

三维激光扫描技术是近年来发展起来的一项高新技术，可全天候、快速、直接、高精度地采集指定区域的三维信息，使传统的单点采集数据变为连续自动获取数据，为古塔测绘提供了一种全新的手段和可能性。

3.4.1 三维激光扫描技术的概念与原理

1. 基本概念

三维激光扫描技术又称为高清晰测量（high definition surveying，HDS），它是利用激光测距的原理，通过记录被测物体表面大量密集点的三维坐标信息和反射率信息，将各种大实体或实景的三维数据完整地采集到电脑中，进而快速复建出被测物体的三维模型及线、面、体等各种图件数据。结合其他各领域的专业应

用软件，所采集的点云数据还可进行各种后处理应用。

传统的测量方式是单点测量，获取单点的三维空间坐标。而三维激光扫描则自动、连续、快速地获取目标物体表面的密集采样点数据，即点云；实现由传统的点测量跨越到了面测量，同时，获取信息量也从点的空间位置信息扩展到了目标物的纹理信息和色彩信息。

2. 基本原理

三维激光扫描仪主要由测距系统、测角系统以及其他辅助功能系统构成。其工作原理是通过测距系统获取扫描仪到待测物体的距离，再通过测角系统获取扫描仪至待测物体的水平角和垂直角，进而计算出待测物体的三维坐标信息。

假设 α 为激光束垂直方向的夹角，β 为激光束水平方向的夹角，如图 3-24 所示，则 P 点的三维空间坐标为

$$X=S\cos\alpha\sin\beta \qquad\qquad (3-23)$$

$$Y=S\cos\alpha\cos\beta \qquad\qquad (3-24)$$

$$Z=S\sin\alpha \qquad\qquad (3-25)$$

在扫描过程中利用自身的垂直和水平马达等传动装置完成对物体的全方位扫描（360°×270°），如图 3-25 所示，这样连续地对空间以一定的取样密度进行扫描测量，就能得到被测目标物体密集的三维彩色散点数据，称作点云。

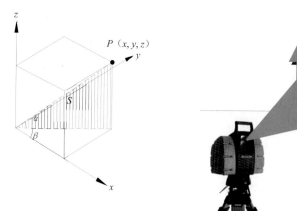
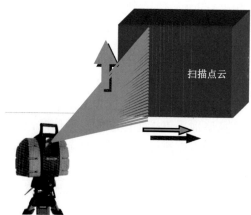

图 3-24　三维激光扫描测量原理　　　图 3-25　三维激光扫描测量示意图

扫描所得到的点云是由带有三维坐标的点所组成，把不同角度的点云资料拼接成为立体的点云图形。点云是一种类影像的向量数据，经模型化处理，可以获得很高的点位精度。可以直接在点云中进行空间量测，也可利用点云建立立体模

型，然后对建筑物的任意点进行量测。

3.4.2　用三维激光扫描系统进行古塔测绘

1. 三维激光扫描系统

一个典型的完整系统包括：扫描主机、三角基座、三脚架、通讯电缆和电源电缆、电池、笔记本电脑（安装处理软件）、仪器箱等，如图 3-26 所示。

扫描主机各部件名称（以 Leica HDS300 为例）如图 3-27 所示。

图 3-26　三维激光扫描系统

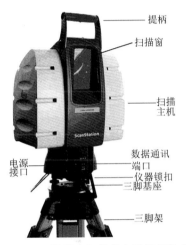

图 3-27　三维激光扫描仪主机各部件名称

2. 三维激光扫描的作业步骤

1）扫描前的准备工作

准备工作主要用于确定被扫描物体的空间分布、形态以及对扫描点位置的选取、扫描精度的选择等进行分析和确认，进而制定相关的扫描方案，并根据扫描方案编写技术设计书，准备相应的仪器和设备。

技术设计书应包括：项目概况、技术设计依据、测量控制点布设方案、扫描仪选择与参数设置、扫描数据拼接方案、数据处理方案、提交的成果资料、项目的工作进度计划、人员分工、后勤保障等。

2）现场扫描

（1）安置仪器。在测站位置放置三脚架，安置三维激光扫描仪，进行对中、整平，并将三维激光扫描仪与仪器的驱动软件相连接。

（2）仪器参数设置。当确认仪器安置无误后，即可打开仪器电源开关，进行扫描参数设置。主要包括工程文件名、文件存储位置、扫描范围、分辨率、标靶类型等，其中与精度相关参数设置要与技术设计书相符。

（3）开始扫描。仪器参数设置正确后，即可执行扫描操作。当扫描结束后，可以检查扫描数据质量，不合格需要重新扫描。依据扫描方案，还可以进行拍照、扫描标靶、测量标靶坐标等。

（4）换站扫描。当确认一测站相关工作完成无误，可以将仪器搬移到下一测站，重复前述步骤工作。为方便后续数据处理过程中的点云配准，每个测站均应有扫描区域的重叠，在测量标靶位置时，要遵循"为下一测站服务"的原则，尽量做到"多站式兼顾"，即让尽可能多的测站能采集到标靶的数据，这样有助于减少后期点云数据处理的误差。图 3-28 为苏州科技学院对虎丘塔三维激光扫描的测站位置和标靶位置布置方案，SW1、SW2、SW3、SW4 为测站点，CT1、CT2、…、CT11、CT12 为标靶点，扫描测量时在每一个测站点上确保能够测到 3 个以上的配准标靶点。

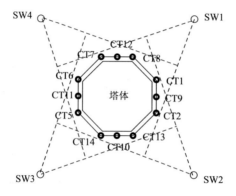

图 3-28　测站位置和标靶位置布置

3）数据处理

（1）点云的预处理：由于扫描过程中外界环境对扫描目标会构成阻挡和遮掩，如移动的车辆、行人、树木的遮挡以及实体本身的反射特性不均匀等，导致最终获取的扫描点云数据内可能包含不稳定点和错误点，这些影响导致点云数据含有误差，出现"黑洞"。只有把这些错误点和含有误差的点剔除后，才可继续进行其他操作，这个过程称作点云数据的滤除。滤波除噪的原理是，根据激光扫描回波信号强度辨别，回波信号强度低于阈值时，距离信号无效；利用中值滤波剔除奇异点；利用曲面拟合去除前端遮挡物。个别的坏点和"黑洞"部分还需重新扫描测量，去除遮挡、补充扫描空洞处点云数据，以保证点云数据采集的完整性、准确性，如图 3-29 所示。

(a) 原始点云数据图

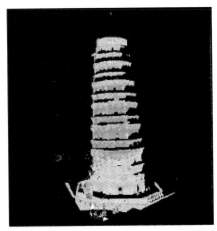

(b) 预处理后点云数据图

图 3-29　扫描点云数据预处理

（2）点云数据的拼接：要获取对象的完整三维点云数据，往往需要环绕该对象设置多站，获取其不同视角下的点云数据。不同站点初始的坐标系统是由其独立的扫描仪位置和方向决定的，不同视角获取的点云数据必须借助于重叠信息融为一体，将不同测站的点云数据归算到某一个测站坐标体系里，这个过程即为点云数据的拼接，如图 3-30 所示。

图 3-30　多测站点云数据拼接

图 3-31　经消冗处理后的点云数据

经过多站拼接后，各站点云数据虽处于统一的坐标系中，但尚未建立与地理坐标系的位置关系，为此还需添加全局控制点，通过坐标校正将点云数据纳入统一的地理坐标系下。

（3）点云消冗处理：多站点云数据拼接后，虽然得到了完整的点云模型，但在扫描重叠区内的重复采样点会带来数据冗余的问题，这种重叠区域的数据会占用大量的资源，降低操作和储存的效率，还会影响建模的效率和质量。为此需要对点云数据进行一定程度上的简化和平滑，通过一定的算法对数据进行缩减，既达到数据简化的目的，又能有效保留有用的特征信息，如图 3-31 所示。

4）三维建模

（1）点云特征点、线和面的提取：为了获取被扫物体的精准三维重建体，在点云数据上提取其点、线和面的特征信息至关重要，如图 3-32 所示。对规则的几何图形可通过求交点选取特征点。对特征点所在位置较为明显的，可人工直接拾取；而对一些测量断面的区域，可以将所有垂足点顺序连接，采取曲面拟合方法计算出光滑曲线上的曲线点，从中提取出对象轮廓变化处的特征点。

（2）三维模型创建：三维激光扫描所得到的点云模型，是由空间不规则的离散点构成，通过对被扫物体点云中特征点、线、面进行分段处理，构造 TIN 模型，将被扫物体细部模型化，同时对绘制出的轮廓线进行修剪，使其明显不规则的地方按其实际图形修整，在描绘空间单面墙体时，可用切片方法切出一个切面，然后再根据切片点云绘制成线划图，最后构建 360º 空间线划塔体三维模型，如图 3-33 所示。

（3）三维可视化表达：经过上述步骤得到的三维模型，已经具有很好的几何精准性，但是为了满足可视化的需要，还原真实的三维景观，还需要采用纹理映射技术对三维模型添加真实色彩。利用扫描仪自带摄像头或数码相机获取纹理信息，通过建立数字影像与点云模型的映射关系，判断其满足的几何条件，可将数字影像的灰度属性信息赋予点云模型，从而使点云模型具有真实的彩色，用这种纹理映射方法，实现点云模型真彩色的三维可视化，使被扫物体的三维表达能很好地符合其现实逼真形态，如图 3-34 所示。

图 3-32　提取特征点信息

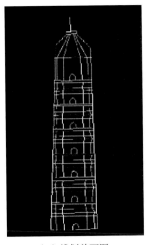
（a）线划单面图

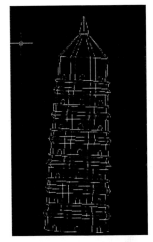
（b）线划三维图

图 3-33　三维模型创建

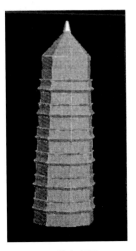
(a)三维灰度图

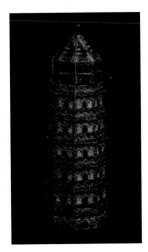
(b)真彩色三维图

图 3-34　古塔真彩色三维数字可视化表达

3.5　典型工程应用实例——文峰塔测绘

3.5.1　工程概况

扬州文峰塔（图 3-35）位于扬州城南古运河畔的文峰寺内（图3-36），始建于明万历十年（1582 年），昔日曾为导航引渡的灯塔，是江南航船进入扬州时首先看到的一个高大建筑，为古扬州的重要标志。

文峰塔为砖壁木檐楼阁式砖木混合结构，塔的平面呈八角形，共七层，塔基为八角形石砌须弥座，周绕回廊附阶。塔体采用砖砌，一到六层的外壁为八角形，内壁呈四方形，且交替重叠而上，呈上下交替的八角形，到第七层内外壁成统一的八角形。每层塔身四面开门交替而上，以避免门洞上下贯通而削弱塔身的整体强度。塔内楼层数与塔身层数一致，楼盖为木结构，上铺砖板，沿内壁设木楼梯供人环绕而上。塔顶为木结构，上设紫铜包木塔刹压顶，刹杆与塔中心柱相连接延伸至塔底。外部塔檐、栏杆、平座均为木结构，塔檐和平座自砖砌塔体内挑出，伸出较宽，供人走出塔身外观览江河景色。

图 3-35　文峰塔图

图 3-36　文峰塔及文峰寺地理位置图

据档案记载，清康熙七年（1668 年）山东郯城大地震，波及扬州，文峰塔尖坠毁，次年重修，塔尖提高一丈五尺；咸丰三年（1853 年）兵火毁寺及塔檐，仅存塔体，1919 年重修，1923 年落成；1957 年文峰塔被列为省级文物保护单位，1962 年进行了局部加固维修。至 20 世纪末，在长期的环境侵蚀与材质老化的影响下，文峰塔的损伤和变形已较为严重，扬州市政府决定对该塔进行全面修缮加固。工程实施之前，扬州大学和扬州市古典建筑工程公司合作，于 1996 年、2001 年两次对文峰塔进行了测绘，为文峰塔修缮方案的合理制定提供了准确的工程数据。

3.5.2　文峰塔塔体测绘

文峰塔位于围墙圈起的文峰寺内，寺内树木茂盛，通视较差，塔的周边场地较小，使得观测塔体上部的仰角太大，甚至无法测绘，给测量工作带来一定困难。因此，文峰塔的测绘采用仪器测量与人工测量相结合并相互校验的方法。

首先围绕塔体四周布设一条闭合导线，考虑到文峰寺内范围较小，为了减少观测塔体上部仰角太大带来的困难，其中二个导线点（A，B）布设在寺外的道路上，如图 3-37（a）所示。

按照三联架法用全站仪进行导线测量（图 3-37（b）），水平角、竖直角、距离各观测 4 个测回，用罗盘仪测出 AB 边的磁方位角，假定 A 点的三维坐标，计算各导线点的三维坐标。

然后按照角度交会法用全站仪测量塔体外部特征点三维坐标，用钢尺、皮尺或手持红外测距仪等工具按照直角坐标法测量塔体内部细部结构尺寸，并用外部尺寸检核内部尺寸。

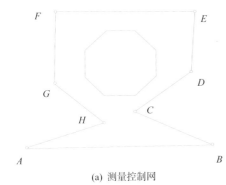
(a) 测量控制网

(b) 用全站仪进行测量

图 3-37　文峰塔测量

根据所测尺寸，绘制各层平面图、各层仰视平面图、立面图及剖面图。因该塔所建年代已久，塔身已略有倾斜，而且又已经过维修，因此有些数据多次测量后仍有误差，在绘图时取平均值作为标准数据；也有部分数据根据其他各层的数据规律稍作调整，以符合塔身收缩规律；而对于无法知道的内部构造，则参照《营造法式》中类似的建筑构造进行推理，同时又与当地的风土民情、建筑年代和风格等相联系，尽量做到内外衔接一致，保证测绘的准确性。图 3-38～图 3-45 给出了文峰塔底层、三层、七层的平面图和仰视平面图，以及立面图和剖面图。

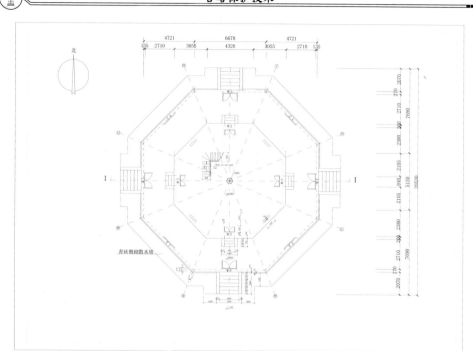

图 3-38　文峰塔底层平面图（mm）

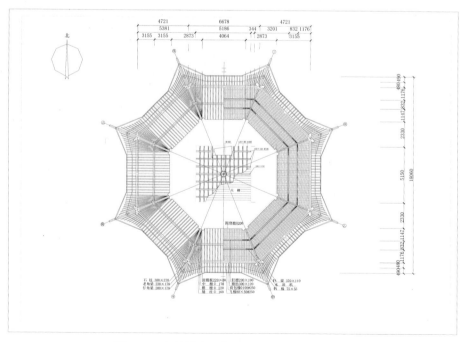

图 3-39　文峰塔底层仰视构架平面图（mm）

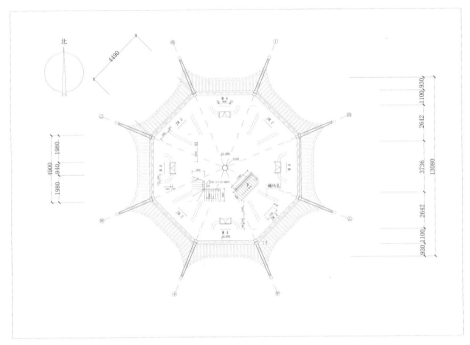

图 3-40　文峰塔三层平面图（mm）

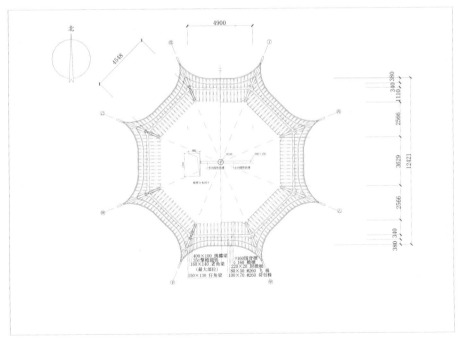

图 3-41　文峰塔三层仰视构架平面图（mm）

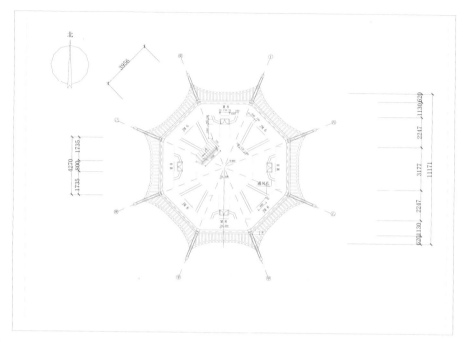

图 3-42　文峰塔七层平面图（mm）

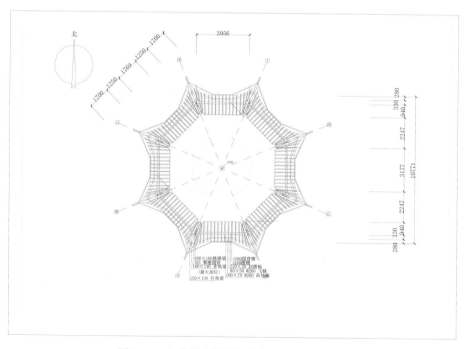

图 3-43　文峰塔七层仰视构架平面图（mm）

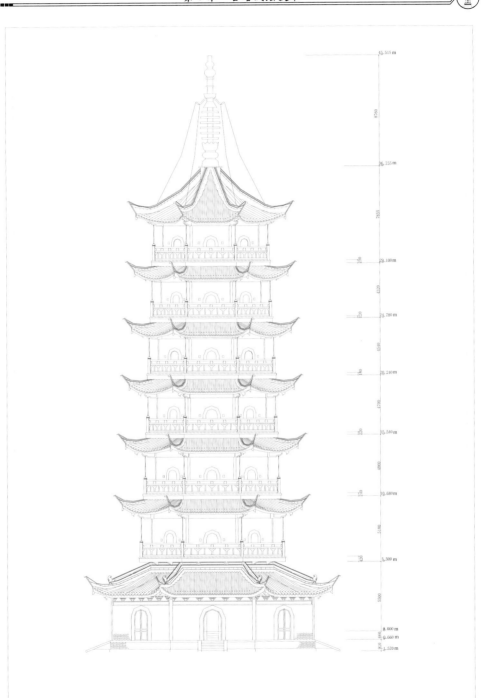

图 3-44　文峰塔南立面图（mm）

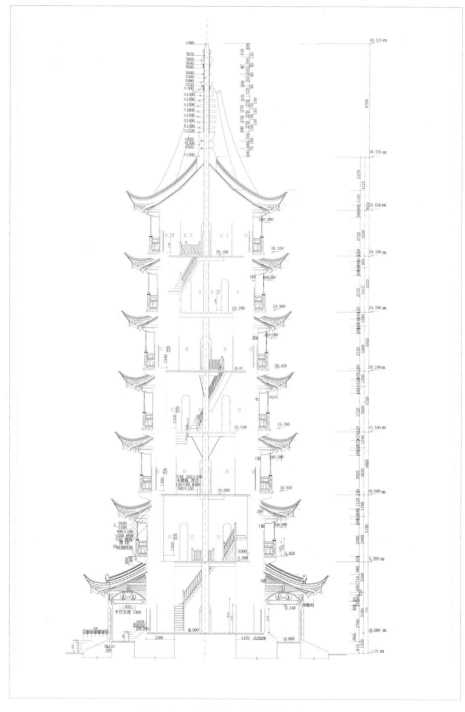

图 3-45　文峰塔 Ⅰ-Ⅰ 剖面图（mm）

3.5.3　文峰塔变形测量

文峰塔为省级文物保护单位，参照《建筑变形测量规范》（JGJ 8—2007）中的二级精度要求（表 3-1），运用 TS30 全站仪进行变形测量。

1. 塔刹的变形测量

塔刹高耸于塔顶，难以直接到达，故采用角度交会法进行测量，如图 3-46 所示。

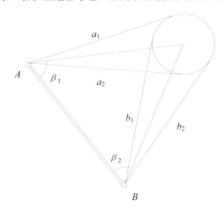

图 3-46　角度交会法测定变形值

在 A、B 二个控制点上各安置一台全站仪，测出塔刹各变化部位两侧切点处的方向值，取两方向值之中数即为该部位中心的方向值，按式（3-26）计算出该部位中心的坐标。

$$\begin{cases} x = \dfrac{x_A \cot\beta_2 + x_B \cot\beta_1 + y_B - y_A}{\cot\beta_1 + \cot\beta_2} \\ y = \dfrac{y_A \cot\beta_2 + y_B \cot\beta_1 + x_A - x_B}{\cot\beta_1 + \cot\beta_2} \end{cases} \quad （3\text{-}26）$$

2. 塔体的变形测量

塔体的变形测量采用全站仪坐标法测量。分别在 A、B 点安置全站仪，测量各层塔体外壁八角形 8 个顶点坐标（X_i，Y_i），然后求出形心坐标（X_0，Y_0）。

根据营造法则，塔身应为圆内接八边形，但由于施工技术及日久磨损变形等原因，棱角不可能很明显，所以形心坐标采用如下拟合模型计算：

$$(x_i - x_0)^2 + (y_i - y_0)^2 = \left(\frac{d}{2}\right)^2 \quad （3\text{-}27）$$

式中，X_i、Y_i 为测点坐标；X_0、Y_0 为圆心坐标；d 为直径。

令

$$x_0 = -\left(\frac{x}{2}\right), \quad y_0 = -\left(\frac{y}{2}\right) \tag{3-28}$$

$$c = \frac{(x^2 + y^2 - d^2)}{4} \tag{3-29}$$

$$l_i = x_i^2 + y_i^2 \tag{3-30}$$

将式（3-28）～式（3-30）代入式（3-27）得误差方程：

$$\upsilon_i = x_i x + y_i y + c + l_i \tag{3-31}$$

在[$\upsilon\upsilon$]=min 的条件下，可以组成以 x、y 和 c 为参数的法方程，从而求得参数的估值 X、Y 和 C，则形心坐标的估值为

$$x_0 = -\left(\frac{x}{2}\right), \quad y_0 = -\left(\frac{y}{2}\right)$$

其计算值及塔体的竖直挠曲变化见图 3-47。

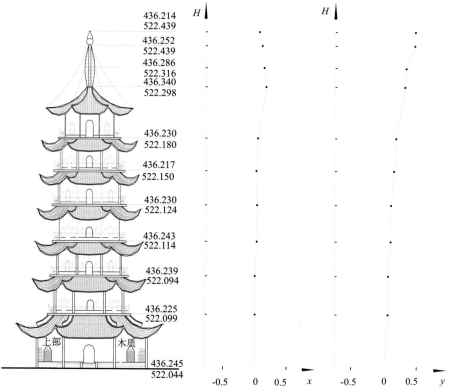

图 3-47　文峰塔塔体竖向挠曲变化（m）

由图 3-47 可知，塔顶相对于塔底的最大倾斜量为

$$\Delta x = -0.031$$

$$\Delta y = +0.395$$

$$\Delta = \sqrt{(\Delta x^2 + \Delta y^2)} = 0.396$$

倾斜方向为

$$\theta = \arctan\left(\frac{\Delta y}{\Delta x}\right) = 94^\circ 29'15''$$

即东偏南 4°29′15″，如图 3-48 所示。

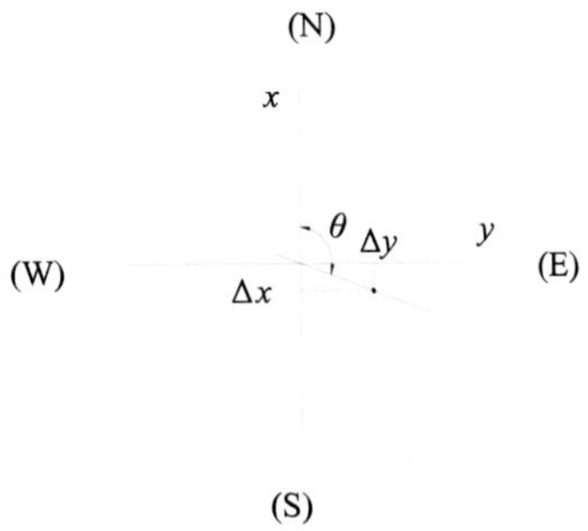

图 3-48　文峰塔倾斜方向

第4章 古塔结构无损检测技术

古塔由于建造年代久远、原始记录不全，塔体的内部构造以及地基基础等隐蔽工程参数通常难于获得；现存的古塔大多经历了地震、风雨等自然灾害的破坏和侵蚀，其材料和结构均存在着不同程度的损伤。运用无损检测技术确定古塔的材料性能、结构状况和隐蔽工程参数，是古塔健康诊断和可靠性鉴定的基础性工作。古塔材料性能的检测，常用回弹法、贯入法等无损检测方法；塔体的内部构造和地基基础等隐蔽工程，可采用冲击回波法、探地雷达检测等现代测试技术进行探测和分析。本章论述了古塔结构无损检测技术的工作原理和技术要点，并结合典型古塔修复工程的现场无损测试工作，重点介绍了运用探地雷达检测塔体及隐蔽工程的具体方法。

4.1 塔身营造材料的测试技术

4.1.1 古塔的营造材料

砖石古塔采用灰浆粘结材料将砖、石等块材砌成整体结构，砌体营造材料的强度指标直接关系到古塔结构的安全性和耐久性。

砖石古塔的营造材料一般就地取材。砖塔采用的砖材，是以黏土为主要原料，经过成型、干燥、焙烧和窨窑等工艺制成。不同年代、不同地区生产的砖因工艺不同，在规格、类型、名称上有许多不同之处，青砖是古塔最主要且用量最大的营造材料。

砖石古塔的粘结材料因朝代而异，各地方的配制方法也各有不同。唐代以前大多用黄土做粘结材料，其强度和粘结性均较低。宋代逐步采用石灰加黄土或黄沙混合而成的粘结材料，其强度和粘结性得到了明显提高。明代是粘结材料发展的成熟时期，通常采用石灰或石灰加有机物做粘结材料，并将糯米浆、植物汁液、蛋清或动物血浆等添加在重要建筑的灰浆中；其中，添加糯米浆的粘结材料性能优良、配制方便，在较多的石塔和砖塔中得到了应用。

4.1.2 砖强度检测技术

我国目前规范对砌体中黏土砖强度测定的非破损方法为回弹法。除此之外，相关学者在加固工程或研究项目中还采用过超声法、超声回弹综合法、冲击法、锤击硬度法和微钻孔法等方法。综合考虑文物保护的要求、实验设备的轻便性以及检测工作量等因素，对古塔砌砖的强度检测应优选回弹法作为主要检测方法。

1. 回弹法的基本概念

回弹法是一种非破损检测方法，也是现场检测砌体中砖抗压强度最常用的方法。采用回弹法检测砌体中烧结普通砖的抗压强度，即利用回弹仪检测砖砌块的表面硬度，根据回弹值与抗压强度的相对关系推定砌体中砖的抗压强度。由于所用回弹仪是瑞士工程师施密特于 1948 年发明的，所以也叫施密特锤法。

检测时，使用有着相应大小能量的重锤弹击砖块表面，弹击后，部分能量被砖块吸收，其余的能量回传给施加能量的重锤，其原理就是砖表面的硬度决定着能量吸收的大小。所以砖的表面硬度越低，受到弹击后的塑性变形和残余变形就越大，吸收的能量越多，传回的能量也就越少；反之，砖的表面硬度越高，受弹击后的塑性变形越小，能量吸收越少，传回的能量也就越多，回弹值也就越高，这样就能反映出砌体中砖的抗压强度。回弹法具有非破损性、检测面广和测试简便迅速等优点，是一种较理想的砌体工程现场检测方法。回弹法较早应用于岩石和混凝土的表面硬度测试，研究人员针对砖的表面硬度对混凝土回弹仪的性能进行改进后，制成了适用于砖的轻型回弹仪见图 4-1、图 4-2。

图 4-1 普通砖回弹仪   图 4-2 砖用数显回弹仪

2. 回弹法测试古砖技术要点

20 世纪 50 年代，我国引进了回弹法。1968 年，我国研究人员开始研究利用回弹仪检测普通烧结砖强度。1987 年，陕西省建科院等单位进一步研究了小型回弹仪的性能，制定了专业标准《回弹仪评定烧结普通砖标号的方法》（ZBQ15002—89）。此后相关省份也根据本地区实际情况制定了相应的标准，目前我国最新标准为《回弹仪评定烧结普通砖强度等级的方法》（JC/T 796—2013）。回弹法测试古砖技术的要点如下：

（1）回弹仪应由法定部门进行校准，宜采用示值系统为指针直读式的砖回弹仪。

（2）回弹仪在工程检测前后，应在钢砧上做率定试验，在洛式硬度（HRC）为60±2的钢砧上，回弹仪的率定值应为74±2。

（3）回弹法不适用于推定表面已风化或遭受冻害、环境侵蚀的古砖的抗压强度。被检测砖应为外观质量合格的完整砖。砖的条面应干燥、清洁、平整，不应有饰面层、粉刷层，必要时可用砂轮清除表面杂物，并应磨平测面，同时用毛刷除去粉尘。

（4）每个检测单元应随机选择10个测区。应在其中随机选择10块条面向外的砖作为10个测位供回弹测试，选择的砖与墙体边缘的距离应大于250mm。检测时，回弹仪的轴线应始终垂直于砖的测面，缓慢施压，准确读数，快速复位。在每块砖的测面上应均匀布置5个测点。选定弹击点时应避开砖的表面缺陷。每一弹击点应只弹击一次，回弹值读数应估读至1。

3. 古塔砌砖测强曲线的修正

回弹法测试古塔砌砖强度，基本原理与现行规范测烧结普通砖强度相同，利用回弹仪测定的回弹值，与砖的抗压强度建立关系曲线，利用曲线数学表达式间接从回弹值推定砖强度。直接采用现行规范回弹测强曲线，对于古塔砌砖强度的推定存在一定误差。因此，建立各地区古塔砖专用测强曲线，能提高回弹法结果的准确性和可靠性。

1）实验样本选择建议

中国古建砖料名称繁多，不同的规格、不同的工艺、不同的产地等多种因素交织在一起，派生出许多名称。因此在实验样本确定时应考虑砖的烧制年代和地区对其进行划分。

2）回归方程的建立

按照《回弹仪评定烧结普通砖强度等级的方法》（JC/T 796—2013）中回弹仪评定砖强度等级测强曲线的使用规定及制定方法，对砖样的抗压强度和回弹值之间的相互关系，分别按直线式、幂函数式、双曲线式、指数函数式以最小二乘法原理和数理统计的方法对试验数据进行计算，建立相应的回归方程。

扬州大学古塔保护课题组通常采用的方法为：先对某地区砖塔进行统计和划分，选择同一时期的砖塔进行现场回弹实验获得回弹值；对于部分损伤严重、出现局部砖塌落的古塔，可在现场直接选取散落的砖样，在实验室按照相应规范进行加工，通过压力试验机测定砖的抗压强度；在此基础上，建立现场砖回弹值与实验室砖抗压强度的关系曲线。随着实验样本数量的不断增加，可对曲线进行逐步修正回归，提高现场检测的准确性和可靠性。

4.1.3 砖粘结材料检测技术

粘结材料在古塔砌体中不但起着粘结作用，而且起着传递荷载的作用。在砖块质量合格的情况下，粘结材料抗压强度直接影响着塔身的抗压强度。目前我国砌筑砂浆强度的现场检测方法有：回弹法、贯入法、推出法、筒压法、砂浆片剪切法、点荷法、砂浆片局压法等方法；国外对砂浆强度现场检测的技术主要有摆锤式弹性硬度、钻孔阻力、探头贯入等。通过研究发现，采用贯入法可较好地满足古塔粘结材料测试的无损、轻便、快捷等要求。

1. 贯入法的基本概念

贯入法是根据测定贯入砂浆的深度和砂浆抗压强度间的相关关系，采用压缩工作弹簧加荷，把一测钉贯入砂浆中，由测钉的贯入深度通过测强曲线来换算砂浆抗压强度的检测方法。贯入法检测砂浆抗压强度技术在砂浆强度检测技术领域中因其独特优点，是目前现场砂浆强度检测中使用最为广泛的一种检测技术。我国为了配合此项技术推广使用颁布了行业标准《贯入法检测砌筑砂浆抗压强度技术规程》（JGJ/T136－2001）。贯入式砂浆强度检测仪见图 4-3，仪器结构图见图 4-4。

图 4-3 贯入式砂浆强度检测仪

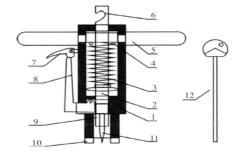

图 4-4 检测仪结构图
1.主体；2.贯入杆；3.工作弹簧；4.调整螺；
5.把手；6.加力槽；7.扳机；8.挂钩；
9.测钉座；10.偏头；11.测钉；12.加力器

通过对现代砌体结构现场检测发现，采用回弹法检测砌筑砂浆的离散性比贯入法大。采用贯入法检测时，其相对误差和标准差均小于回弹法检测。因此，为了保证检测结果的准确性，在保证检测数量的前提下，应采用离散性相对较小的贯入法检测古塔粘结材料抗压强度更为准确。2. 贯入法测试黏结材料技术要点

（1）被检测灰缝应饱满，其厚度不应过小，并应避开竖缝位置、门窗洞口、后砌洞口和预埋件的边缘。

（2）检测范围内的饰面层、粉刷层、勾缝石灰浆、浮浆以及表面损伤层等，应清除干净，使待测灰缝浆暴露并经打磨平整后再进行检测。

（3）每一构件应测试 16 点。测点应均匀分布在构件的水平灰缝上，相邻测点水平间距不宜小于 240mm，每条灰缝测点不宜多于 2 点。

（4）将贯入仪扁头对准灰缝中间，并垂直贴在被测塔体灰缝砂浆的表面，握住贯入仪把手，扳动扳机，将测钉贯入被测石灰浆中。

（5）每次试验前，应清除测钉上附着的杂物，同时用测钉量规检验测钉的长度；测钉能够通过测钉量规槽时，应重新选用新的测钉。

（6）操作过程中，当测点处的灰缝浆存在空洞或测孔周围不完整时，该测点应作废，另选测点补测。

3. 专用测强曲线的建立

测强曲线的建立方法与 4.1.2 节建立砖回弹测强曲线基本一致，即建立粘结材料抗压强度随贯入深度的变化关系曲线。通过查阅相关文献发现在建立曲线时可不考虑压应力或不同吸水性砖材料对贯入深度的影响。课题组认为模拟粘结材料实际情况应采取以下主要措施：

（1）根据所测古塔的建造年代，查阅文献获得该时期粘结材料的基本组成、相应配合比和制备方法，以此进行试块和砌体的制作；

（2）龄期对试样强度有显著的影响，为了能模拟几百年来风雨等劣化环境的影响，必须对试样进行加速劣化实验，如干湿循环、高浓度溶液浸泡和冻融处理等。

4.1.4　塔体强度检测技术

粘结材料以及砌砖的强度是决定塔体抗压强度的一个重要因素，古塔检测中完全通过对粘结材料和砖强度的检测来替代塔身抗压强度检测的做法还有待商榷。因为影响塔体的强度还应考虑砖的抗折强度、灰浆的弹塑性质、砌筑方式和质量、砖的形状及灰缝厚度等，这些对塔体的抗压强度都有不同程度的影响。

《砌体工程现场检测技术标准》（GB/T50315—2011）中也提出了砌体力学性能的检测方法，检测砌体抗压强度的方法有：原位轴压法和扁顶法、检测砌体工作应力弹性模量的扁顶法、检测砌体抗剪强度的原位单剪法和原位单砖双剪法。因上述检测方法将对砌体产生局部破坏，故不太适用于古塔的塔身检测。

钻芯法检测混凝土强度是国内成熟的一种半破损检测结构中混凝土强度的有效方法，国内也有学者提出参考此法的钻取芯样法检测砖砌体抗压强度，即对砖砌体芯样和砌体分别进行抗压强度试验，再经回归分析，建立钻芯法检测砖砌体抗压强度测强方程式，并应用于工程检测中。与其他方法相比，此半破损法对砌块砌体的损伤较小，可以借鉴到古塔塔身强度的检测中，但需根据文物保护的要求进一步研究其适用性。

4.1.5　塔体弹性模量的确定方法

塔体弹性模量是塔体结构的基本力学指标，是塔体破坏机理、内力分析、变形计算以及有限元分析的重要依据。现代砖砌体受压弹性模量试验方法为，当受压应力上限不超过砌体抗压强度平均值的 40%～50% 时，经反复加载卸载 5 次的应力应变曲线变成直线，并且能保证此时砌体内不产生裂缝，直线的斜率即可确定砌体受压弹性模量。而对于古塔塔身弹性模量的确定，这种破坏性方法并不可行。

不同国家、不同规范关于砌体弹性模量取值的规定不尽相同，UBC-91 规范、CIB58 规范、BS5628 规范均取砖砌体或混凝土砌块砌体的弹性模量为其抗压强度的一定倍数来确定弹性模量；该方法计算简单，不足的是未能反映砖砌体和混凝土砌块砌体在受力性能上的差别。

ACI530-02、ASCE-02、TMS402-02 提供了不进行棱柱体试验时确定砌体弹性模量的方法，即根据影响砌体弹性模量的主要因素——块体强度和砂浆类型（MSN）制成表格，供设计时使用。我国《砌体结构设计规范》（GB50003—2001）中，对不同强度等级砂浆的砌体弹性模量，采用与砌体抗压强度设计值 f 成正比的关系（石砌体除外）见表 4-1。目前较多的古塔材料性能评价项目，所采用的弹性模量主要参考表 4-1 所提供的参数。

表 4-1　砌体的弹性模量　　　　　　　　　　　　　　（单位：MPa）

砌体种类	砂浆强度等级			
	≥M10	M7.5	M5	M2.5
烧结普通砖、烧结多孔砖砌体	1600f	1600f	1600f	1390f
混凝土普通砖、混凝土多孔砖砌体	1600f	1600f	1600f	—
蒸压灰砂普通砖、蒸压粉煤灰普通砖砌体	1060f	1060f	1060f	—
非灌孔混凝土砌块砌体	1700f	1600f	1500f	—
粗料石、毛料石、毛石砌体	—	5650	4000	2250
细料石砌体	—	17 000	12 000	6750

4.2 古塔隐蔽部位无损检测技术

4.2.1 古塔隐蔽部位无损检测技术现状

古塔上部结构的构造识别及内部损伤状况的确定，下部地基和基础的勘探，是古塔结构鉴定与加固效果评价的重要基础性工作。近年来，各国的专家学者对古建筑无损诊断技术进行了大量的研究，其中对木结构构件无损检测方法研究相对成熟，已逐渐应用于古建筑木结构的检测和评估。在古建筑的地基和基础的勘探方面，已将高密度地震映像技术、超声波 CT 扫描、电磁波层析成像技术、电阻率层析成像技术等应用于古塔地基空隙、基础形状和材料的探测之中，并取得了初步成果。而对于由砖、土、石等材料混合组成的砖石类建筑上部结构内部损伤探测，相对成熟的无损检测方法研究较少，目前有探地雷达技术、冲击回波技术、声发射技术、超声波、热图成像技术、内窥镜技术等。

4.2.2 冲击回波技术

探测结构内部缺陷（空洞、裂缝、剥离层等），目前较多使用的检测方法是超声波检测。该方法常采用穿透测试，需要有两个相对的测试面，对单一测试面的结构内部缺陷，有一定的局限性。另外，许多结构往往还需要测量厚度，而以前诸多的测量厚度的方法，都存在一些问题。针对这些问题，国际上从 20 世纪 80 年代中期提出一种新的无损检测方法——冲击回波法（impact-echo method，IE 法）。该方法是基于瞬态应力波应用于无损检测的一种技术，它可以在单一测试面上测量结构的缺陷。测试系统先在结构表面施加微小冲击振动，产生应力波，当应力波在结构中传播遇到缺陷与底面时，将产生反射并引起结构表面微小的位移响应。通过接收这种响应波并进行频谱分析可得到频谱图。通过分析频谱图上的峰谷和频率，可以计算出结构的厚度、有无缺陷及缺陷位置。

与传统的超声波检测技术相比，冲击回波检测技术具有较多优点：首先，它是单面检测；其次，由于其发射信号频率低，能量散射小，因此检测厚度大；第三，由于接收信号能量大、频率低，所以在检测面产生振动不需要耦合剂，操作方便；另外，研究还表明，冲击回波检测结果受结构材料组分和内部结构状况差异的影响小。

冲击回波法具有简便、快速、设备轻便、干扰小、可重复测试等特点。由于不受内部钢筋的影响，目前大量运用于探测钢筋混凝土和后张法预应力混凝土中缺陷的位置和大小，如裂缝、分层、孔洞、蜂窝和脱黏。它可以测定板层或路面下的基层中孔洞的位置，也可用于测定用砂浆粘结的砖石砌体结构的厚度或结构中裂缝、孔洞和其他缺陷的位置。

1. 检测塔体厚度或缺陷的原理

如图 4-5 所示，用小钢球敲击结构表面激发一低频应力波，在其内部激发瞬时应力波，包括纵波 P、横波 S 和表面波 R。纵波和横波由于内部缺陷或外边界反射引起的表面位移由放置在冲击点附近的位移换能器检测。因为冲击点下方纵波的幅度为最大值，而横波的幅度较小，所以表面位移主要由纵波产生。应力波在自由表面和内部缺陷或反射边界之间多次反射，形成瞬时共振，从而使波形具有周期性特征，这种周期性在幅度谱中表现为对应于缺陷或边界深度的频率峰值。用快速傅里叶变换（FFT）将时域波形转化为幅度谱，从而获得换能器接收到的纵波频率。

因为传感器靠近冲击点，所以 P 波来回传播的距离是测试表面到反射界面之间距离的 2 倍。P 波到达的频率 f 是时间间隔的倒数，故可以给出近似的关系式：

$$T = \frac{\beta C_P}{2f} = \frac{0.96 C_P}{2f} \approx \frac{C_P}{2f} \qquad (4\text{-}1)$$

式中，T 为构件厚度或内部缺陷深度（内部蜂窝或孔洞）；C_P 为构件中纵波传播的速度；f 为振幅谱中与振幅峰值相对应的频率；β 为声速修正系数，通常为 0.96（主要是考虑了结构构件形状尺寸对纵波传播速度的影响）。

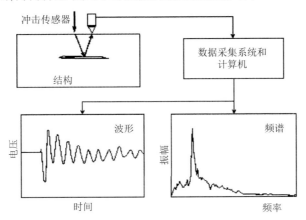

图 4-5　冲击回波法示意图

在塔身结构表面的裂缝一侧敲击产生应力波，如图 4-6（a）所示；应力波在结构中传播时，当波前遇到表面开口裂缝会改变传播模式，如图 4-6（b）所示，即沿结构传播的应力波波前被裂缝边缘反射，形成反射波 P_C。因此，位于裂缝另一侧的接收传感器此时不会接收到应力波引起的结构表面位移，只有当结构内部传播的纵波波前到达裂缝尖端时，发生衍射，形成球形的衍射纵波 P_dP，如图 4-6（c）所示；首次到达接收传感器的应力波即为受裂缝尖端衍射的 P_dP 波，如图 4-6（d）所示。P_dP 波会引起结构表面质点的明显位移，其在时域信号表现为显著的振幅突变。

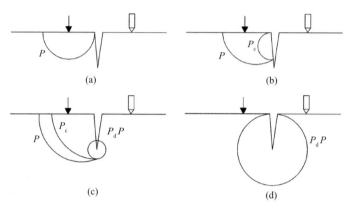

图 4-6　纵波在表面开裂塔体中传播示意图

2. 检测塔体表面裂缝深度的原理

检测塔体裂缝深度需要两个传感器，仪器布置如图 4-7 所示。如果裂缝到冲击点和第二个传感器的距离分别是 H_1 和 H_2，冲击点到第一个传感器的距离是 H_3，那么，塔体经冲击后，其 P 波第一个到达第一个传感器并激发监控系统。如果 P 波到达的时间为 T_1，波速为 C_P，则冲击开始的时间为（$T_1 - H_3 / C_P$）。因为冲击产生的 P 波要等到裂缝底部发生衍射后才能被第二个传感器接收，假设 P 波到达第二个接收传感器的时间为 T_2，那么 P 波从冲击点到第二个接收传感器的最短时间为

$$\Delta t = T_2 - (T_1 - H_3 / C_P) = T_2 - T_1 + H_3 / C_P \tag{4-2}$$

若已知 P 波在混凝土中的声速为 C_P，从冲击点到第二个传感器的最短传播距离为 $C_P \times \Delta t$。因为裂缝到冲击点和第二个传感器的距离 H_1 和 H_2 已知，那么，裂缝的深度可计算为

$$d = \sqrt{\left[\frac{\left(C_p \Delta t\right)^2 + H_1^2 - H_2^2}{2 C_p \Delta t} \right]^2 - H_1^2} \tag{4-3}$$

如果 $H_1 = H_2 = H$，那么裂缝的深度公式可以简化为

$$d = \sqrt{\frac{\left(C_p \Delta t\right)^2}{4} - H^2} \tag{4-4}$$

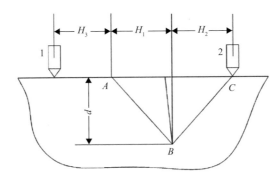

图 4-7　裂缝深度测量传感器布置图

3. 古塔现场检测要点

1）塔体表面处理

塔体表面由于长期风雨侵蚀造成的结构表层凹凸不平以及微裂隙，如不经过任何处理就用冲击回波法测试，很难甚至不能得到理想测试结果。主要原因是传感器与待测表面耦合不良，很难接收到信号，或者信号微弱；其次微裂隙的存在使测试条件更复杂，所得信号质量不好，杂波较多，有效信号不明显。所以在检测之前，一定要对塔体表面进行处理，如用砂轮将待测点周围打磨平整等。

2）冲击器的选择

对于不同厚度的塔体，其瞬态共振频率是不一样的：对于较厚的塔体，频率值较低；对于较薄的塔体，频率值较高。所以应选择一种冲击器，既能产生相应频率应力波，又有足够的能量，使塔身墙体能产生瞬态共振，接收信号较强且质量较高。

3）声速的测量

在冲击回波法测塔体厚度时，声速的测量也是至关重要。声速越精确，所得的测厚结果就越精确。在实际应用中，应结合用超声平测法和直接用冲击回波法测量 P 波波速。在塔身不同部位的波速往往是变化的，或者在某些情况下其厚度是未知的，需通过局部取芯得到。所以超声评测法太可取；用冲击回波法测得的声速其影响的外在条件比较接近，一般测试时优先采用冲击回波法，除非条件不具备，再考虑采用其他方法。

4.2.3　探地雷达检测技术

探地雷达法（ground penetrating radar method）是以介质间电性差异为基础，利用探地雷达发射天线向目标体发射高频宽频带电磁波，由接收天线接收目标体的反射电磁波，探测目标体空间位置和分布的一种地球物理探测方法。其实际是利用目标体及周围介质的电磁波的反射特性，对目标体内部的构造和缺陷进行探测。

探地雷达法是 20 世纪末发展起来的高新技术方法，适用于检测非金属材料，其对材料穿透能力强，可探测较大深度，并且可通过改变天线频率来实现探测深度和分辨率的转换；与其他无损探测方法相比，具有探测范围广、探测过程连续、高分辨率、快速经济、方便灵活、剖面直观、实时图像显示抗干扰能力强等优点。古塔结构的材料自身特点为使用探地雷达技术进行古塔特征参数识别与加固效果评价提供了必要的物理前提条件。

1. 探地雷达基本工作原理

探地雷达通过雷达天线对隐蔽目标体进行全断面扫描的方式获得断面的垂直二维剖面图像，具体工作原理如图 4-8 所示：当雷达系统利用天线向地下发射宽频带高频电磁波，电磁波信号在介质内部传播时遇到介电差异较大的介质界面时，就会发生反射、透射和折射。两种介质的介电常数差异越大，反射的电磁波能量也越大；反射回的电磁波被与发射天线同步移动的接收天线接收后，由雷达主机精确记录下反射回的电磁波的运动特征，再通过信号技术处理，形成全断面的扫描图，工程技术人员通过对雷达图像的判读，判断出地下目标物的实际结构情况。

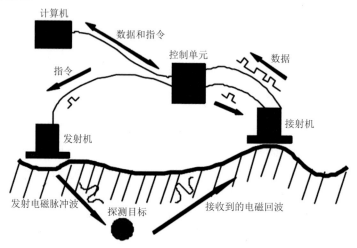

图 4-8 探地雷达工作示意图

探地雷达系统分为雷达主机和天线系统两大部分。雷达主机包括计算机系统和控制单元；天线系统包括发射和接收两部分，其中发射部分包括发射控制器与发射天线，接收部分包括接收控制器与接收天线。由于天线的频带范围的控制，一般不同的天线具有不同的频率范围，也控制着探测目标的探测深度和分辨率。

探地雷达采用较低频率和较窄带宽电磁波进行探测，获得的探测深度较大，分辨率相对较低；反之，探地雷达采用较高频率和宽带频率范围电磁波进行探测，探测深度浅，但能获得相对较高的分辨率。

2. 影响雷达波传播的主要电性参数

各种地球物理方法都是利用介质的物理性质的差异来进行探测的。探地雷达是以高频电磁波传播为基础，通过高频电磁波在介质中的反射和折射等现象来实现对地下介质的探测的。工程介质既不是理想状态的导体，也不是理想状态的绝缘体，它是具有一定电导率的电介质。因为有一定的电导率，电磁波在工程介质中传播时，在电磁场的作用下会产生传导电流，发热做功，造成电磁波能的损耗。因而，在工程介质中，电磁波传播的距离是有限的，影响雷达波在地下介质中传播的电磁参数包括介电常数、电导率（电阻率）和磁导率等。

1）介电常数

物体中存在着自由电荷与束缚电荷。自由电荷受到电场力作用时发生运动，不受原子束缚；而束缚电荷在电场中除受电场力作用外，还受原子力的束缚，只能在一定的范围内运动。一般情况下，介质中的电荷数量相等，对外呈中性。当电介质被放入外电场中时，其内部的束缚电荷在外电场作用下在一定范围内发生运动，束缚电荷的分布发生变化，这种现象称为电介质的极化。能在电场中极化的物质叫电介质，它是指不具有任何明显导电性的物质或物体。一般情况下，所有的物质都具有一定的导电能力和极化能力，也就是说所有的物质既是导体又是电介质。物质的介电性质或者说极化能力，一般用介电常数描述。

$$\varepsilon = \varepsilon_0(1 + \chi_e) \tag{4-5}$$

式中，ε_0 为真空的介电常数；χ_e 为介质的极化率。介电常数是一个无量纲的物理量，表征一种物质在外加电场情况下，储存极化电荷的能力。式（4-5）还可表示为

$$\varepsilon = \varepsilon_0 \cdot \varepsilon_r \tag{4-6}$$

式中，ε_r 为相对介电常数，它是指介质的介电常数比真空的介电常数大多少。在探地雷达的应用中，相对介电常数是反映地下介质电性的一个重要参数。介电常数不同的两种介质的界面，会引起电磁波的反射，反射波的强度与两种介质的介电常数及电导率有关，即使介电常数的差异只有 1 时，也能产生雷达可以检测到的反射波。

2）电导率

电导率就是电阻率 ρ 的倒数，即

$$\sigma = \frac{1}{\rho} \qquad (4\text{-}7)$$

电导率的物理意义是表示物质导电的性能。电导率越大则导电性能强，反之越小。因此，地质雷达发射电磁波在地下介质中传播时会受到地下介质电导率的影响。电导率可以理解为一个物体传导电流的能力（或电荷在介质中流动的难易程度）。如电子在金属板内及水中离子的移动都是非常容易的，因此金属板和水的电导率都很高；岩石和干燥的土壤中，电子几乎无法移动，它们的电导率很低。雷达电磁波在介质中的穿透深度与介质的电导率有关，其穿透深度随电导率的增加而减小（对金属物体来说，其穿透深度为零），具体如下：

（1）低电导：电磁波衰减小，适宜雷达工作；此类介质有空气、干燥花岗岩、干燥灰岩、混凝土、沥青、橡胶、玻璃、陶瓷等；

（2）中电导：电磁波衰减较大，雷达勉强工作；此类介质有淡水、淡水冰、雪、砂、淤泥、干黏土、含水玄武岩、湿花岗岩、土、冻土、砂岩、黏土岩、页岩等；

（3）高电导：电磁波衰减极大，难于传播；此类介质有湿黏土、湿页岩、海水、海水冰、湿沃土、含水砂岩、含水灰岩、金属物等。

3）磁导率参数

介质的磁导率或称绝对磁导率，是磁介质中磁感应强度 B 与磁场强度 H 之比，常用符号 μ 表示，是表征磁介质磁性的物理量。它是一个无量纲物理量，表征介质在磁场作用下产生磁感应能力的强弱。

通常使用的是磁介质的相对磁导率 μ_r，其定义为磁导率 μ 与真空磁导率 μ_0 之比为

$$\mu_r = \frac{\mu}{\mu_0} \qquad (4\text{-}8)$$

绝大多数工程介质都是非铁磁性物质，磁导率都接近1，对电磁波传播特性无重要影响；纯铁、硅钢、坡莫合金、铁氧体等材料为铁磁性物质，其磁导率很高，达到 $10^2 \sim 10^4$，电磁波在这些物质中传播时波速和衰减都受到很大影响。

下面以探地雷达探测目标体深度为例（图4-9），说明电性参数的意义：

（1）电磁脉冲波旅行时间

$$t = \sqrt{4z^2 + x^2} / v \approx 2z / v \qquad (4\text{-}9)$$

式中，z 为勘查目标体的埋深；x 为发射、接收天线的距离（式中因 $z >> x$，故 x 可忽略）；v 为电磁波在介质中的传播速度。

（2）电磁波在介质中的传播速度

$$v = c / \sqrt{\varepsilon_r \mu_r} \approx c / \sqrt{\varepsilon_r} \qquad (4\text{-}10)$$

式中，c 为电磁波在真空中的传播速度（0.299 79m/ns）；ε_r 为介质的相对介电常数；μ_r 为介质的相对磁导率（一般 $\mu_r \approx 1$）

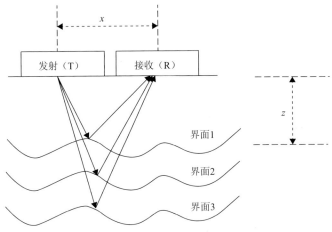

图 4-9　目标体深度测试示意图

（3）探地雷达记录时间和勘查深度的关系

$$z = \frac{1}{2} vt = \frac{1}{2} \cdot \frac{c}{\sqrt{\varepsilon_r}} \cdot t \qquad (4\text{-}11)$$

式中，z 为勘查目标体的深度；t 为雷达记录时间。

可以看出，介电常数是影响探地雷达探测的一个重要物理量，不但和探测的深度、反射波的强度有关，还是计算目标物埋深的主要依据之一。对介质介电常数的测定关系到探测结果的解释，其精度也决定了结果的准确性在探地雷达的工程应用中，需要测定介电常数的介质通常不是单一的，在计算目标深度的时候也常用介电常数的经验值或者是估算值，对于复杂的地下环境，探测精度往往得不到保证。

4）常见工程介质电磁参数

介质的组成十分复杂，介质的性质也各种各样，它们都会对电磁波传播产生不同的影响。研究表明：空气是自然界中电阻率最大、介电常数最小的介质，其电磁波速最高，衰减最小；水是自然界中介电常数最大的介质，电磁波速最低；岩石、土和混凝土等介质的介电常数在 4~9，属于高阻介质，电磁波在其中的传播速度中等。电磁传播介质的性质主要体现在介电常数、电导率、速度和衰减系数几个主要方面，由于这些性质的不同，导致了电磁波在不同介质传播中的差异。

表 4-2 是常用古塔测试介质电磁参数。

表 4-2　常用介质电磁参数

介质	电导率/（mS/m）	相对介电常数	速度/（m/μs）
空气	0	1	0.3
砖	0.01	8～10	0.1
砂浆	0.005	25	0.06
干黏土	0.1～1	2～6	0.212～0.122
湿黏土	0.1～1	5～40	0.134～0.047
淡水	10^{-6}～0.01	81	0.033
干花岗岩	10^{-8}～10^{-6}	5	0.134
湿花岗岩	0.001～0.01	7	0.113

3. 探地雷达测试古塔现场工作要点

1）测网布置

探测工作进行之前必须首先建立测区坐标系统，以便确定测线的平面位置。

（1）若管线方向已知，则测线应垂直管线长轴；若方向未知，则应采用方格网测量方式，先找出管线的走向。

（2）目标体体积有限时，先用大网格小比例尺初查以确定目标体的范围，然后用小网格、大比例尺测网进行详查。

（3）二维目标体调查时，测线应垂直二维体的走向，线路取决于目标体沿走向方向的变化程度。

（4）精细了解地下地质构造时，对测量区域通常采取网格式扫描的方法。通过网格状的扫描，可以比较全面详细的了解探测区域内部结构的三维状况和分布。

2）测量注意事项

（1）现场工作时应尽可能消除外界电磁源的干扰。当手机和无线电通信设备发射的电磁信号频率在探地雷达所选择的探测频率范围之内时，需要工作人员关闭手机和通信用无线电通信设备；在野外进行测试时，需要寻找出无线电广播、电视信号的频率范围，在进行数据处理时，消除这些电磁源的信号。

（2）尽量避让障碍物，选择较好的工作面进行探测；对于野外的探地雷达探测，表层含水量对探地雷达具有较大的影响，也就是受天气的影响较大。当探测区域局部地表湿润时，土壤含水率高，造成信号的较大衰减，影响探测深度并降低探测分辨率。测量时，降低探地雷达的天线中心频率，并增加采集的叠加次数，提高探测数据的稳定性和探测深度；尽量清除地表金属体，金属容易产生很强的反射信号，对地质目标的识别具有较大的干扰；尽量关闭机动车和其他设备的发电机或马达、电动机等，减少电磁噪声。

（3）注意天线与地面的耦合情况。在耦合较好的情况下，应清楚地记录耦合情况，在数据处理和解释时提供参考。

（4）注意天线的极化方向和目标体的方向，提高目标体的反射信号，便于探测资料的解释。

（5）需要对探测的位置进行精确定位和记录。在许多探地雷达探测中，由于定位的精度问题，解释结果很难进行落实。例如在内部缺损探测中，如果不实时进行定位和记录，在随后的钻孔验证过程中难于找到探测的位置。

3）采集数据的验收

（1）测试工作的验收。即测试工作是否按照计划完成了预订方案测线、测点等任务。

（2）数据质量的验收。其中包括：①参数的选择是否适合及测量过程中仪器的稳定性；②初始位置选择是否合适及一致性；③信号振幅的一致性以及废道的数量；④增益选择是否合适，特别是深部信号振幅的稳定性。⑤滤波参数选择是否合适，需要探测目标的信号是否已有效保存。

4. 探地雷达测试数据处理

探地雷达在野外采集的原始数据，需要经过数据处理，得到有助于解释的数据或图像。原始资料中既包含有用信息，也包含各种噪声，有些情况下有用信息可能会被噪声掩盖。数据处理的目的是压制噪声、增强信号、提高资料信噪比，以便从数据中提取速度、振幅、频率、相位等特征信息，帮助操作人员对资料进行数据解释。

探地雷达的数据处理流程一般包括数据编辑（数据的连接、废道的剔除）、常规处理（数字滤波、反褶积和偏移等）和剖面修饰处理的相干加强等。

1）数据编辑

野外数据采集时，原始数据中难免会有误操作、遗漏或多余数据等情况，比如测线太长及电池电量不足等原因，数据可能不连续（未记录在一个文件上），因此在进行数据处理之前，需要将数据合并到一起。因此数据编辑是首先要进行的处理步骤，通常也是处理流程中最为耗时的步骤。数据文件通常需要进行重新组织和修改（合并文件，数据文件或背景资料的更改，数据道的极性转换，改变道的位置参数，删除数据中某些坏道或插入一些空道等），在完成上述编辑后，通常要进行数据的复位和地形改正。如果测线剖面上信号幅度值变化较大，还应进行信号幅值的归一处理。数据处理的第一步是数据编辑，这一环节对数据的有效性和准确的数据解释是相当重要的，数据编辑一般包括数据合并、废道剔除、测线方向一致化等。

2）常规处理方法

探地雷达数据处理软件中数据处理方法很多，处理的最终目的是提高数据的纵、横向分辨率。这里结合探地雷达的数据特点介绍常规的数据处理方法，对于处理的步骤因根据实际需要进行安排而不是一成不变的。

（1）去直流漂移（subtract-DC-shift）

有时在雷达剖面上的数据会出现全是正的或全是负的或正负半周不对称的情况，这是数据含有直流漂移量，处理的方法是：首先对数据求和，除以采样点数，得到平均值，然后从原始数据中减去这个值，该处理的目的是去除零点漂移。通过该处理后修正了波形的失真，使得数据更加真实，信噪比增强，深层的信息更加准确。此外还可以用抽取平均道（subtract-mean）达到这一目的。

（2）自动增益控制（automatic gain control，AGC）

探地雷达发射的电磁波在地下介质中传播的时候是以指数形式衰减，能量越往深层去越弱，信噪比越低，以至于无法辨识出地下目标体。增益就是对地下信号的能量进行放大，使得肉眼看不清楚的异常能够被清楚地看到。使用自动增益功能可以得到比较好的效果。增益的目的是将各种信号放大到一个水平，使得深部信号和浅部信号有大概相同的振幅，以便于发现深部信息。与 AGC 增益类似，也可采用能量衰减（energy decay）对信号的振幅进行放大。

（3）背景去除（background removal）

地质雷达由于阻抗不匹配产生的驻波干扰信号成为主数据采集中的主要背景噪声，在雷达剖面上这些干扰具有等时和稳定等特点，具体表现为道间水平信号强，其视速度很高。当地下浅层反射能量较大时，对水平信号具有抑制，但是由于深部信号反射能量较弱，水平干扰信号就抑制有效信号。为此必须将这种水平干扰信号去除，才能提取出反映地层结构变换的反射信号。

选取雷达剖面明显出现道间水平干扰信号的区域，将该区域的所有道数据求均值，这样的均值主要代表有规则的水平信号，而无规则的反射信号得到减弱。因此均值可以认为是仪器内部造成的干扰信号，需要从雷达剖面所有数据道中去除。此时，把均值道作为仪器背景噪声。求取雷达剖面所有道与背景噪声之间的差，达到去除背景噪声的目的。也可用抽取平均（subtracting average）实现目的。

（4）带通滤波 FIR（band pass）

在探地雷达的野外测量中，为了保留尽可能多的信息，常采用全通的记录方式，这样有效波和干扰波就被同时记录下来。为了去除数据中的干扰信号，需要采用数字滤波的方法，数字滤波是根据数据中有效信号和干扰信号频谱范围的不同来消除干扰波的。

如果有效信号的频谱分布与干扰信号的频谱有一个比较明显的分界，那么可根据具体干扰信号的分布，设计一个合理的滤波器，将其滤除，就得到了滤波之后的结果，根据干扰信号的频谱分布的不同，可以采取低通、高通或带通的方法。如果噪声的频谱分布既有低频成分又有高频成分，那么可采用带通滤波器将其滤除。

（5）滑动平均（running average）

对连续扫描测量得到的数据进行滑动平均处理是一种有效的剔除信号里的噪声和毛刺的方法，可使图像更加干净和平滑且可以降低噪声的方差，以提高数据的信噪比。在数据采集的条件变化时，选定窗口的所有样点的平均值来代替图像中的每一点，使图像变得更光滑。

以上这些方法在实际工程中应灵活运用，针对不同的项目采取不同的处理算法，以下给出常用的 4 种算法顺序：

A 类算法（突出深部信号，适合分析及路面分层的水稳层和深部勘查）：

静校正→去直流漂移→自动增益控制→背景去除→带通滤波→滑动平均；

B 类算法（突出浅部信号，如路面分层的面层）：

静校正→中值滤波→自动增益控制→背景去除→带通滤波→滑动平均或自动增益控制或能量衰减；

C 类算法（突出突变面信号，如隧道的一衬和二衬的界限）：

静校正→能量衰减→去直流漂移→背景去除（或抽取平均道）→带通滤波→抽取平均道→滑动平均；

D 类算法（通用算法，但较少用，还是强调深部）：

静校正→去直流漂移→自动增益控制→背景去除（或抽取平均道）→滑动平均。

5. 探地雷达图谱分析

探地雷达图谱分析的目的是确定探测数据中有意义的介质内部结构、介质特征和分布规律等信息。探地雷达的数据采集、数据处理等，都是围绕探地雷达的图谱分析而进行的。探地雷达的图谱分析不仅需要充分了解数据的采集和处理的各个环节，还要了解地质学、材料学等方面的知识，并能够与其他探测方法有机地结合在一起．获得较为正确的解释结果。

探地雷达图谱分析的过程也是一个综合推理过程和反复验证的过程。在进行探地雷达检测工作之前，需要建立试验模型，进而转化为物性模型，最后获得探地雷达的响应模型。在完成数据采集后，对数据进行初步的解释，并结合多种资料，如地质、钻探、其他探测数据等，综合获得解释结果。可见，探地雷达的图谱分析需要探地雷达和相关领域的专业知识紧密结合。

探地雷达的图谱分析成果通常包括：获得异常标志和异常响应的主要特征参数；获得探测断面或三维体内的主要介质层或目标体的位置和性质；获得地下介质的物性参数，并辅助工程地质或工程质量等的评价等。

以地质探测为例，探地雷达图谱分析应遵循以下原则：

（1）资料的解释与推断应充分结合物探工作范围内的地质、设计和施工资料，在反复对比分析中总结和分析各种异常现象，得出较为准确的结论。

（2）应遵循野外探测与室内资料处理解释同步进行、室内资料的处理解释结果指导野外的进一步探测工作的原则，现场及时对资料进行初步整理和解释。如果发现原始资料有可疑之处或论述解释结论不够充分时，应做必要的外业补充工作。

（3）解释时应通过综合资料，充分考虑地质情况和探测结果的内在联系与可能存在的干扰因素；充分考虑地球物理方法的多解性造成的虚假异常。

（4）结论应明确，符合测区的客观构造规律，各种探测方法的解释应相互补充，相互印证；若解释结果不一致，应分析原因，并对推断的前提条件予以说明。

1）介质速度计算

速度是探地雷达探测技术的关键参数之一，直接影响探测深度精度解释。在介质未知介电常数的情况下，目前常用以下两种方法来计算介质的平均速度。

（1）利用已知埋深反演速度

这是一种常用的简捷可行方法。现场可以通过打钻、开挖或查找具有已知深度的目标体来反演介质的平均速度。

$$v = 2h / t \qquad (4-12)$$

式中，h 为目标体深度，t 为目标体对雷达波的反射双程时间。

（2）利用目标体反射双曲线计算速度

探地雷达探测中，横切地下金属管线将产生较强的双曲线绕射，如图 4-10 所示。雷达探测从地表 A 点移动到 O 点，横切地下金属管线 M，A 点到 O 点的距离为 x。在雷达剖面上形成 NM 的双曲线弧。设目标体的顶部反射时间为 t_0，偏移顶部位置 x 处的反射时间为 t_A，则有

$$v = 2x / \sqrt{t_A^2 - t_0^2} \qquad (4-13)$$

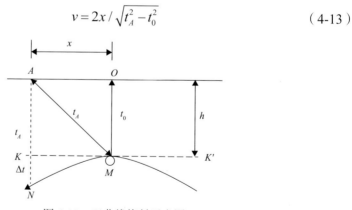

图 4-10　双曲线绕射示意图

2）反射层的拾取

探地雷达地质解释的基础是拾取反射层。不同探测目的对地层的划分是不同

的：如在进行考古调查时，需特别关注文物层的识别。在进行工程地质调查时，常以地层的承载力作为地层划分的依据，因此不仅要划分基岩，而且对基岩风化程度也需要加以区分。为此，需要根据测量目的，对比雷达图像与钻探结果，建立测区地层的反射波组特征。

通常从经过勘探孔的测线开始，根据勘探孔与雷达图像的对比，建立各种地层的探地雷达标志性反射波组特征和参数。识别反射波组的标志包括同相性、相似性与波形特征等。

探地雷达图像剖面是探地雷达资料解释的基础，只要介质中存在电性差异，就可以在雷达图像剖面中找到相应的反射波与之对应。根据相邻道上反射波的对比，把不同道上同一个反射波的相同相位连接起来对比。一般来说，在没有断裂构造的区域或不连续目标体，同一波组往往有一组光滑平行的同相轴与之对应。

探地雷达测量使用的点距很小，地下介质的地质变化在一般情况下比较缓慢，因此相邻记录道上同一反射波组的特征会保持不变。同一地层的电性特征接近，其反射波组的波形、振幅、周期及其包络线形态等具有反射波形的相似性。确定具有一定特征的反射波组是反射层识别的基础，而反射波组的同相性与相似性为反射层的追踪提供了依据。

3）时间剖面的解释

在进行时间剖面的对比之前，要掌握测区构造背景。在此基础上，充分利用时间剖面的直观性和范围大的特点，统观整条测线，研究重要波组的特征及其相互关系，掌握重要波组的构造特征，其中特别要重点研究特征波的同相轴变化。特征波是指强振幅、能长距离连续追踪且波形稳定的反射波。它们的特征明显，易于识别。掌握了它们，就能研究剖面的主要构造特点。时间剖面上主要表现如下特征：

（1）雷达反射波同相轴发生明显错动。由于存在破碎带及较大裂缝、含水量变化较大区域，会造成正常地层电性质发生突变。电性质变化越大，这一特征越明显。

（2）雷达反射波同相轴局部缺失。地下裂缝、地层性质突变和孔隙发育情况与程度，往往是不均衡的，由于其对雷达反射波的吸收和衰减作用，使得在裂缝、裂隙的发育位置造成可连续追踪对比的雷达反射波同相轴局部缺失，而缺失的范围与地下裂缝横向发育范围和土壤性质突变大小有关。

（3）雷达反射波波形发生畸变。地下裂缝、裂隙等在地质雷达时间剖面上的另一表现特征为：由于地下裂缝、不均匀体对于雷达波的电磁弛豫效应和衰减、吸收，造成雷达反射波在局部发生波形畸变，畸变程度与地下裂缝、裂隙及不均匀体的规模有关。

（4）雷达反射波频率发生变化。由于介质各种成分及其盐碱性质对于雷达波具有频散和衰减、吸收作用，对接收到的雷达波波形改造的同时，造成雷达反射波在局部频率降低，这也是在探地雷达时间剖面上识别不同介质性质边界的一个重要标志。

上述现象在探地雷达时间剖面上的特征往往不是孤立的，即有时几种特征同时存在，有时只有某一特征更突出，其他特征不明显，这就需要资料解释人员除对区域地质条件充分了解以外，还必须具有丰富的实践和解释经验。

6. 基于探地雷达的数值模拟技术

随着计算机技术的飞速发展，探地雷达从探测技术到数字处理到资料解释都有了极大的进展，探地雷达探测和解释精度逐步提高。但到目前为止，探地雷达资料处理解释的方法大都是借鉴地震波的处理解释方法。虽然高频脉冲电磁波在介质中的运动学规律与地震波具有相似性，但其传播机制具有较大的区别。因此利用数值模拟或模型试验来模拟复杂形体存在时的雷达波场特征，对认识实际的雷达记录、识别目标体有着重要的意义，是分析探测问题、研究电磁波在介质中的传播规律的有效手段。

探地雷达的数值模拟是分析问题和研究高频电磁波在地下介质中传播规律的有效途径，也是探地雷达理论研究的主要内容之一；通过分析各种地下结构模型的正演结果，加深对雷达反射剖面的认识，积累图像判别地下结构的经验，提高解释精度和准确性；同时，利用已知模型正演的结果可验证反演算法的正确性，也是反演的前提和基础，是推动探地雷达技术发展的有效手段。目前数值模拟常见方法有射线追踪法、时域有限差分法（FDTD）和有限元法等。

1）射线追踪法

射线追踪法原理类似地震勘探原理，研究方法也是借鉴地震波在地表传播的特性来描述雷达波传播过程，是将目标体视为清晰边界的几何形体，这些形体与实际探测物一致，即具有相同的介电常数和电导率，雷达电磁波响应信号作用于目标体表面上产生反射信号。具体的计算过程是拟定同一条射线上具有相同的射线参数，取出任意两点，根据 Snell 定律，求取中间点，之后以其中一点为移动步长，在整条路径上依次求解下一个点，依此得到雷达波在各个点的信号强度值。此方法计算效率高，结果比较直观，尤其模拟三维介质正演的情况下，其计算速度明显优于其他各种方法。

2）时域有限差分法

有限差分法是由 Kane S Yee 在 1966 年首次提出的，经过多年发展现在已实现很多软件编程，如 VC+，FORTRAN，MATLAB 等。有限差分法的基本思想是从微分形式的麦克斯韦旋度方程出发，利用二阶精度中心差分近似法进行差分离散，最终得到时域上递推公式。尤其 Giannopoulos 公司在 2005 年发布的 GPRMAX 模拟软件，应用领域有公路病害、铁路病害模拟、海堤抛石模拟，在介质应用上从无耗介质，实现了有耗介质的正反演模拟研究。

3）有限元法

电磁场有限元法基本原理是将物体划分为连续均匀的单元，将麦克斯韦方程变换为变分方程，选择插值函数求解网格单元上局部场值，最后以代数形式表示整个场域的值。有限元法克服了有限差分法在模拟介质时均匀性的假定，使得计算时不考虑介质面的相互影响问题，并且使用单元网格可以剖分任何复杂的形体，因此在探地雷达数值模拟方面存在巨大的潜力。

7. 基于探地雷达的模型实验研究

图谱识别与解释是确定探地雷达检测结果的关键技术。探地雷达现场实测数据受到目标体内部复杂构造和测试环境干扰等因素的影响，某些数据的图谱特征不是非常明显，且图谱识别相关的参考文献也较少，为正确解释检测结果带来了困难。利用模型试验的方法，对目标体的复杂内部构造进行设计制作，并采用探地雷达测得对应的图谱，可为现场实测图谱的解释提供有益参考。扬州大学古塔保护课题组结合汶川地震灾后古塔加固工程的检测工作，在古塔现场测试前进行了相关模型实验，模拟内部空洞塔体、塔体内部砖石破碎、预埋钢材塔体模型、塔体叠涩模型等可能出现的情况。图 4-11、图 4-12 为预埋钢材塔体模型和雷达数据图谱。图 4-13、图 4-14 为典型古代砖石结构叠涩砌法的实验模型和雷达数据图谱。

图 4-11　预埋钢材塔体模型

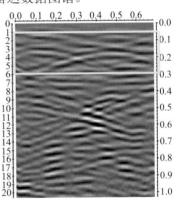

图 4-12　模型侧面雷达图谱

图 4-13　塔体叠涩试验模型

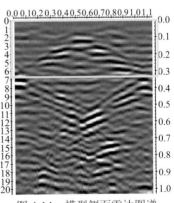

图 4-14　模型侧面雷达图谱

4.3 典型工程应用实例——奎光塔隐蔽工程探地雷达检测技术

4.3.1 工程概况

四川省都江堰奎光塔始建于清道光十一年（1831年），塔高52.67米，重量约3460吨，为十七层六面形砖砌古塔（图4-15（a））。该塔外形雄伟壮观，内部结构独特，1～10层为双筒，11层以上为单筒，是我国层数最多的古塔。2008年5月12日汶川特大地震对奎光塔造成了巨大的破坏，塔体西南侧和东北侧第五层至塔顶出现自下而上的贯穿裂缝（图4-15（b）），且从塔体的第十层处这两组裂缝已延伸至塔体内部并连通，将塔体切割为南北两部分。根据奎光塔病害的特点和成因，震后采用塔体外部钢带围箍、塔体内部钢带支撑、竖向贯穿钢筋、裂隙注浆、窗口封堵等多种工程措施综合治理。

扬州大学古塔保护课题组于2011年7月对奎光塔进行了探地雷达现场检测，检测的主要目的是了解奎光塔隐蔽工程的构造、尺寸、残损状况等，为建立准确的力学模型和进行结构数值模拟分析提供依据。此外，通过检测对古塔的震后加固工程质量做出评价，如灌浆是否密实、钢筋配置是否满足加固图纸要求等。对于奎光塔主要营造材料的强度指标，本次检测采用了回弹法测定砖强度、贯入法测定粘结材料，具体方法4.1节已做详细介绍不再赘述。本节主要介绍采用探地雷达技术测试奎光塔塔体及隐蔽工程的方法。

（a） 奎光塔现状

（b） 地震损坏的塔体

图4-15 都江堰奎光塔

4.3.2　现场检测

1. 检测内容

此次奎光塔塔体和塔基隐蔽工程探地雷达现场检测的内容为:

（1）塔基状况检测,根据已掌握的塔基资料验证探地雷达检测塔基的准确性;

（2）地宫的试验性探测,我国古塔下一般会设置地宫,如嵩岳寺塔、西安大雁塔、玄奘墓塔、杭州雷峰塔的地宫均由探地雷达现场检测发现的,因此本次现场检测包括地宫的探测;

（3）灌浆修复效果的评价,奎光塔已完成震后加固修复,利用探地雷达对裂缝灌浆处进行重点排查,检测裂缝灌浆是否密实;

（4）塔体内部缺陷探测,在塔体外观修复质量评价的基础上,进一步探测塔体内部的损伤状况和修复质量;

（5）钢材加固施工质量评定,通过现场检测验证钢材加固是否依据加固设计要求进行。

2. 测线布置

本次探测由于塔体第六层以上为竖向爬梯,仪器操作空间狭小,因此只选择了第一、三、五层进行楼面和墙体的探测。

1）塔基与地宫测线

测线设计如图 4-16 红色虚线所示,目的与走向如下所述:①一层塔心室内部布置测线一道,目的在于探测地宫以及塔心室下塔基内部状况;②紧贴塔身、距离塔身一定距离绕塔一周,小塔基四角点 45°往塔身方向布置,目的均为了解小基座的下部状况;③紧贴小基座、离小基座一定距离绕小基座一周。从小基座外围四边中点往大基座外围测试,从小基座四角往大基座四角测试,以了解大基座的下部状况。

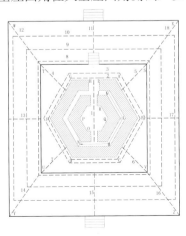

图 4-16　塔身一层平面、基座测线布置图

2）塔身测线

（1）一层塔身外侧

对于塔身一层外测测线设计如图 4-17、图 4-18 所示：①离地不同高度，均绕一层外墙一周，目的在于探测墙体水平方向内部状况；②塔身外侧六个面各设置多道竖向测线，目的在于探测墙体竖直方向内部状况。

图 4-17　塔身一层外墙立面展开测线布置图

图 4-18　塔身一层立面外墙测线布置示意图

（2）一、三、五层塔身内侧

对塔身一、三、五层塔体内墙、楼梯两侧墙各布置多道测线（图 4-19），目的在于了解内墙内部状况。三、五层楼面也设置多道测线，目的在于了解楼面构造。

图 4-19　一、三、五层塔身内墙测线布置图

3. 天线选择与测量参数设置

试验采用瑞典 MALA 公司探地雷达系统，主要包括全数字式 ProEx 主机（图4-20）、屏蔽天线（图 4-21）、直径 150mm 的距离触发测量轮等。

图 4-20　全数字式 ProEx 主机　　　　　　　图 4-21　屏蔽天线

天线中心频率的选择通常需要考虑几个主要因素，即探测深度、空间分辨率、杂波的干扰、现场工作条件和便携性。天线中心频率为 250MHz 时，在通常土质情况下最大测深可达 3～5m，在岩石或混凝土情况下最大测深可达 4～8m，基本能满足本次古塔测试的需要，因此主要选用 250MHz 的天线进行塔基探测，800MHz 的进行塔身探测。

800MHz 天线主要参数设置为：波速 0.1m/ns、采样点数 676、采样频率 12 028、触发方式为测距轮、天线主频及型号为 800 MHz shielded、时间窗长度 56.200 977、叠加次数 8 次、采样间距 0.005m 等。

250MHz 天线采集参数基本设置为：波速 0.1m/ns、采样点数 470、采样频率 3437、触发方式根据需要可采用测距轮触发和键盘触发、天线主频及型号为 250MHz shielded、时间窗长度 136.7、叠加次数可采用自动叠加和用户自行设置两种、采样间距 0.05m 等。

4. 数据处理

数据处理包括消除随机噪声抑制干扰，改善背景；进行自动时变增益或控制增益以补偿介质吸收和抑制杂波，进行滤波处理除去高频，突出目标体，降低背景噪声和余振影响。本配置的 REFLEX 2D 二维数据分析软件作为雷达数据后处理软件功能强大，还能兼容不同雷达厂家的数据，现场采集的数据均由该软件进行后处理。

1）距离修正

由于测试现场工作面的不平整，当用测距轮触发采集数据时，雷达图谱时间剖面的时间长度坐标并不准确，此时会对后期目标体的水平坐标定位带来误差。因此在测线布置时就应准确测量测线长度，同时数据采集时在关键点进行标记，以便数据处理时对距离进行修正。这一项数据处理工作是在所有滤波等处理之前必须完成的。

2）波速修正

介质波速的准确与否直接关系到目标体探测深度的准确性，而现场采集数据时由于介质波速并不能准确获得，一般只是采用经验数据。当对其处理分析后，可以根据现场已知目标体深度换算出介质等效波速，对软件波速进行设定，确保目标体深度坐标的准确性。

3）时间零点的确定

时间零点的确定操作上比较简单，只要找出脉冲波形图的第一个波峰，但是这项工作的准确性也会影响到目标体的深度坐标，因此数据处理时应特别注意时间零点的精确度，避免由于数据处理带来的误差。

4）增益

电磁波在地下介质中传播的时候是以指数形式衰减，能量越往深层越弱，以至于无法辨识出地下目标体。增益就是对地下信号的能量进行放大，使得不清晰的异常能够被清楚地看到。对于深部探测增益是必不可少的，但是对于浅部目标体的探测要根据需要来选择，不能一概而论，因为对于浅部探测数据的处理也采用增益，会放大深部信号，减弱需要探测浅部信号的图谱特征，带来数据解释的困难。

5）去除水平信号

当目标体由多层介质组成时，比如道路，如果水平信号去的太多将难以判断结构的分层，因此在去除水平信号时应尽量保留，便于区分结构分层。

4.3.3 图谱识别与解释

1. 外围大基座

如图 4-22 探地雷达时间剖面图发现，外围大基座下至少分为三层（图中蓝色直线），第一层应为砖质地面，第二层应是分层较明显的材料组成，第三层材料较均匀。厚度如表 4-3 所示。图中红色线框所示该处不密实，波相紊乱同相轴错乱。在大基座 ZX 一侧距 Z 点 3m 左右存在地下管线。

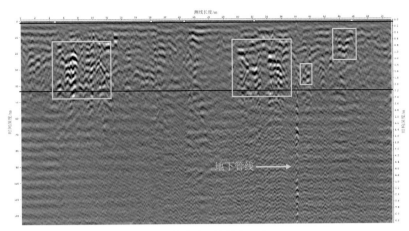

图 4-22　大基座时间剖面图

表 4-3　地下分层厚度统计表

测线名称	第一层厚度/m	第二层厚度/m
8	0.18	1.86
9	0.2	1.84
14	0.16	1.85
18	0.2	2.4
平均厚度/m	0.185	1.95

2. 内围小基座

从图 4-23 探地雷达时间剖面图发现，结构分为三层。第一层应为砖质地面厚度约 0.1m。第二层应是钢筋混凝土材料，因为图谱中出现了典型的连续小尖波即钢筋的典型图谱特征，此外钢筋从图像上看应有四层，厚度约 1m，图中还发现钢筋混凝土层的顶面不是连续在同一标高位置（图中红色线框），这两处首层钢筋位置明显低于旁边的结构。第三层材料较均匀。在图中还发现许多竖向的强反射信号，从经验判断应该是尺寸较大的管线或金属。

《古塔纠倾加固技术》一书对都江堰奎光塔震后加固修复工程提及，"古塔下原有一土护台，四周用条石砌筑。纠倾前，将土护台置换成钢筋混凝土筏式基础（简称钢筏）。钢筏由旧钢轨纵横交织而成，部分穿过塔身"。这一描述基本与图谱特征相吻合。

3. 地宫

图 4-24 为一层塔心室地面测线时间剖面图，从图中可以看出地面以下也可分为三层。第一层厚度约 0.4m 应为砖质材料，第二层厚度约 0.6m，在第三层中发

现有疑似空腔图谱特征的情况，尺寸约深 1m、高 1.5 m、宽 1.6 m，可能为奎光塔的地宫，还需进一步探测与开挖来确定。

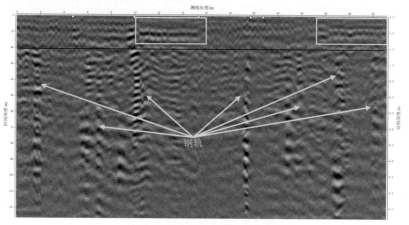

图 4-23　小基座时间剖面图

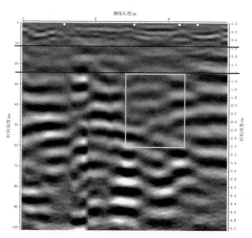

图 4-24　地宫测线时间剖面图

4. 塔体楼面

如图 4-25 为现场检测时拍摄二层塔顶的构造图，做法上应为叠涩。对比图 4-26 中红色线框所示内容与图 4-14 图谱特征十分相似，即为叠涩构造的图谱特征。图中蓝色线框所示图谱特征，界面反射信号强，三振相明显应为脱空即条状空洞的典型特征，说明在这些部位楼面砖的砌筑灰缝不密实，其他同相轴均匀特征与层状砖砌方式一致。通过叠涩特征图谱顶部的位置还能计算出楼板的厚度约为 0.45m。

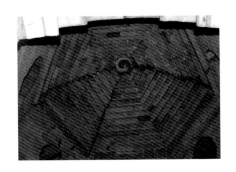

图 4-25　二层塔顶构造图

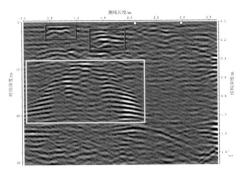

图 4-26　塔体楼面时间剖面图

图 4-27　二层楼梯顶构造图

5. 塔体走廊

图 4-28 为三层塔心室外围走廊时间剖面图，走廊下应为楼梯走道顶面，如图 4-27 所示。图 4-28 中斜向红色线框所示图谱特征与变截面塔体模型时间剖面图谱特征类似，初步判断为此处楼梯顶部厚度发生了变化。水平红色线框图谱特征与叠涩相似，对照图 4-27 可见在楼梯顶也存在叠涩做法，两者相一致。两图中蓝色线框依然可以看出走廊楼板存在脱空。

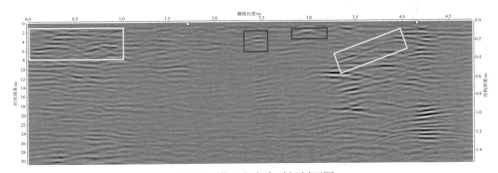

图 4-28　塔心室走廊时间剖面图

6. 塔身墙体

图 4-29、图 4-30 为底层外墙在水平测量以及竖向测量时间剖面图，图中清晰可见钢筋典型图谱特征，从图中可见某些部位钢筋双曲线弧度大小有区别，从弧度上判断在某些部位钢筋直径较大。其他部位钢筋间距均匀而且水平、竖向均进

行了布置不止一层，可能是钢丝网。

根据加固说明，塔体一层至十层每面设置 8 根 Φ28mm Ⅲ级竖向钢筋，也提及了根据实际情况可在新砌砖体中增加钢丝网，这些情况与图谱的特征是吻合的。但是通过查阅加固图纸发现竖向钢筋实际位置与设计不符，查阅加固施工图纸 8 根竖向钢筋两根一组而且间距相同均为 1m 左右，而实际情况是钢筋间距分别为 1m 和 2m。此外加固说明也未提及水平方向也布置了横向钢筋，但图谱显示是存在较粗直径的水平向钢筋。

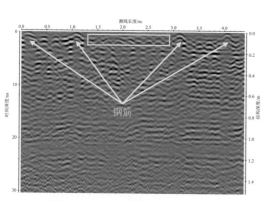

图 4-29　底层墙体水平向时间剖面图

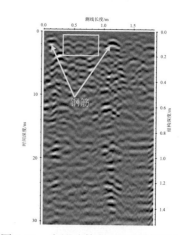

图 4-30　底层墙体竖向时间剖面图

4.3.4　正演模拟数值分析

对于古塔隐蔽工程的探测，探地雷达的检测结果往往得不到直观的验证。复杂时间剖面图的解释工作要求大量的试验来相互验证，随着计算机技术的飞跃发展，利用数值模拟技术可以模拟现场实际情况，是检验现场试验图谱解释是否正确的一种非常有效的工具。

目前在公开刊物上提及的正演数值模拟软件主要有：FDTDA（1993 年）、XFDTD（1996 年）、EMA3D（1997 年）、AutoMESH（1999 年）、A Conformal FDTD Software Package（2000 年）、GprMax2D 与 GprMax3D（2005 年）等。GprMax 是由 Antonis Giannopoulos 教授研发，以 FDTD 为基础的探地雷达正演模拟工具，其中 GprMax2D 用于探地雷达二维正演模拟，GprMax3D 用于三维探地雷达正演模拟。GprMax 可用于模拟电磁波在各向同性均匀媒质和 Debye 型色散媒质中的传播以及电磁波与目标物体的相互影响，从而得到目标物体的探地雷达地质图像。

在奎光塔项目的研究中，扬州大学古塔保护课题组除了采用 GprMax2D 软件进行等截面塔体、内部空洞塔体、空洞含水塔体、塔体内部砖石破碎、灌浆加固、环氧加固模拟、钢材加固塔体和叠涩及变截面塔体正演数值模拟；还编制了可以实现 GPR 模拟的 MATLAB 程序，分别对砌体中的锯齿形、竖向和斜向、"X" 形等裂缝模型进行数值正演模拟，对奎光塔探测病害的识别起到了较好的辅助作用。

1. GprMax2D 典型图谱特征正演数值模拟

程序主要参数设置为：砖介电常数 9.0、电导率 0.01，空气介电常数 1.0、电导率 0.01，水介电常数 80.0、电导率 0.01，钢材介电常数以及电导率为程序自带无需单独设置。古塔结构检测中几种常见状况的数值模拟图见图4-31～图 4-35 所示。

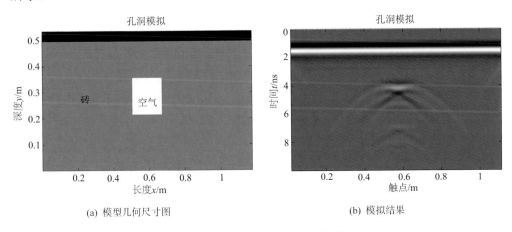

(a) 模型几何尺寸图　　　　　　　　(b) 模拟结果

图 4-31　内部空洞塔体侧面测量数值模拟图

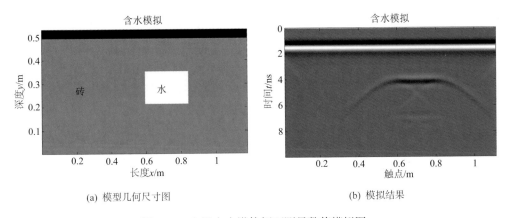

(a) 模型几何尺寸图　　　　　　　　(b) 模拟结果

图 4-32　空洞含水塔体侧面测量数值模拟图

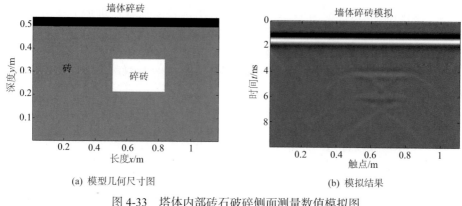

(a) 模型几何尺寸图　　　　　　　　(b) 模拟结果

图 4-33　塔体内部砖石破碎侧面测量数值模拟图

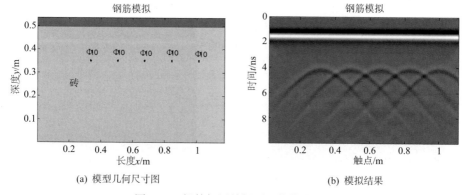

(a) 模型几何尺寸图　　　　　　　　(b) 模拟结果

图 4-34　钢筋加固前侧测量数值模拟图

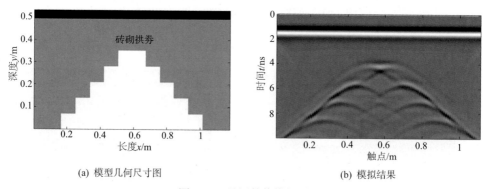

(a) 模型几何尺寸图　　　　　　　　(b) 模拟结果

图 4-35　叠涩数值模拟图

2. MATLAB 典型裂缝图谱特征正演数值模拟

　　模型中材料属性如下（都取相对常数）：空气介电常数 1.0，电导率近似取为 0；砖介电常数 9.0，电导率 0.01S/m。古塔砌体中几种常见裂缝的数值模拟图

图4-36～图4-38 所示。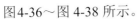

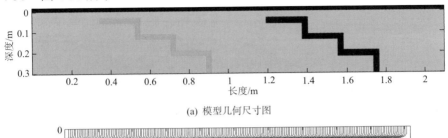

(a) 模型几何尺寸图

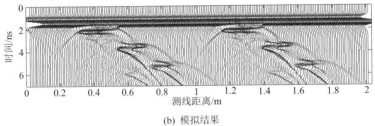

(b) 模拟结果

图 4-36 锯齿形裂缝数值模拟图

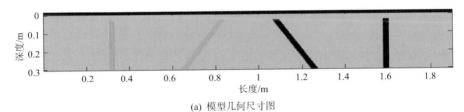

(a) 模型几何尺寸图

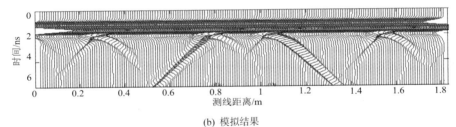

(b) 模拟结果

图 4-37 竖向和斜向裂缝数值模拟图

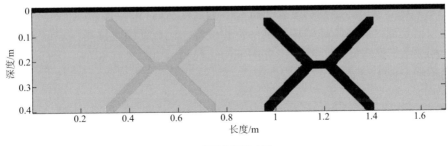

(a) 模型几何尺寸图

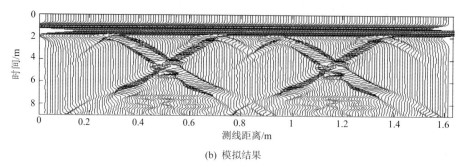

(b) 模拟结果

图 4-38   "X" 形裂缝数值模拟图

4.3.5   古塔探地雷达检测技术总结

在奎光塔隐蔽工程检测项目中，课题组开展了探地雷达现场检测技术、图谱识别模型试验和计算机模拟分析技术的综合运用研究，取得了较好的检测结果。通过研究项目获得的一些工作经验，可作为砖石古塔以及同类古建筑无损探测工作的借鉴。

（1）探地雷达技术在砖石古塔的塔基组成与塔身缺陷、内部构造探测中的运用是可行的，数据图谱的解释宜结合相关模型试验与数值模拟，确定图谱的特征，可提高识别效率与准确性。

（2）探地雷达探测之前应尽量收集与待测目标体相关的资料，有助于确定合理的现场检测方案，包括测线的布置、天线的选择等。

（3）现场测试过程中应合理利用不同频率的天线，在待测目标体同一测点应结合不同频率天线自身特性组合使用，即利用高频天线了解浅部特征，低频天线了解深部特征。

（4）砖石古建筑的现场检测有时受条件限制需一次性完成，因此在时间允许的情况下应对所测数据进行现场处理分析，若分析结果不理想可立刻重新检测，保证测试结果的准确性。

（5）对于复杂的结构物需要布置较多测点，从而带来测试数据较多。为了在后续数据处理时能清晰地确认测试部位和位置，应在详细定位测线与记录的同时配合相关数码影像记录。对于没有图纸的结构物，应先进行平面、立面、剖面草图的绘制，便于记录定位。

第 5 章　古塔动力特性测试技术

古塔的动力特性是古塔结构自身固有的动力学性能，包括结构的自振频率、振型和阻尼比等参数。动力特性主要由结构形式、结构刚度、质量分布、构造连接和材料性质等因素决定，与外部荷载无关。地震、强风、火灾等自然灾害都会使古塔遭到一定程度的损坏，从而造成古塔的原有结构性态改变；材料老化造成结构的刚度降低，也将引起动力特性的变化。因此，可以通过结构动力特性的变化来判断古塔的损伤状态，并对结构进行可靠性鉴定；对古塔的抗震鉴定和加固来说，动力特性的研究有着更直接的意义。

动力特性的研究可通过两种途径进行：一是建立理论力学模型的方法；另一种是基于结构现场实测的方法。鉴于古建筑的文物保护要求，古塔动力特性的现场实测一般采用环境激振法，也称为脉动法，是利用外界自然环境因素（如地面振动、风或气压的变化等）形成的脉动作为结构振动激励源，测试过程对结构不产生损伤，属于无损检测方法。

5.1　古塔动力特性的测试与分析方法

5.1.1　动力特性测试的意义

1. 验证理论计算

用理论方法求解结构的动力特性时，首先需要确定结构的计算模型和材料参数。大多数古塔由于建造年代久远，缺乏原始建造记录，且塔体复杂的结构构造以及地基、基础等隐蔽工程参数，难于用常规的检测方法获得；因此，理论计算依据的不确定性，易造成计算结果与实际动力特性的差距。可以利用现场实测得到结构真实的动力特性数据与理论计算数据进行对照比较，验证理论计算的可靠性，也为同类古建筑的建模提供经验和依据。

2. 识别结构损伤

结构动力特性测试可以为检测、诊断结构的损伤积累提供可靠的资料和数据。古塔在地震作用后，结构受损开裂使结构刚度发生变化，导致古塔的自振周期变长，阻尼变大。因此，可以从结构自身固有特性的变化来识别结构的损伤程度，从而进行安全性评估，并采取相应的加固修复措施。

3. 归纳经验公式

通过实测手段对各种不同类型的古塔进行测试后，可以归纳总结古塔自振周期与结构本身某一参数或几个参数之间的规律，得到结构自振周期的经验公式。在估算结构动力特性及地震作用时，采用经验公式可快速得到初步结果，方便实用。

4. 减小振动措施

现代社会的工业生产和交通运输会对古建筑产生干扰振动，影响结构的安全。通过动力特性测试了解古塔的振动特性，避免和防止干扰振动与古塔结构形成"共振"或"拍振"现象，是减少振动影响、解决振动问题的重要措施之一。

5.1.2　动力特性的测试方法

测量建筑物动力特性的方法很多，目前主要有稳态正弦激振法、传递函数法、脉动测试法和自由振动法。稳态正弦激振法是对结构施加稳态正弦激励力，通过频率扫描的方法确定各共振频率下结构的振型和对应的阻尼比。传递函数法是用各种不同的方法对结构进行激励（如正弦激励、脉冲激励或随机激励等），测出激励力和各点的响应，利用专用的分析设备求出各响应点与激励点之间的传递函数，进而可以得出结构的模态参数（包括振型、频率和阻尼比）。脉动测试法是利用结构（尤其是高柔性结构）在自然环境振源（如风、行车、水流、地脉动等）的影响下所产生的随机振动，通过传感器记录、频谱分析，求得结构的动力特性参数。自由振动法是通过外力使被测结构沿某个主轴方向产生一定的初位移后突然释放，使之产生一个初速度，以激发起被测结构的自由振动。

以上几种方法各有其优点和局限性。利用共振法可以获得结构比较精确的自振频率、振型和阻尼比；但其缺点是，采用单点激振时只能求得结构低阶的自振特性，而采用多点激振则需要较多的设备及较高的测试技术。传递函数法主要应用于模型试验，通常可以得到满意的结果，但对于大尺寸的实际结构要用较大的激励力才能使结构振动起来，从而获得比较理想的传递函数，这在实际测试工作中往往有一定的困难。脉动测试法是利用高灵敏度的传感器、测振放大器和记录仪等设备，借助于计算机对随机信号数据处理的技术，利用结构物在环境激励下的响应，来确定结构物的动力特性；它不需要任何激振设备，对建筑物不会造成损伤，也不会影响建筑物的正常使用，在自然环境的条件下，就可量测建筑物的振动响应，通过对数据分析整理就可以确定其动力特性。从古建筑保护的角度来看，古塔的动力特性测试应优先采用脉动测试法。

从传感器测试设备到相应的信号处理软件，振动模态测量方法已有几十年发展历史，积累了丰富的经验。随着动态测试、信号处理、计算机辅助试验技术的提高，利用环境随机振动作为结构物振动的激振源，来测定并分析结构物动力特性的方法（脉动测试法），已被广泛应用于现代高层建筑物的动力分析研究中，如江苏电视台大楼，京广中心大厦、上海金茂大厦等；又因为此方法在测试过程中不需要对结构施加任何外力，不会对结构造成损伤，所以在古建筑中也得到了广泛的应用，如西安的大雁塔、扬州的文峰塔、苏州虎丘塔、太原永祚寺古砖塔等。通过对这些建筑物的测试结果研究表明，利用环境激振法能获得结构真实的动力特性值。

5.1.3　测试仪器和测试系统

1. 传感器

传感器是测试系统的仪器，其可靠性、精度等参数指标直接影响到系统的质量，一般要求灵敏度高、分辨率高。传感器有速度、加速度和位移传感器等类型，古塔的动力特性测试，通常选用速度型传感器。

2. 测试系统

测试系统一般采用动态信号测试分析系统。该系统适合各种传感器（电压、电流、电阻、电荷、应力、应变、IEPE 等）输出信号的适调、采集、放大、存储和分析。

3. 模态分析系统

模态分析系统可对结构进行可控的动力学激振，分析出结构固有的动力学特性，以及对应于每个振型的共振频率和描述模态振型中自由响应振动随时间衰减快慢的阻尼比，可利用实测响应数据，通过一定的系统建模和曲线拟合的方法识别结构的模态参数。

测试系统中的信号采集软件和模态分析软件可以整合在一起，也可以是各自独立的，图 5-1 为测试仪器的连接示意图，图 5-2 为虎丘塔动力特性实测所用的仪器及其连接。

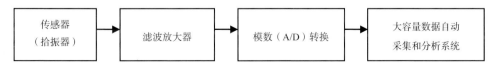

图 5-1　动力特性测试仪器连接示意图

图 5-2　虎丘塔动力特性测试仪器连接图

5.1.4　测点的布置要求

为了获得较为理想的测试结果，测点的合理布置十分重要，需要注意的方面如下。

1. 采用同步测试法

环境激振测试一般采用跑点法或同步测试法。当在结构层数较多而传感器较少的情况下，一般采用跑点法，即不需要对每个测点布置传感器，除固定参考点外，只对计划的测点用少量传感器进行跑点测试。但是此方法由于采集到的信号不是同步测试的且信号本身具有一定的随机性，必然给测试结果带来一定误差，也在一定程度上增加了数据处理的难度。为了获得较为准确的动力特性值，应尽量采用同步测试法，即在各层均布置传感器后同步采集脉动信号。

2. 在结构中心位置布置测点

从建筑结构的振动状态来分析，一般可分为水平方向振动、扭转振动和垂直振动。如果研究的重点是古塔结构水平方向的振动，在布置测点时，传感器一般安放在结构的刚度中心处，其目的是让传感器接收到的信号仅仅是平移振动信号，尽量排除扭转振动信号，这样做数据分析处理时便于识别平移振动信号。由于受到结构形状和现场测试条件的限制，传感器往往不能放置在结构的刚度中心，所以在现场测试时，一般把传感器放在平面位置的几何中心处；通常古塔每层均设有塔心室，塔心室一般位于结构的平面位置中心处，故传感器均放在塔心室的地面中心处，用橡皮泥与地面粘结。

3. 在结构特殊位置布置测点

为了方便得到需要的振型，应在振型曲线上位移较大的部位布置测点。特别要注意的是结构在某一楼层的截面突然变化，引起刚度或质量的突变，从而引起结构振动形态的变化。如四川都江堰市奎光塔是一个 17 层筒体结构，1～10 层为双筒结构，11 层以上为单筒结构，所以在第 11 层必须布置测点（图 5-3）。此外，要注意防止将测点布置在振型曲线的"节"点处，即在某一振型上的结构振动位移为"零"的不动点。所以在测试之前宜通过理论计算进行初步分析，对可能产生的振型有一个大致的了解。

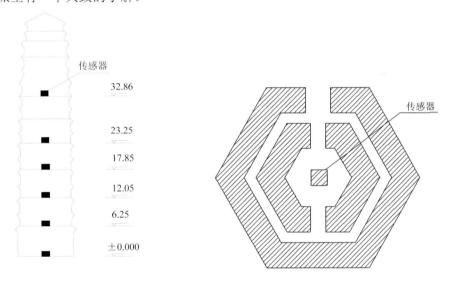

图 5-3　奎光塔的测点布置图（m）

4. 测点的放置方向、位置要一致

每个测点的传感器都要按照计划测试的方向和位置摆放一致，现场可利用指南针确定放置的方向；选定建筑物内的参照物，用卷尺测量距离选定位置，如果摆放位置或测试方向不一致，会直接影响振型分析的准确性。

5.1.5　测试影响因素及处理方法

1. 采样频率的选取范围

脉动法是利用自然地脉动和风脉动作为激振源，脉动信号是极微弱的且具有随机性，故采样一般会产生频率混叠误差，当采样频率小于分析信号中最高频率的 2 倍（$\omega_s < 2\omega_m$）就会出现频率混叠（图 5-4（a）），即采样信号不能保持原信号的频谱特性，也不能准确反映结构的固有频率和自振特性。

消除频率混叠的方法有两种：①提高采样频率即缩小采样时间间隔，使采样频率 $\omega_s \geqslant 2\omega_m$（图 5-4（b）），另外，许多信号本身可能包含零到无穷的频率成分，不可能将采样频率提高到无穷，在实测中，采样频率一般满足 $\omega_s = (2.5 \sim 4.0)\omega_m$ 即可；②采用抗混滤波器，在采样频率一定的前提下，通过滤波器滤掉高于采样频率一半信号频率，就可避免出现频率混叠。

抗混滤波的实际意义不仅可以有效地避免频率混叠，还可以保留所需要的频率成分，滤掉对实际分析没用的高频成分，因此，对信号分析处理提供了方便。当然，信号分析系统的最高采样频率决定了信号处理的最高频率分量。

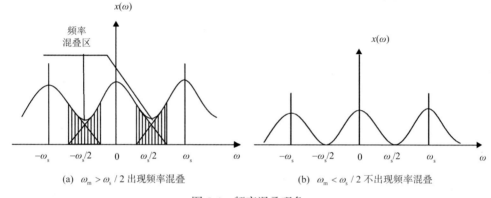

(a) $\omega_m > \omega_s / 2$ 出现频率混叠   (b) $\omega_m < \omega_s / 2$ 不出现频率混叠

图 5-4　频率混叠现象

2. 减少频率泄漏的方法

数字信号处理是对无限长连续信号截断后所得有限长信号进行处理。截断信号，即截取测量信号中的一段信号，一般会带来截断误差，截取的有限长信号不能完全反映原信号的频率特性。具体地说，会增加新频率的成分，并使谱值大小发生变化，这种现象称为频率泄漏。从能量角度来讲，这种现象相当于原信号各种频率成分处能量渗透到其他频率成分上，所以又称为功率泄漏。

减少泄漏的方法为：①加长信号的记录时间，一般不得小于半小时；②采用稳态信号的窗函数，一般用汉宁窗、海明窗和平顶窗等。经过加窗处理，降低窗函数频谱旁瓣的幅值，从而减少频谱泄漏，但同时加宽了窗函数频谱主瓣的宽度，降低了频谱频率的分辨率。值得注意的是，加窗虽然使原信号时域波形发生变化，但是却有效地保留了原信号的频率信息。

3. 用平均技术减少噪声的影响

在实测中，噪声是指非正常激励和响应。无论激励信号还是响应信号，都有不同程度的噪声污染问题。噪声可能来自于试验建筑本身、导线及测试仪器、电源或环境的影响。

一般在信号测试阶段就已经设法减少噪声污染，如良好的接地技术，采用屏蔽导线等措施。即使如此，测试信号中仍会存在噪声。所以在信号处理阶段，通过平均技术可进一步降低噪声的影响。

不同类型信号所用平均方法是不同的。对于确定性信号，一般采用时域平均技术。取多个等长度时域信号样本采样后对应数据进行平均，可以得到噪声较小的有效信号。但时域平均技术限制的条件很严格：①样本长度为信号周期的整数倍；②样本初始相位要一致。否则，时域平均的结果可能为零。时域平均技术不仅可消除噪声的偏差，也能消除噪声信号的均值，即在足够多次平均后可完全消除噪声影响，提高信噪比。

大多采用的平均技术是频域平均，即对某些频谱做的平均。由于傅里叶谱中包含幅值和相位两种特性，而相位在各次测量中具有随机性，故一般不对傅里叶谱进行平均，而是对进一步得到的功率谱进行平均，再进一步估算频响函数、相干函数、相关函数或者其他谱。

频域平均按照样本截取的方式不同，平均技术可分为顺序平均和叠盖平均；按平均时样本权重不同可分为线性平均和指数平均。与顺序平均相比，叠盖平均不仅速度快，而且所得到的谱特性好。这是因为叠盖平均各样本之间的相关程度比顺序平均的大，使得谱拟合的曲线更加光滑。线性平均适用于稳态信号，故又称为稳态平均；指数平均适用于旋转机械等时变系统中非稳态信号，故称为动态平均。在模态分析的频响函数估计中，线性平均较指数平均用得多。

4. 用相干函数评判频响函数的可靠性

由激励和结构响应的实际测量数据所计算的频响函数只是真值的估计值，原因是测量到的激励和响应信号中混有大量噪声。

实际工程中通常采用相干函数 γ^2 评判频响函数（$H(\omega)$）估计的好坏，它反映了激励和响应两信号的相干关系，表达式为

$$\gamma^2(\omega) = \frac{|G_{fy}(\omega)|^2}{G_{ff}(\omega)G_{yy}(\omega)} = \frac{H_1(\omega)}{H_2(\omega)} \tag{5-1}$$

式中，$G_{ff}(\omega)$、$G_{yy}(\omega)$ 分别为激振力 $f(t)$ 和结构响应 $y(t)$ 的自功率谱；$G_{fy}(\omega)$ 为激振力 $f(t)$ 和结构响应 $y(t)$ 的互功率谱。

若 $\gamma^2=1$，说明响应信号完全由对应激励产生，就表明测点和参考点是同一激励状态的无干扰输出，由对应测点互谱分析所得到的相位谱图就具有良好的可靠性；若 $\gamma^2=0$，说明实测响应信号与实测激励信号完全无关；若 $\gamma^2<0.8$ 表明互谱分析、传递函数分析得到的结果精度比较差。

5. 选择合适的采样环境

采样需要一个合适的环境，一般都在深夜或周围环境比较安静的时候，且需要较长的观测时间。由于结构的高频反应较基频小得多，而且出现的机会也少，在实测中发现第一、第二周期信号一般容易记录得到，而第三、第四周期往往要费较长的时间记录。为了获得理想的测试数据，古塔的测试过程中应禁止游客进入塔内，每次采样时间不少于 30 分钟。

5.1.6 结构动力特性的分析

1. 脉动法的基本假定

在对建筑结构进行脉动试验及其数据分析时，可作如下三条假设：

（1）假设建筑物的脉动是一种历经各态的随机过程。由于建筑物脉动的主要特征与选择时间的起始点无明显关系，又因为其自身动力特性的存在（建筑物本身就是一个波滤器），所以建筑物的脉动是一种随机而又平稳的过程。只要记录的时间够长，就可以用单个样本函数上的时间平均来描述整个过程的所有样本的平均特性。

（2）在多个激振输入的多自由度结构体系中，共振频率附近所测得的物理坐标的位移幅值，可以近似地认为就是纯模态的振型幅值。对于多自由度体系，如果假设各阶固有频率 $\omega_i = K_i / M_i (i = 1, 2, \cdots, n)$ 之间比较离散（此处 K_i 和 M_i 相应为广义刚度和广义质量），一般建筑结构的阻尼比是比较小的，在 $\omega = \omega_i \pm \dfrac{1}{2} \Delta \omega_i$ 这一共振频率附近所测得的信号，可以近似地认为与其主振型成比例，而忽略其他振型的影响，这样就可以采用峰值来确定结构各阶频率和振型。

（3）假设脉动源的频谱是较平坦的，就可以近似地认为它是有限带宽白噪声，即脉动源的功率谱或者傅里叶谱是一个常数。根据这一假设，输入谱在 $\omega = \omega_i \pm \dfrac{1}{2} \Delta \omega_i$ 处，在 $\Delta \omega_i$ 这较窄的频段中，$F_i(\omega) = $ 常数（此处 F_i 相应为广义力）。这样结构响应的频谱反映的是结构物的真实的动力特性，不仅可以确定其固有频率，还可以利用建筑物脉动信号的功率谱或傅里叶谱上的半功率点确定其阻尼比。然而，地面运动的功率谱，对应与卓越周期处也是有峰值的，但一般它不能与结构物共振处的峰值相比。有时也可以用地面脉动信号的谱与建筑物反应信号的谱对照比较，排除地面卓越周期的影响。半功率点处带宽 B_r 越小，输入信号为白噪声的假设越接近真实情况。

2. 自振频率的确定

由随机振动理论可知，频响函数 $H(\omega)$ 可按下式计算：

$$|H(\omega)|^2 = \frac{G_{yy}(\omega)}{G_{ff}(\omega)} \tag{5-2}$$

式中，$G_{ff}(\omega)$、$G_{yy}(\omega)$ 分别为激振力 $f(t)$ 和结构响应 $y(t)$ 的自功率谱。

当无法测试输入信号记录时，可利用上式估算频响函数。此时要求输入源的频谱平坦，可近似为有限带宽白噪声，则其功率谱为一常数 C，由此：

$$|H(\omega)|^2 = \frac{G_{yy}(\omega)}{G_{ff}(\omega)} = \frac{G_{yy}(\omega)}{C} \tag{5-3}$$

可见，结构自振频率的识别可依据结构响应的自功率谱。但是从一个测点信号的自谱，或两个测点信号的互谱，在结构物的固有频率位置都会出现陡峭的峰值；从输入或局部地方干扰也会带来一些峰值。因此，主要问题是从频谱中出现的所有峰值中，找出结构的自振频率；一般依据下列原则由结构响应频谱特征判别结构自振频率：①结构响应各测点的自功率谱峰值位于同一频率处；②自振频率处各测点间的相干函数较大；③各测点在自振频率处相角不是在 0° 附近就是接近 180°。

3. 确定振型的方法及近似性

在确定固有频率后，用不同测点在固有频率处响应的比，就能获得固有的振型，响应信号的互谱与自谱的幅值之比即其传递函数可近似确定振型。以参考点为输入，测点为输出，用参考点与测点之间的传递函数分析振型可表示为

$$H(\omega) = \frac{G_{fy}}{G_{ff}} \tag{5-4}$$

式中，G_{ff}、G_{fy} 分别为响应信号的自谱和互谱函数。

实际上多自由度结构的响应由基础运动的激励下引起的响应和随机力激励引起响应所组成，而基础运动的激励下引起的响应又包括结构弹性反应部分和地面刚性运动部分。一般来说，刚性运动部分的存在不仅引起幅值误差，还有相位误差且很难从结构响应中删除。所以用结构响应互谱与自谱之比来确定振型时，是有一定的近似性。用结构动力响应的传递函数来确定振型时，只有对于阻尼比较小且频率间隔较大的结构效果较好。所幸大多数古塔结构都具有这一特点，因此该方法也比较实用。

4. 阻尼比的确定

阻尼分析一般在频域上进行。根据各测点的频谱图，用半功率带宽法算出各测点在各阶频率上的阻尼比，即模态阻尼比：

$$\xi_i = \frac{\Delta\omega_i}{2\omega_i} \quad i = 1, 2, \cdots, n \tag{5-5}$$

式中，$\Delta\omega_i = \omega_{bi} - \omega_{ai}$ 是半功率带宽。为了保证阻尼比估计的可靠性，一般希望 $\Delta\omega_i > 5\Delta F$，这里的 ΔF 是 FFT 计算中的频率分辨率，$\Delta F = 1/T$。这就意味着需要较高的频率分辨率，而这需要更长的时间记录，所以，采样时间一般不得少于 30 分钟。

5.2 古塔基本周期的简化计算方法

结构的自振周期既是动力特性的基本指标，也是古塔损伤程度诊断和抗震分析中必不可少的重要参数。理论分析表明，对于刚度较大的多质点体系，其基本周期（即第一自振周期）在结构的振动中起主导作用。在结构动力学理论分析的基础上，结合已有古塔动力特性实测结果的统计分析，可以提出古塔基本周期的经验公式。在我国较多的古塔抗震鉴定和加固工程中，常利用基本周期的经验公式，来选择动力特性测试仪器的参数范围，或对结构的动力特性进行初步的估算。

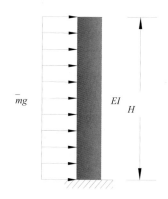

图 5-5　古塔的分析模型

5.2.1　古塔基本周期的理论分析基础

按照结构动力学理论，假设古塔为一质量均匀分布的悬臂竖杆（图 5-5），按弯曲振动考虑时其基本周期 T_1 为

$$T_1 = 1.787H^2\sqrt{\frac{\overline{m}}{EI}} \qquad (5\text{-}6)$$

式中，$\overline{m}$ 为沿竖杆单位长度的质量；H 为竖杆的高度；EI 为竖杆的弯曲刚度。由式（5-6）可知，古塔的基本周期与质量、高度呈正相关，与弯曲刚度呈负相关。

对于等截面竖杆，其单位长度的质量为

$$\overline{m} = \frac{\gamma \cdot A}{g} = \frac{\gamma \cdot A}{9.8} = 0.102\gamma \cdot A \qquad (5\text{-}7)$$

式中，γ 为材料的自重，对于砖塔，可参照《建筑结构荷载规范》（GB 5009—2001），取浆砌普通砖砌体的自重 $\gamma = 18\text{kN/m}^3$；A 为竖杆的截面积；g 为重力加速度，$g = 9.8\text{m/s}^2$。则砖塔相应的质量为

$$\overline{m} = 0.102\gamma \cdot A = 0.102 \times 18A = 1.836A \qquad (5\text{-}8)$$

我国唐代的古塔以方形截面为主，自宋代以来古塔大多采用八角形截面；对于多边形截面古塔（图 5-6（a）），可将截面简化为圆环形（图 5-6（b））分析，其面积 A 和惯性矩 I 分别为

$$A = \frac{\pi D^2}{4}(1-\alpha^2) ; \qquad I = \frac{\pi D^4}{64}(1-\alpha^4) \qquad (5-9)$$

式中，D 为圆环的外径；α 为圆环的内径与外径之比，$\alpha = d / D$；d 为圆环的内径。显然，圆环形截面的几何特性取决于内外径之比，与塔身的厚度有关。

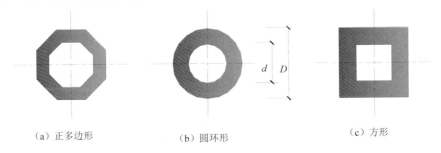

（a）正多边形　　　　　　（b）圆环形　　　　　　（c）方形

图 5-6　古塔常用截面类型

将上述相关参数代入式（5-6），即可得到基于砖砌体自重的圆环形截面古塔的基本周期分析公式：

$$T_1 = 1.787H^2\sqrt{\frac{\overline{m}}{EI}} = 1.787H^2\sqrt{\frac{1.836 \times \dfrac{\pi D^2}{4}(1-\alpha^2)}{E \times \dfrac{\pi D^4}{64}(1-\alpha^4)}} = 9.685\frac{H^2}{D}\sqrt{\frac{(1-\alpha^2)}{E(1-\alpha^4)}} \qquad (5-10)$$

5.2.2　古塔基本周期的经验公式

1. 参照烟囱结构的经验公式

我国《建筑结构荷载规范》（GB50009—2001）对高度 $H \leqslant 60\text{m}$ 的独立砖烟囱，给出了基本周期的经验公式如下：

$$T_1 = 0.23 + 0.0022H^2 / d \qquad (5-11)$$

式中，d 为筒身中点横截面外径，m；H 为自基础顶面算起的总高度，m。

对于截面为圆环形、塔身无洞口且壁厚沿结构高度均匀变化的古塔，可参照该式（5-11）估算基本周期。但该公式源于烟囱结构的理论分析和测试数据，难以反映古塔的建筑结构特征和材料特性，故仅可作为动力特性估算的一种参考方法。

2. 中国建科院提出的经验公式

中国建筑科学研究院的李德虎、何江依据 5 座古塔动力特性的实测数据，提出了砖石古塔基本周期的经验公式为

$$T_1 = 0.0042\eta_1\eta_2 H^2 / D \qquad (5\text{-}12)$$

式中，η_1 为砌体弹性模量影响系数，古砖塔取 1.0，古石塔取 1.1；η_2 为塔体开孔影响系数，无开孔取 1.0，单排开孔取 1.1；H 为塔体计算高度，从塔基算至塔顶，包括塔刹或宝顶的高度；D 为塔底面尺度，多边形取两对边距离，圆形取直径。

式（5-12）考虑了古塔的材料性能以及塔身开洞的情况，具有较好的针对性，已在较多的古塔动力特性估算中得到了应用。但该公式忽略了塔身厚度对动力特性的影响，且由于我国古塔的类型较多、结构构造（特别是塔刹与塔体的高度比）的差异较大，采用该式估算的古塔基本周期，有时会出现与现场实测值或计算机模拟值差异较大的情况。

3. 基于变截面悬臂杆模型的经验公式

《古建筑防工业振动技术规范》（GB/T 50452—2008）推荐的砖石古塔水平固有频率经验公式为

$$f_j = \frac{\alpha_j b_0}{2\pi H^2} \psi \qquad (5\text{-}13)$$

式中，f_j 为结构第 j 阶固有频率；H 为结构计算总高度（台基顶至塔刹根部的高度，见图 5-7），m；b_0 为结构底部宽度（两对边的距离），m；α_j 为结构第 j 阶固有频率的综合变形系数，根据 H / b_m、b_m / b_0 的值可查表 5-1 确定，其中，b_m 为高度 H 范围内各层宽度对层高的加权平均值，m；ψ 为结构质量刚度参数，m/s，砖塔取（$5.4H + 615$），石塔取（$2.4H + 591$）。

式（5-13）以悬臂杆模型为依据，考虑了弯曲和剪切变形的影响，并采用加权平均宽度 b_m 反映古塔沿高度方向截面尺寸的变化，提高了固有频率的估算精确度；但需要确定古塔的各层层高和截面宽度，较大地增加了现场测量的工作量和难度。此外，该公式未考虑塔身开洞对古塔动力特性的影响，采用的结构质量刚度参数 ψ 的力学涵义比较笼统。

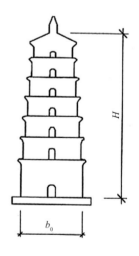

图 5-7　古塔的尺寸参数

表 5-1　砖石古塔的固有频率的综合变形系数 α_j

H/b_m	b_m/b_0	0.60	0.65	0.70	0.80	0.90	1.00
2.0	α_1	1.175	1.106	1.049	0.961	0.899	0.842
	α_2	2.564	2.633	2.727	2.928	3.142	3.343
	α_3	4.348	4.637	4.939	5.580	6.220	6.868
3.0	α_1	1.414	1.301	1.213	1.081	0.987	0.911
	α_2	3.318	3.406	3.512	3.764	4.009	4.247
	α_3	5.843	6.239	6.667	7.527	8.394	9.255
5.0	α_1	1.596	1.455	1.326	1.162	1.043	0.955
	α_2	4.197	4.285	4.405	4.675	4.945	5.209
	α_3	7.867	8.426	9.004	10.160	11.297	12.409
8.0	α_1	1.678	1.502	1.376	1.194	1.068	0.974
	α_2	4.725	4.807	4.926	5.196	5.466	5.730
	α_3	9.450	10.135	10.826	12.171	13.477	14.740

4. 扬州大学研制的经验公式

扬州大学古塔保护课题组在对国内多座古塔动力特性实测数据统计的基础上，以砌体的材料性能、塔身厚度、塔身截面形状、塔身开洞率、塔刹与塔身的高度比等关键参数为指标，进行了古塔基本周期的理论分析和计算机模拟，提出了相应的简化计算公式。

1）砌体弹性模量的影响分析

受长期环境侵蚀和材料老化的影响，大多数古塔的材料性能较差，特别是砂浆的标号较低。根据已有古塔资料的统计分析，砖的强度等级一般在 MU15～MU10，砂浆的强度等级一般在 M2.5～M1.0，且砌体的砌筑质量自古塔底层向上呈逐步下降的状况。确定古塔基本自振周期经验公式时，宜以某一常规的材料参数为依据，然后根据具体古塔的材料现状进行适当的调整。参照《砌体结构设计规范》（GB 5003—2001），取砖强度等级为 MU15、砂浆强度等级为 M2.5 的烧结普通砖砌体为代表，则弹性模量为 $E=1390f=1390\times1.60=2224\times10^3\,\mathrm{kN/m^2}$，代入式（5-10）得

$$T_1=9.685\frac{H^2}{D}\sqrt{\frac{(1-\alpha^2)}{2224\times10^3\times(1-\alpha^4)}}=0.0065\frac{H^2}{D}\sqrt{\frac{(1-\alpha^2)}{(1-\alpha^4)}} \tag{5-14}$$

2）不同砌体材料的影响分析

古塔大多数采用砖砌体建造，一些产石地区也采用石砌体造塔。南方古石塔常采用花岗岩毛料石砌筑，按照《建筑结构荷载规范》和《砌体结构设计规范》，石砌体的自重约为 24.8kN/m³、弹性模量取砂浆强度等级 M5 时约为 4000×10³kN/m²。以花岗岩毛料石砌体为代表并与上述砖砌体进行对比，则石砌体与砖砌体的质量比约为 1.38、弹性模量比约为 1.80，综合考虑材料自重和弹性模量对

古塔自振周期的影响时，石砌体与砖砌体的比值约为 0.88∶1.0。

3）塔身开洞率的影响分析

相对于北方古塔而言，南方古塔的开洞率较大，一些古塔塔身的开洞率达到 5%～10%。以虎丘塔为例，其塔身的八个外墙面均开设了门窗洞，平均开洞率为 13.4%；采用 ANSYS 软件对虎丘塔开洞率的影响进行了有限元分析，计算出墙体开洞与无洞两种情况基本自振周期的比值为 1.102∶1.0。分析表明，塔身的开洞率越大，截面的刚度越小，自振周期越大；对于塔身无门窗洞、每层二分之一墙面开洞和每层每面墙均开洞的情况，可取开洞影响系数的比值为 1.0∶1.05∶1.1。

4）塔身厚度的影响分析

塔身的厚度对截面的几何性能有较大的影响，考虑到各地古塔的内径与外径的比值差别较大，为方便起见，可取塔底截面的外径计算塔的自振周期，再根据塔底截面的内径与外径之比对自振周期进行修正。分析表明，在外径不变的情况下，随着塔身厚度变小，内外径比增大，基本周期随之变小，显示了质量减少的影响大于刚度减少的影响；此外，对于双筒形截面或有较大中心柱的古塔，塔身厚度的变化对基本周期的影响较小。

5）塔身截面形状的影响分析

塔身的截面形状对古塔的基本周期也有一定的影响，对于圆环形、正多边形和方形截面，当截面的内径、外径相同时，其影响系数的比值约为 1.0∶1.0∶0.9。

6）塔的计算高度的影响分析

古塔地面之上高度包括塔身和塔刹两个部分，相对于质量和刚度均很大的塔身而言，塔刹对整体结构振动的影响较小；为简化计算，可取塔基至塔顶（不含塔刹）的高度计算古塔基本周期。考虑到各地塔刹的构造和高度差异较大，对于塔刹净高超过顶层层高的古塔，也可将塔刹的四分之一高度纳入塔的计算高度，以考虑其对基本周期的影响。

综上所述，以式（5-14）为基准并综合考虑相关的影响因素，可得出砖石塔基本自振周期的经验公式如下：

$$T_1 = 0.0065 \eta_1 \eta_2 \eta_3 \eta_4 H^2 / D \qquad (5-15)$$

式中，H 为塔的计算高度，从塔基算至塔顶（对于塔刹净高超过顶层层高的古塔，可将塔刹的四分之一高度纳入塔的计算高度），m；D 为塔底的外径，圆形取直径，多边形取两对边距离，m；η_1 为塔身墙厚影响系数，$\eta_1 = \sqrt{\dfrac{(1-\alpha^2)}{(1-\alpha^4)}}$，可根据内径与外径的比值查表 5-2 确定，对于双筒形截面和具有较大中心柱的古塔，可近似地取 $\eta_1 = 0.94 \sim 0.98$；η_2 为塔身截面形状影响系数，圆环形、正多边形截面取 1.0，方形截面取 0.9；η_3 为砌体材料影响系数，砖砌体取 1.0，石砌体取 0.9；η_4 为塔身开洞影响系数，无门窗洞取 1.0，每层二分之一墙面开洞取 1.05，每层每面墙均开洞取 1.1；当洞口面积相对较小时，可对开洞影响系数适当折减。

对于经受过地震损坏、材料严重风化、年久失修的古塔，因材料的弹性模量衰减较多，按照式（5-15）计算基本周期时，可视塔的损伤程度对计算结果再乘以 1.05～1.1 的增大系数。

表 5-2　塔身墙厚影响系数 η_1

内外径比 d/D	0.20	0.25	0.30	0.35	0.40	0.45	0.50
影响系数 η_1	0.98	0.97	0.96	0.94	0.93	0.91	0.89
内外径比 d/D	0.55	0.60	0.65	0.70	0.75	0.80	0.85
影响系数 η_1	0.88	0.86	0.84	0.82	0.80	0.78	0.76

注：当塔底截面的内外径比 d/D 在表内两个数据之间时，可内插确定影响系数值

5.2.3　典型古塔基本自振周期的对比分析

按照式（5-15），本书对 14 座典型砖石古塔的基本自振周期进行了计算，并与现场实测值做了对比，结果见表 5-3。由表 5-3 的数据可知，式（5-15）适用于多种类型的砖石古塔，其计算周期与实测周期的误差较小，可满足工程预估的要求。

表 5-3　典型砖石古塔参数及基本周期的对比

古塔	砌体类型	截面形状	高度 H/m	内径 d/m	外径 D/m	开洞/墙面	计算周期	实测周期	误差/%
大雁塔	砖	方形	49.8	6.8	25.2	4/4	0.61	0.67	−9
小雁塔	砖	方形	40.2	4.2	11.4	2/4	0.80	0.74	8
千寻塔	砖	方形	63.0	3.3	9.9	4/4	2.27	2.00	14
法王塔	砖	方形	27.8	3.0	8.4	2/4	0.53	0.59	−10
兴福寺塔	砖	方形	52.1	5.2	9.0	4/4	1.68	1.61	4
六胜塔	石	八边形	33.5	◎10.3	12.7	4/8	0.54	0.58	−7
镇国塔	石	八边形	41.9	◎ 9.6	14.0	4/8	0.77	0.84	−8
仁寿塔	石	八边形	39.9	◎ 9.4	13.3	4/8	0.74	0.70	6
虎丘塔	砖	八边形	45.1	4.7	13.8	8/8	0.95	0.83	14
文峰塔	砖	八边形	38.3	5.5	10.3	4/8	0.86	0.88	−2
光塔	砖	圆环形	34.2	◎ 3.9	8.5	—	0.85	0.80	6
龙护塔	砖	方形	33.0	5.2	8.0	4/4	0.73	0.79	−8
中江南塔	砖	八边形	28.2	◎ 5.7	7.9	8/8	0.68	0.64	6
奎光塔	砖	六边形	49.9	◎ 6.4	9.9	6/6	1.61	1.47	10

注：1. 小雁塔、大雁塔、千寻塔数据源于李德虎和何江(1990)；法王塔数据源于文立华等(1995)；兴福寺塔数据源于曹双寅等(1999)；虎丘塔数据源于扬州大学课题组(2005)；六胜塔数据源于郭小东等(2005)；文峰塔数据源于扬州大学课题组（2006）；镇国塔、仁寿塔数据源于蔡辉腾和李强（2009）；光塔数据源于候俊峰等（2010）；龙护塔、中江南塔、奎光塔数据源于扬州大学课题组（2011）

2. 符号◎表示该塔为双筒形截面或有塔心柱

5.3 典型工程应用实例——虎丘塔动力特性的测试与分析

5.3.1 工程概况

1. 虎丘塔概况

苏州云岩寺塔是一座七层八角形楼阁式砖塔，屹立于古城苏州的虎丘山巅，俗称虎丘塔（图5-8（a））。虎丘塔建于公元959年（五代后周显德六年），是八角形楼阁式砖塔中现存年代最早、规模宏大而结构精巧的实物。1961年3月4日，虎丘塔由中国国务院公布为全国第一批重点文物保护单位，成为中国古代建筑艺术的杰出代表。

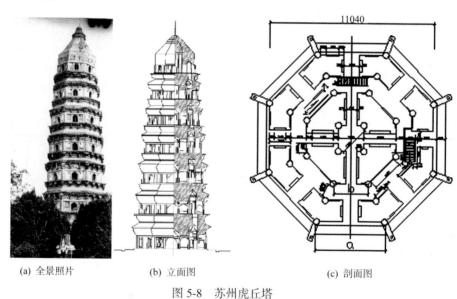

(a) 全景照片　　　　(b) 立面图　　　　(c) 剖面图

图5-8　苏州虎丘塔

虎丘塔高47.46m，底层对边南北长13.81m、东西长13.64m，采用套筒式回廊结构（图5-8（b）、（c）），每层设塔心室，塔身由黏性黄泥砌筑，各层以砖砌叠涩楼面将内外壁连成整体。塔重61 000kN，由12个砖砌塔墩（8个外墩、4个内墩）支承，塔底无基础，塔墩直接砌筑在地基上。据考证，虎丘塔自建造时，塔基即产生不均匀沉降并导致塔身向北倾斜，历史上经过多次维修，但对塔基的不均匀沉降和塔身倾斜的发展未予解决，至1978年，虎丘塔塔顶已向东北偏移2.325m，倾斜角达2°48′。1981～1986年，中国国家文物局和苏州市政府对这座千年古塔进行了全面加固，基本控制了塔基沉降，稳定了塔身倾斜。

2. 虎丘塔动力特性研究的意义

结构的动力特性是分析古塔抗震性能的重要指标，也可作为评价古塔残损状态的参照依据。为了对虎丘塔进行可靠性评价和制定进一步维护的方案，需要合理地确定该塔的结构性能。对于这座缺乏原始资料的千年古塔，采用现代测试技术测定其动力特性，既可了解结构的整体刚度状况，也可为建立理论的力学模型提供合理的参照。

古塔是宝贵的历史文化遗产，在现场实测时应避免对其施加具有损伤性的外力。国内外古塔的动力特性测试大多采用对结构无损伤的环境激振技术。环境激振测试利用风及环境因素形成的脉动使结构产生振动，不需激振设备，但记录信噪比较低、试验时间长，特别是对刚度较大的砖石古塔，难于得到满意的数据。

根据中国-意大利国际合作项目"文化遗产保护技术"协定，由扬州大学和罗马大学组成的项目组对苏州虎丘塔、比萨斜塔的保护技术，包括动力特性的测定技术开展研究。合作双方运用各自的仪器，于 2002 年 8 月对苏州虎丘塔进行了环境激振技术的对比试验；通过试验研究，掌握了该技术在砖石古塔中的应用特点及提高测试效率的措施，并获得了较为理想的动力特性测试结果。

5.3.2　虎丘塔动力特性的现场测试

1. 测试仪器的选用

虎丘塔动力特性测试选用了中国东方振动和噪声研究所研制的 INV-306 型智能信号采集处理分析系统（图 5-2）。该系统最高采样频率为 100kHz；使用 DASP 大容量信号采集分析软件，具有数据采集、处理、分析等一体化功能；传感器采用 891-II 型水平速度传感器，有效频率范围为 0.01～100Hz；通过伺服放大器将采集到的信号传送至数据处理系统，进行转换、存储。

2. 测点的布置

对于砖石古塔的抗震鉴定和分析而言，动力特性测试的重点是结构沿水平方向的自振频率和振型。为得到需要的振型，应使测点沿结构高度布置在振型曲线上位移较大的部位，要注意防止将测点布置在振型曲线的"节"点处，即在某一振型上结构振动时位移为"零"的不动点。在虎丘塔动力特性实测之前，扬州大学古塔保护课题组通过理论计算进行了初步分析，对可能产生的振型和反弯点的位置作了判断，得知可以将测点布置在各楼层的地板高程位置。测点在平面上布置时，尽量设置在结构各段的刚度中心处。传感器安装时需保持与测量方向一致，每次测量，各测点的测量方向应相同。传感器安设时底部应与测点面固结并保持水平，防止振动或人为干扰。电缆采用双屏蔽技术，以防止外部电磁干扰和通道间干扰。

　　环境激振测试可采用同步测试法或跑点法。当古塔层数较多而传感器较少的情况下，可采用跑点法，即不需要对每个测点均布置传感器，除了固定的参考点外，只对计划的测点用一个或少量传感器进行跑点测试。这种方法由于采集到的信号是非同步测试的，给试验结果带来一定误差，也在一定程度上增加了数据分析的复杂性。虎丘塔的测试采用同步测试法，即在各层均布置传感器后同步采集脉动信号，以提高测试精确度。

　　在虎丘塔的测试中，为了获得沿结构高度的水平方向振型，在一层到七层的楼、地面上分别设置了测点，另外在二层楼面增设一个传感器作为参考点（测点8），测点布置如图 5-9 所示。测试时，每个测点均在平行于 X 方向采样，并在平行于 Y 方向进行复测。为减少扭转振动的干扰，传感器均放在各层塔室的中心处。图 5-10 为连接传感器与信号采集处理分析系统的双屏蔽电缆。

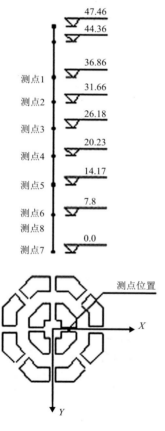

图 5-9　测点布置（m）

图 5-10　连接各测点的电缆线

3. 动力特性的预估

现场实测之前需要先对古塔的动力特性进行预估，根据估算的自振频率选择合适的测试参数。预估参照了中国建筑科学研究院提出的砖石古塔自振周期的经验公式：

$$T_1 = 0.0042\eta_1\eta_2 H^2 / D \tag{5-16}$$

式中，η_1 为砌体弹性模量影响系数，虎丘塔为古砖塔，取 1.0；η_2 为塔体开孔影响系数，虎丘塔每层开有门窗洞，取 1.1；H 为塔体计算高度，虎丘塔从塔基算至塔顶高度为 47.5m；D 为塔底两对边距离，虎丘塔为 13.7m。

根据上述参数估算出虎丘塔的基本自振周期 $T_1 = 0.76s$，基频为 $f = 1/T_1 = 1.32Hz$。

为了进行计算机对比分析研究，本项目运用大型有限元分析软件 ANSYS，根据勘测的结构参数和变化范围，初步计算出虎丘塔结构的基频为 1.08～1.23Hz。

4. 采样频率的选取

结构出环境脉动引起的振幅通常较小，一般只有几微米。相对申视塔和高层建筑等柔性结构而言，砖石古塔的刚度较大，环境激振引起的脉动信号是极微弱的。因此，要想获得满意的数据，就必须选用低噪声和高灵敏度的传感器与放大器，所选传感器的最低频率要低于结构的第一频率。采样前，对连续信号用低通滤波器滤波，使不需要的高频成分去掉，然后再采样并作数据处理。采样时，使采样频率 $f_s \geq 2.56 f_c$（f_c 是原始信号的截断频率），在此条件下，采样后的离散信号可以唯一确定原始连续信号。

根据动力特性值的预估，虎丘塔环境激振试验中原始信号的截断频率取为 20Hz，采样频率取为 60Hz，主要分析结构的前四阶频率和振型。

5. 采样环境的考虑

采样时要有一个合适的环境，最好选在夜深人静时，外界的干扰较小。要有适当长的观测时间，特别是需要获得第二、三阶自振频率时，观测时间要求更长。为获得理想的测试数据，虎丘塔的测试时间选在游客较少的傍晚，每次采样 30 分钟。

5.3.3　虎丘塔动力特性的数据分析

1. 数据性质与可靠性检验

用一种分析方法得到的随机数据的分析结果及其解释是否正确，首先取决于数据的一些基本特征，尤其是用采样数据的统计特征去估计随机过程的统计特征时更是这样。对环境激振法的测试数据进行评价时，几个主要的基本特性是数据的平稳性、各态历经性、周期性和正态性。

1）平稳性检验

信号采集时可根据波形特征来判断是否平稳。平稳性的重要特征是振动数据的平均值波动很小，且振动波形的峰谷变化比较均匀以及频率结构比较一致。符合这些特征的就是平稳的，否则是不平稳的。若信号采集时有较大的波动，应取消并重新采集。以虎丘塔测试中测点 6 采集的信号（图 5-11）为例，信号的平均值波动较小，波形峰谷变化比较均匀，频率结构比较一致。另外，数据分析时对每个测点再分别算出其均方差进行比较，发现本次测试采得的随机数据具有良好的平稳性。而工程实践中描述平稳物理现象的随机数据，一般都是各态历经的。

2）周期性检验

根据对各测点的概率密度函数图形判断，图形为钟形而非盆形，说明数据中不含周期信号。图 5-12 为虎丘塔测试中测点 2 的概率密度函数。

3）正态性检验

将各测点观测数据的概率密度函数或者概率分布函数（图 5-12）与理论正态分布做比较，其形态与理论正态分布比较吻合，进一步说明数据中不含周期信号。

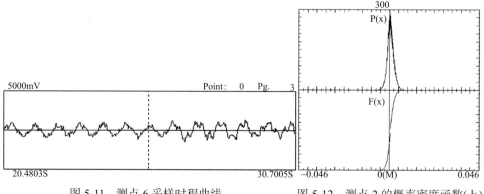

图 5-11　测点 6 采样时程曲线　　图 5-12　测点 2 的概率密度函数(上)
及概率分布函数(下)

2. 测点与参考点的相关性

虎丘塔测试中各测点与参考点的相关系数列于表 5-4 中。测点 1 离地面较高，与传感器相连的电缆线较长，同时电缆外置，受风等因素的影响大；测点 7 位于底层，受地脉动的直接影响较大；除这两个测点外，其余各测点的相关系数都高于 0.8，有较好的相关性。这就表明，用随机振动理论对本次测试获得的数据进行分析是合适的、可靠的。

表 5-4 测点对参考点的相关系数（X 方向）

测 点	第一频率	第二频率	第三频率	第四频率
1	0.713	0.351	0.290	0.758
2	0.890	0.805	0.881	0.877
3	0.940	0.950	0.930	0.910
4	0.910	0.890	0.811	0.882
5	0.940	0.932	0.931	0.865
6	0.910	0.900	0.901	0.903
7	0.731	0.542	0.695	0.676

3. 结构动力特性的分析

1）自振频率的确定

由随机振动理论可知，频响函数 $H(\omega)$ 可按式（5-2）计算。由于无法测试输入信号记录，利用式（5-2）估计频响函数时，将输入源的频谱近似为有限带宽白噪声，则其功率谱为一常数 C，同式（5-3）。

因此，由于测量噪声的影响，结构响应自功率谱的峰值处不一定是模态频率。进行虎丘塔的环境激振测试分析时，参照下列原则由结构响应频谱特征判别结构模态频率：①各测点结构响应的自功率谱峰值位于同一频率处；②模态频率处各测点间的相干函数较大；③各测点在模态频率处具有近似同相位或反相位的特点。

在试验中，通过对各测点的自功率谱、各测点与参考点的互功率谱（图 5-13、图 5-14）分析，并利用 DASP 对测试数据进行模态拟合，得到虎丘塔结构的前四阶频率（表 5-5）。

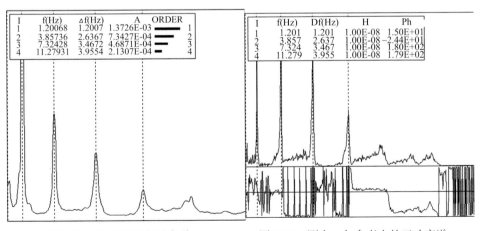

图 5-13 测点 3 的自功率谱　　　　　图 5-14 测点 3 与参考点的互功率谱

表 5-5　模态拟合各测点的自振频率　　　　　　（单位：Hz）

第一频率	第二频率	第三频率	第四频率
1.204	3.905	7.295	11.250

2）振型的识别及其近似性

由随机振动理论，振型分量由传递函数在特征频率处的值确定。对环境激振法试验，传递函数取测点响应相对于参考点响应的比值。以参考点为输入，测点为输出，按式（5-4）参考点与测点之间的传递函数分析振型。

式（5-4）的传递函数计算包含两项内容，若用复数表示则为

$$H(\omega) = \left|H(\omega)\right| \mathrm{e}^{-\mathrm{j}\phi(\omega)} \tag{5-17}$$

式中，$\left|H(\omega)\right|$ 等于测点信号与参考点信号的振幅之比，反映了振动系统的幅频特性，以幅频图表示；$\phi(\omega)$ 为测点信号与参考点信号的相位差，反映振动系统的相频特性，以相位谱图表示。振型坐标在各测点处的符号可由各测点间互功率谱的相位关系确定：同相同号，异相异号。

对于各个模态频率分得比较开，阻尼比较小的古塔，在任意随机激振下，当 $\omega \approx \dot{\omega}$ 时，响应信号的互谱与自谱的峰值之比即其传递函数可近似为振型之比。

在虎丘塔项目中，通过对各测点进行传递函数分析（图 5-15），得到虎丘塔结构的前四阶振型（图 5-16），振型识别结果见表 5-6。

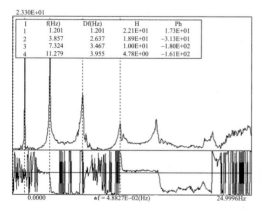

图 5-15　测点 3 的传递函数

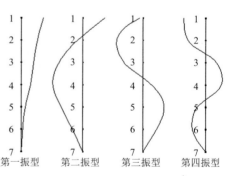

图 5-16　结构的前四阶振型

表 5-6　振型识别结果

测　　点	第一振型	第二振型	第三振型	第四振型
1	1	1	−1	−1
2	0.719	−0.248	−7.268	−0.800
3	0.550	−1.098	−5.194	0.498
4	0.415	−1.384	2.397	0.729
5	0.183	−1.009	5.727	−0.397
6	0.054	−0.482	3.575	−0.602
7	0	0	0	0

3）阻尼比的确定

阻尼比是古塔抗震分析的重要参数之一。本次试验的阻尼分析是在频域上进行的。根据各测点的频谱图，按照式（5-5）用半功率带宽法算出各测点在指定频率上的阻尼比。

图 5-17 为虎丘塔测点 6 在第三阶频率上的阻尼比，各测点在各阶频率中的阻尼比分析结果列于表 5-7 中。

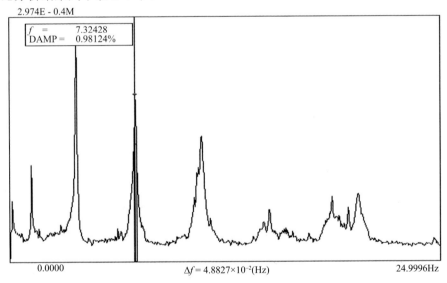

2.974E - 0.4M

f =　　　7.32428
DAMP =　　0.98124%

0.0000　　　　　　$\Delta f = 4.8827 \times 10^{-2}$(Hz)　　　　　24.9996Hz

图 5-17　测点 6 在第三阶频率上的阻尼比

从表 5-7 可以看出，测点 7 在第三阶频率上的阻尼比较小，与整体数据的离散性较大，表明该测点的频谱图不太理想，估计受地脉动的影响较大。

表 5-7　各测点的阻尼比分析值　　　　　　　（单位：%）

测点	第一振型	第二振型	第三振型	第四振型
1	1.85	0.98	0.94	1.08
2	1.83	1.06	0.94	1.08
3	1.87	0.98	0.93	1.08
4	1.82	0.99	1.30	1.08
5	1.87	0.99	1.14	1.08
6	2.05	1.05	0.98	1.14
7	1.70	1.48	0.55	1.79
平均	1.86	1.08	0.97	1.19

5.3.4　动力特性实测结果与有限元分析值的比较

　　为了进一步验证环境激振法的可信度，采用通用有限元软件 ANSYS 模拟了虎丘塔的动力特性。首先，应用 AutoCAD 建立虎丘塔的实体物理模型。实体模型按楼层分块，大尺度的残损缺陷及已经勘察清楚的加固部位按照实际状况在模型中予以划分出来。然后，经接口软件转换，进入 ANSYS 建立虎丘塔的力学模型，如图 5-18 所示。虎丘塔的力学模型共计生成约 73 241 个单元。经分析，获得虎丘塔的振型（图 5-19）和前四阶频率（表 5-8）。

　　对比环境激振法实测结果和有限元分析值，固有频率的相对误差在 7% 以内，且振型的位形图基本一致。

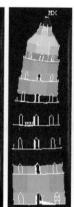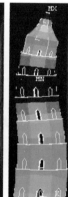

图 5-18　虎丘塔的物理模型及力学模型　　　　图 5-19　虎丘塔的前四阶振型

表 5-8　动力特性实测结果与有限元分析值的比较

自振频率/Hz	有限元分析值	实测结果	误差/%
第一频率	1.155	1.204	-4.05
第二频率	3.963	3.905	1.46
第三频率	7.778	7.295	6.21
第四频率	11.876	11.250	5.27

5.3.5　结论

环境激振法对结构无损伤，是古塔动力特性测试的优选方法。尽管该方法已在建筑结构测试中得到了广泛应用并取得了较成熟的经验，但在古塔保护中的应用研究尚不够深入，需通过更多的实验积累和学术交流，以提高效率。

针对环境激振法产生的脉动信号微弱、古塔因刚度较大其振动反应不明显等特征，本书结合虎丘塔动力特性测试，从测点布置、动力特性预估、采样频率选择、采样环境的考虑等方面提出了相应的措施和建议。通过与有限元程序 ANSYS 分析的结果对比，表明按本测试方案获得的虎丘塔动力特性较为理想，可为同类古塔的测试和研究提供参考。

从本项目组测试的苏州虎丘塔，扬州文峰塔和棲灵塔，罗马 CAPOCCI 塔和比萨斜塔等古塔的动力特性结果来看，环境随机激振法从技术和设备方面尚存在如下问题，需要开发商与应用部门共同努力去解决：

（1）对于刚度较大的古塔，一般只能得到结构的基本自振频率或较低阶频率，且振型识别的效果随着频率的增大而显著降低。需进一步改进信号处理和数据分析系统，以提高识别功能。

（2）信号的采集时间过长，易受不良环境的干扰。对位于旅游胜地的古塔来说，在白天的测试中很难获得无干扰的 20～30 分钟一次的采样时段；且大部分古塔缺乏必需的照明条件，难以利用外界干扰较小的夜晚进行测试。如何用有限长的记录时间来满足平稳随机过程的采样要求，值得进一步研究。

（3）由于计算机技术的发展，环境随机激振法采用的信号处理分析系统已轻型化，但信号采集与传递系统过于笨重，不利于攀高作业。特别是国内采用的电缆导线，在有塔檐的情况下，很难从外部铺设。为节约人力资源和克服导线设置的困难，需要将新型的无线信号采集系统引入古塔无损测试技术之中，这也是国际测试系统开发的主要方向。

第6章 古塔抗震模型试验与有限元分析技术

古塔抗震模型试验是展现古塔在地震作用下损伤和破坏过程的直观技术手段，也是验证古塔抗震鉴定与加固方案可行性的有效方法。本章结合古塔抗震加固性能的评价并基于古塔模型拟静力试验，介绍了古塔原型结构的特征提炼、缩尺模型的制作、试验方案的制定以及试验数据处理的方法；结合古塔地震损伤机制的研究并基于小型振动台模拟地震动力试验，介绍了小比例砖塔模型制作、地震波选择与修改、振动台驱动信号的非线性修正、试件振动响应信号的采集与处理、试验现象的记录与解析等关键问题的处理方法。

随着计算机技术的飞速发展，有限元模拟分析技术在古塔保护研究中得到了不断的提高。古塔的有限元分析技术是描述结构内力和变形发展全过程、揭示结构薄弱部位、对结构的安全性能进行判断的有效工具。本章针对砖石古塔的建筑、构造以及损伤特征，探讨了古塔有限元建模和地震作用下弹塑性时程分析的技术要点；结合德阳龙护舍利塔地震损伤机制的研究，介绍了古塔弹塑性动力分析与破坏演化过程模拟的具体方法。

6.1 古塔抗震模型试验技术

6.1.1 古塔模型拟静力试验

通过拟静力试验（又称低周反复荷载试验）装置，对古塔结构试件施加水平往复循环荷载，模拟结构在往复地震振动作用下的受力特点和变形特点，为分析评价古塔的抗震性能，提供技术支撑。

1. 古塔原型特征

试验主要以四川德阳龙护舍利塔底部楼层为参考原型，制作出单层简化的方形砖砌体墙筒模型。龙护舍利塔建于元顺帝至正二年，为平面方形密檐十三级砖砌结构（图6-1），塔身通高约29米，塔内分做五层，每层中设塔心室，塔壁四面开有通风采光的窗洞，塔外七级腰檐以下收分较小，以上收分较大。底层砖石古塔的主要参数为：墙宽为5.6米，墙厚1.2米，层高6.08米。汶川地震中，塔体倾斜，各层的拱券顶中部出现南北贯通裂缝，裂缝自塔底到塔顶发展，越往高处裂缝宽度越大，塔体被分为东、西两部分，而且九级外檐以上裂缝分布密集，在塔身与塔基连接的部位出现水平裂缝，塔身外墙粉饰脱落。

图 6-1　龙护舍利塔

2. 古塔模型拟静力试验目标

对根据砖石古塔构造特征研制的试件进行低周往复加载试验，可以实现以下目标：

（1）研究结构在地震荷载作用下的恢复力特性，确定恢复力计算模型；

（2）从恢复力特性曲线可以得到骨架曲线、结构的初始刚度和刚度退化等参数；

（3）根据试验得到的滞回曲线和曲线所包含的面积求出结构的等效阻尼比，从而可以衡量结构的耗能能力；

（4）通过试验可以从强度、变形和能量去分析判别古塔结构的整体抗震水平。

3. 模型比例选择与相似关系

本试验以四川龙护舍利塔底部楼层为原型，按照相似理论设计并制作了 4 个 1/8 比例墙筒模型进行低周反复荷载试验。试件模型与原型结构应满足如下的函数关系：

$$f(x,l,E,q,p,M,K,\sigma)=0 \qquad (6\text{-}1)$$

式中，特征量 x 为位移，l 为长度，E 为弹性模量，q 为线性分布荷载，p 为集中荷载，M 为弯矩，K 为线刚度，σ 为应力。

经过分析，可得如下相似关系：

$$S_1=\frac{1}{x},S_2=\frac{Ex^2}{p},S_3=\frac{qx}{p},S_4=\frac{M}{xp},S_5=\frac{Kx}{p},S_6=\frac{\sigma x^2}{p} \qquad (6\text{-}2)$$

从而得到相似条件：

$$C_l=C_x,C_EC_x^2=C_p,C_\sigma=C_E,C_p=C_qC_x,C_M=C_xC_p,C_K=C_q \qquad (6\text{-}3)$$

式中，$C_l=l_m/l_p$，l_m 和 l_p 分别为模型和原型的长度，其余类推。8 个变量，必须确定其中任意 2 个量。由于要满足非线性时的相似条件，故取 $C_E=1$。再取模型几何缩尺比例为 $C_l=1/8$，即可得各相似常数如表 6-1 所示。

表 6-1　拟静力试验砌体模型相似常数

C_l	C_x	C_E	C_σ	C_p	C_q	C_M	C_K
1/8	1/8	1	1	1/64	1/8	1/512	1/8

4. 试验模型制作

1）模型的试验材料

主要包括 MU10 普通烧结砖；砖的规格为 165mm×70mm×30mm；水泥采用 32.5 的普通硅酸盐水泥；角钢及围箍钢筋。

2）模型的制作

参照 1/8 相似比例制作 4 个模型墙筒，其中两个无楼板，另两个有楼板。墙筒的设计高度为 760mm，每面墙宽为 700mm，墙厚为 150mm，墙筒试件如图 6-2 所示。图 6-2（a）为无楼板墙筒，图 6-2（b）为有楼板墙筒。为保证在试验加载时，不至于因底板与模型砌体最底层的一匹砖之间首先产生滑移而使试验终止，砌筑前先将底板上表面凿毛，清理干净后用水湿润，用水泥砂浆砌筑最底层的一层砖，以增加砌体与基座之间的连接作用。混凝土板在实验室现场预制，标准养护后再在上面砌筑砖墙，试验墙体标准养护后再根据《建筑抗震加固技术规程》（JGJ116—98）进行相关加固措施。

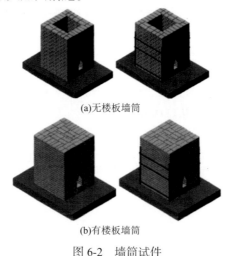

(a)无楼板墙筒

(b)有楼板墙筒

图 6-2　墙筒试件

5. 试验方案与试验装置

1）试件编号

为便于描述低周反复试验过程中试件所发生的破坏现象，以及各个试件之间的对比分析，试件墙面进行编号如图 6-3 所示，试件编号如表 6-2 所示。

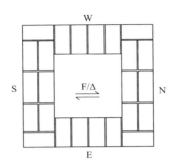

图 6-3　墙面编号示意图

表 6-2　试件编号

编号	试件
WALL	无楼板，加载至破坏，作对比试件
WALL-S	无楼板，采用围箍加固
WALL-F	有楼板，加载至破坏，作对比试件
WALL-F-S	有楼板，采用围箍加固

2）古塔拟静力试验装置及要求

拟静力试验装置通常由加载装置、反力装置和电液伺服加载系统组成。加载装置采用双向作用加载器。反力装置的形式有反力墙、反力架、反力台等形式，当试验有特定要求，需根据试验需求设计特殊形态的反力装置。电液伺服加载系统，主要包括电液伺服作动器、模拟控制器、液压源、液压管路和测量仪等。试验中，当电液伺服系统接到动作指令后，电信号被系统最终转换为活塞杆的机械运动，从而实现对试件进行推拉加载试验。

装置设计要求：首先满足受力条件和支承方式；反力装置应具有足够的刚度、强度和整体稳定性，能够满足试件受力状态和模拟试件的实际边界条件；试验台的重量至少 5 倍于试件最大重量。

本试验中水平荷载是通过 MTS 多道协调加载试验系统实现，作动器的额定加载能力为 250kN，最大行程为±100mm，墙体底部的钢筋混凝土横梁则通过角钢和地锚螺栓与实验室基锚固在一起。试验装置示意图如图 6-4 所示。

3）加载方式

加载制度根据加载方向可分为单向反复加载和双向反复加载。其中单向反复加载可以分为位移控制加载、力控制加载、力-位移混合控制加载。本试验砌体试件结构适宜采用力-位移混合控制加载法。试件屈服前应力采用荷载控制并分级加载，接近开裂和屈服荷载前宜减小级差进行加载，试件屈服后采用变形控制值应

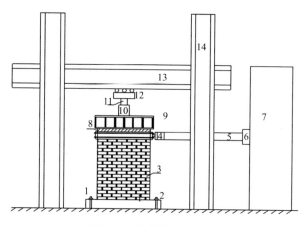

图 6-4　试验装置示意图

1. 底板；2. 地锚螺栓；3. 试验墙体；4. 荷载传感器与位移传感器；5. 往复作动器；6. 可移动支座；7. 反力墙；
8. 分配板；9. 分配梁；10. 油压千斤顶；11. 荷载传感器；12. 滑轮；13. 反力横梁；14. 反力横梁支架

取屈服时试件的最大位移值，并以该位移值的倍数为级差进行加载控制。注意在反复加载过程中的均匀性和连续性，保持加、卸载速率的一致性。模型试验加载方法根据《建筑抗震试验方法规程》（J3J101—96）制定。竖向加载制度如图 6-5所示，对墙体分级预先施加设计估算竖向荷载，直至加足预估竖向荷载；水平荷载加载制度如图 6-6 所示。施加水平荷载前，必须对装置运行状况进行调试，通过预加水平反复荷载（取预估开裂荷载的 20%）两次，观察底板与地面的锚固是否牢固，传感器与墙体连接装置中螺帽是否拧紧，静态电阻应变仪、百分表是否正常工作，数据记录软件是否正常工作。检查试验装置正常后，逐级增加 10kN方式递增施加荷载，每级循环一次，墙体开裂后改为位移控制加载。以墙体开裂荷载所对应的开裂位移 Δc 为控制位移，并以 Δc 的倍数为增量，每级循环三次。当试件承载力下降到试验现场所测得极限荷载的 80%时，停止试验。

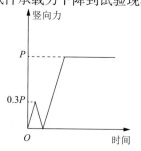

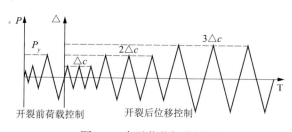

图 6-5　竖向荷载加载制度图

图 6-6　水平荷载加载制图

在水平荷载施加前对试件的围箍钢筋施加 20%σ 的预应力，通过转动双头螺栓，改变连接应变片的静态电阻应变仪的数值，从而施加预应力，共分 5 次施加，直至应力值的 20%。

6. 数据观测与试验现象

（1）观测裂缝：使用放大镜观察裂缝的出现，用刻度放大镜读取裂缝宽度。试验过程中记录裂缝的初裂荷载，裂缝分布、裂缝宽度所对应的荷载值，同时记录裂缝发展过程及最终墙体破坏后裂缝分布形式。

（2）应变量测：将应变片粘贴在需要测量的位置，使用静态电阻应变仪采集应变数据。

（3）开裂荷载：现场观察墙体刚出现裂缝时所对应的荷载为开裂荷载，荷载-位移曲线上最大的荷载即为极限荷载。

（4）墙顶竖向压力和墙体上部水平拉压荷载值：砌体墙顶部竖向压力由千斤顶施加，数据通过千斤顶上的压力传感器测量，墙体上部水平拉压荷载值通过伺服作动器测量。

（5）墙体顶部及底部位移量测：砌体墙上部水平位移直接由伺服作动器的位移传感器量测；同时为防止试验过程中试件在水平力作用下发生整体滑移，在试件底部混凝土底板侧面布置四个百分表测量底部的滑移。

试验表明，加载初期试件卸载后残余变形很小，处于弹性阶段。初始试件 W 与 E 墙面破坏为剪切破坏，符合一般砌体结构破坏特征，加固后的试件 W 与 E 墙面由纯剪破坏或者弯剪破坏转为弯剪复合破坏，如图 6-7 所示。N 与 S 墙面的破坏为弯曲破坏，经过围箍钢筋施加预压应力的墙体，墙体斜裂缝的出现和发展受到约束。

(a) W-S 墙面　　　　　　　　　　　　　(b) E-S 墙面

图 6-7　墙面破坏形式

7. 试验结果分析

恢复力曲线是恢复力随着变形变化的曲线，反映结构或构件的滞回特性、骨架曲线、刚度退化等规律。恢复力模型是进行抗震分析评价的基础，一般有双线性模型、武田模型、克拉夫退化双线模型等。

1）滞回曲线

将结构或构件在反复荷载作用下的力与非弹性变形间的关系曲线定义为滞回曲线，滞回曲线不仅反应试件在地震作用下塑性变形耗能能力，而且充分反映了试件的强度、刚度、延性等力学特性。典型的滞回曲线主要有四类：①梭形、②弓形、③反"S"形、④"Z"形；一般来说，滞回环面积越大，耗能性能越好；发生弯剪形破坏的构件，刚开始时其滞回曲线呈现梭形，但随着剪力的不断增大，斜裂缝的不断出现与发展，滞回曲线会呈现"捏拢"。"捏拢"现象表明每次加载时只需要很小的力就能使斜裂缝闭合，且表现出相当大的位移量，即出现了滑移，滞回曲线开始由梭形转变为弓形；发生剪一切破坏的构件，由于剪力的作用，斜裂缝不断涌现，砌体产生的滑移量随之增大，滞回曲线逐渐发展为反"S"形；当砌体滑移量增加更大时，滞回环 f 呈现出"Z"形。

各砖筒试件的滞回曲线如图 6-8 所示。由滞回曲线图发现，在最初的几个循环时试件在反复作用力下变形大体一致，滞回曲线均呈现明显的梭形，说明此时墙体基本处于弹性阶段，卸载后残余变形小，耗能小，刚度退化也不明显。当试件屈服后，试件的滞回曲线由梭形逐渐捏缩成反"S"形，此时墙体裂缝开始迅速发展，刚度下降明显，墙体进入弹塑性阶段，随着荷载的增大，墙体变形加快，墙体的滞回环也随着变形的增大变得更加饱满。

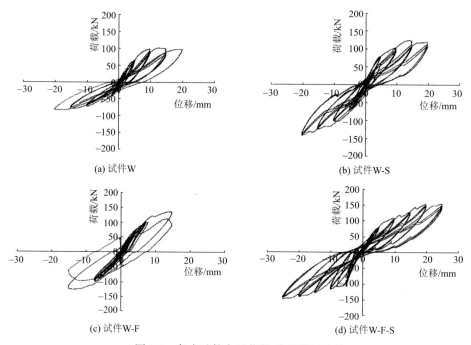

(a) 试件W (b) 试件W-S (c) 试件W-F (d) 试件W-F-S

图 6-8 各个试件水平荷载-位移滞回曲线

对比加固前后的墙体滞回曲线可知，加固墙体比未加固墙体的极限承载能力明显提高，加固后的墙体滞回环变得更加饱满，墙体的耗能能力也有所提高，说明钢箍加固对提高墙体的整体抗震性能效果明显。有楼板墙体的极限承载力和耗能能力均优于无楼板墙体。

2）骨架曲线

试件在低周反复荷载作用下，所得到的滞回曲线中每个滞回环的峰值点连在一起形成曲线，就是骨架曲线。骨架曲线是结构或构件在拟静力试验下所得到的滞回曲线的包络图，它能反映出砖筒在不同受力变形阶段的强度、刚度、延性及耗能能力等性能，是每级循环下荷载-位移滞回曲线达到最大峰值的轨迹。骨架曲线延伸越长，说明地震时墙体耗能能力越强。各试件的骨架曲线如图6-9所示。

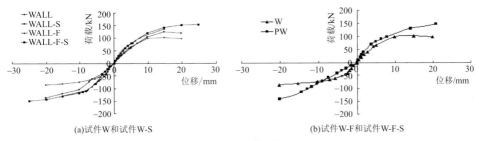

图 6-9　骨架曲线

有楼板墙体与无楼板墙体分别与对比试件在弹性阶段走势一致，且各个墙体的骨架曲线走势基本一致，表现为相近的发展规律。在加载初期，荷载-位移曲线近似为一条直线，此时试件处于弹性阶段。墙体开裂后，进入弹塑性阶段，荷载-位移关系逐步发展为弯曲线。墙体开裂时加固墙体的侧移角比未加固墙体略有提高，同时有楼板墙体开裂侧移角也略大于无楼板墙体。在水平荷载值达到最大后，曲线开始下降，墙体承载力降低，但变形仍有所增加。骨架曲线中有楼板墙体水平荷载达到最大值后，曲线并未下降，是因为试验时未加固有楼板墙体 W-F 在最后一级循环中裂缝开展迅速，且上半部与下半部发生错位，终止加载；而加固有楼板墙体 W-F-S 在最后加载过程中裂缝未有明显发展，而墙体绕中轴线转动，墙体侧移角过大而终止试验。

3）刚度退化趋曲线

墙体从发生开裂到最后破坏是由变形的大小来控制的。结构中又把发生单位变形所需要的荷载称为刚度，它是衡量试件抗震性能的又一个重要指标，在拟静力试验中通常用试件的刚度退化作为研究指标，刚度的退化是指结构的刚度随着循环次数的增加以及位移接近极限值而不断下降的现象，通常用割线刚度来分析刚度的退化，考虑到砌体结构的试验所采用的材料强度离散性很强，加上砌筑不均匀以及裂缝产生的随机性使得结构在两个方向的刚度不同，在试验过程中要综合考虑正反两个方向结构的不同反应。因此，在进行刚度计算时，取同一个循环中正反两个方向的荷载绝对值之和与位移绝对值之和的比值作为刚度值 K_i：

$$K_i = \frac{\left|+F_i\right| + \left|-F_i\right|}{\left|+X_i\right| + \left|-X_i\right|} \tag{6-4}$$

其中，F_i 为第 i 次循环水平荷载峰值或位移峰值所对应的荷载值，X_i 为第 i 次循环水平荷载峰值或位移峰值所对应的位移值，K_i 为第 i 次循环的割线刚度。

由数据计算分析如图 6-10 所示。

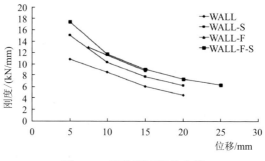

图 6-10　墙体刚度退化曲线

从图 6-10 可以看出：墙体开裂初始阶段，加固墙筒刚度均高于未加固的墙筒。在加载的最后阶段，发现围箍加固墙体和未加固墙体整体刚度相差不大，说明采用围箍加固的墙体的对于提高整体刚度并不明显。各个试件的刚度退化规律比较一致，随着位移的增加，刚度逐渐降低，开裂后试件的刚度退化速度明显较快，在接近最大承载力时，刚度退化的幅度趋于平缓。

4）延性性能

在拟静力试验中，延性是指结构、构件或构件的某个截面从屈服开始到达最大承载能力或到达以后而承载能力还没有明显下降期间的变形能力。延性又分为曲率延性、应变延性和位移延性三种，其中位移延性是结构延性最方便的表达方式，采用位移延性系数来表述。

延性系数定义如下：

$$\mu_\Delta = \frac{\Delta_u}{\Delta_c} \tag{6-5}$$

式中，Δ_u 为试件的极限位移；Δ_c 为试件的屈服位移，由于砌体结构中构件的屈服位移很难确定，取为构件的开裂位移；μ_Δ 为试件的位移延性系数。

拟静力试验是在低周反复荷载作用下完成，因此，位移延性系数的计算可以取骨架曲线上正、反两个方向的极限位移和开裂位移的平均值，简化公式如下：

$$u_\Delta = \frac{\left|\Delta_{+u}\right| + \left|\Delta_{-u}\right|}{\left|\Delta_{+c}\right| + \left|\Delta_{-c}\right|} \qquad (6\text{-}6)$$

其中，Δ_{+u} 表示正方向的极限位移，Δ_{-u} 表示反方向的极限位移，Δ_{+c} 表示正方向的开裂位移，Δ_{-c} 表示反方向的开裂位移。

将四个试件的延性系数结果列于表 6-3。

表 6-3　加固前后各墙体延性系数

试件编号	Δ_{+u} /mm	Δ_{-u} /mm	Δ_{+c} /mm	Δ_{-c} /mm	μ_Δ /mm
W	14.82	−15.22	4.32	−5.64	3.02
W-S	14.75	−15.27	4.92	−6.49	2.63
W-F	14.78	−15.18	7.31	−7.63	2.01
W-F-S	24.80	−25.19	4.20	−8.30	3.99

由表 6-3 可知，采用围箍加固后的墙体，其延性系数均比加固无楼板墙体和未加固有楼板墙体分别提高了约 51.7%、100%，说明围箍加固能提高震损后的墙体的塑性变形能力，当墙体再次遭遇地震时其整体的抗震性能得以提高。

5）耗能性能

结构主要通过其自身阻尼产生的非弹性滞回变形消耗地震能量。在低周反复荷载作用下，墙体的耗能能力一般是用荷载-位移滞回曲线中滞回环面积来衡量（图 6-11 所示的滞回环面积为 $S = S_{ABC} + S_{ADC}$）。滞回环面积越大表明墙体的耗能能力越强，其抗震性能越好。

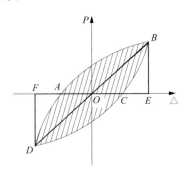

图 6-11　等效黏滞阻尼系数示意图

能量耗散系数 $\varphi = \dfrac{S_{ABC} + S_{CDA}}{S_{OBE} + S_{ODF}}$。能量耗散系数 φ 越大，说明在循环一周过程中试件吸收的能量就越多，试件的耗能性能和抗震性能越好；等效黏滞性阻尼系

数 $h_e = \varphi/2\pi$ 来判断墙体的耗能能力，等效黏滞性阻尼系数 h_e，也是判断结构耗能特性的一个参数，等效黏滞阻尼系数越大，则结构的耗能能力和抗震性能越好。S_{ABC}、S_{ADC}、S_{OBE}、S_{ODF} 如图 6-11 所示。试件在地震反复作用下吸收能量的大小，以滞回曲线包围的面积来衡量。各试件的滞回环面积、能量耗散系数和等效黏滞阻尼比系数如表 6-4 所示。

表 6-4　滞回环面积 S 和等效粘滞阻尼系数 h_e

试件	开裂 S/(kN·mm)	开裂 φ	开裂 h_e	极限 S/(kN·mm)	极限 φ	极限 h_e
W	85.08	0.3088	0.0491	1407.98	0.7715	0.1228
W-S	148.39	0.3895	0.0620	1477.61	0.8296	0.1443
W-F	209.02	0.2796	0.0445	1911.98	1.0731	0.1708
W-F-S	203.74	0.4373	0.0696	1946.03	1.1542	0.1823

分析表 6-4 中的数据可以发现：采用围箍加固的试件，其开裂荷载明显高于未加固的墙体，说明围箍提高了整体抗裂能力。在加载后期，未加固无楼板墙筒与未加固有楼板墙筒相比加固的墙筒，等效黏滞阻尼系数随着开裂位移的增加而增大明显，这是因为结构耗能以结构的损伤为代价，在加载后期未加固墙体裂缝迅速发展，但加固墙体整体性好，裂缝发展缓慢。采用围箍加固的试件，从开裂到极限破坏状态过程中，其滞回环面积、能量耗散系数以及等效黏滞阻尼比系数均比初始试件有所提高，说明围箍复合加固能提高震损砖砌体的耗能能力和抗震性能。

6.1.2　古塔模型小型振动台模拟地震动力试验

1. 地震模拟振动台试验特点

振动台试验是研究地震作用下结构破坏机理和破坏模式、评价结构抗震性能的重要手段。自 20 世纪 40 年代以来，世界上已经建设了几百座大型地震模拟振动台，它们的伺服系统多为电液式，少数为机械式、电磁式。电液式振动台精度高、响应快、功率大，适用于大型结构的地震模拟振动试验。电磁式振动台频带宽，波形好，控制方便，但负载能力较小。美国某三轴六自由度电磁式振动台，最大试验件重量为 2500kg，最大位移为 50mm，频率范围为 5～2000Hz。振动台设备系统与控制技术已经取得大量进展。基于数-模转换原理研制的数模转换器，实现了把计算机运算及处理的数字信号转换为模拟信号，随机振动功率谱再现实验的方法，使得计算机可以准确控制振动设备。但在控制算法的稳定性、收敛速度、控制精度等方面还需要继续研究。各种加速度、速度、位移传感器、高帧速相机等仪器设备的研发，可以采集记录模型结构振动响应参数及过程，借助专用软件对采集数据进行处理，可以得到结构的基本动力特性参数。在地震模拟振动台试验研究过程中，由于试验时间和经费等因素限制，导致试件数量偏少、试验结果分析比较难度大。如何有针对性地进行大批量振动试验研究，找出各影响因素之间的相关性，有待进一步研究。

由于对砖石古塔结构的抗震理论分析不够充分，往往不能全面反映结构在地震作用下的反应状态。对结构进行模态分析时，仅能得到振型及相应的频率等少数基本特性，无法得到在特定地震波作用下的结构动态反应与动力特性变化。地震模拟振动台的整体模型试验是再现地震动观察结构地震反应、薄弱部位、损伤机制、破坏机理的有效手段。

小型振动台由于载荷能力小，只能对小比例模型结构进行试验，寻找原型结构与试验模型结构的相似关系极具挑战性，研究目标与内容受到限制。通过对小比例砖塔模型结构进行小型振动台模拟地震振动试验研究，针对某一试验目标进行多批次振动试验，对所观测记录到的试验现象进行分析比较，可以大幅降低试验费用，可取得部分符合研究目标的试验成果，为提高古塔结构分析评价技术，提供科学依据和技术支持。

2. 设备平台特性与技术参数

图 6-12 所示为振动台地震振动模拟系统。振动台作为控制器的执行机构，是振动环境模拟的物理基础与实现载体。小型电磁式振动台由台体及支撑装置、驱动线圈及运动部件、运动部件悬挂及导向装置、电荷放大器、综合振动控制仪等组成（图 6-13）。振动台的电磁激振器结构如图 6-14 所示，其构造特点决定了经过专门设计的振动台，适合精确模拟小比例模型的地震振动试验，可满足试验所需精度与相关技术指标要求。

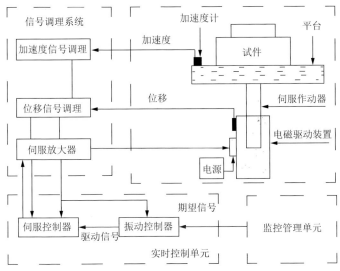

图 6-12 地震振动模拟试验系统

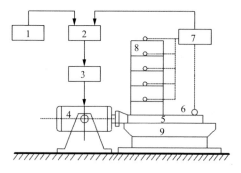

图 6-13　振动台组成系统

1. 信号发生器；2. 自动控制仪；3. 功率放大器；4. 电
磁激振器；5. 振动台台面；6. 测振传感器；7. 振动测量
记录系统；8. 试件；9. 台座

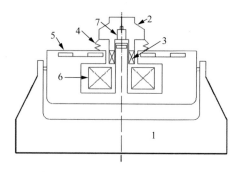

图 6-14　电磁激振器结构示意图

1. 机架；2. 激振头；3. 驱动线圈；4. 支撑弹簧；
5. 磁屏蔽，6. 励磁线圈，7. 传感器

　　由于缩尺小比例模型的各阶自振频率通常比原型结构的频率要大若干倍，为保证模型结构能够在根据相似关系修改的地震波振动作用下被有效激励，振动台工作频带的上限频率应该比大型电液式振动台有所提高，以不小于 200Hz 为宜。振动台工作频带的下限频率可不大于 0.1Hz。振动台工作频率精度为 0.01Hz。根据电磁式振动台工作原理及相关支撑技术，这些技术指标较易得到满足。比如，既有研究成果表明采用双磁体驱动结构，振动台下限频率可小于 0.01Hz。为了满足振动试验时再现地震波的需要，应保证振动台幅频特性波动应在 ±3dB 以内。驱动线圈及运动部件、台体及支撑装置是振动台的核心部件，除了需提供安装试件及进行振动试验的强度和刚度外，还要保证其自身自振频率不小于 500Hz，确保其固有振型不会在工作频段间被激发出来。台体自振频率可按式（6-7）计算分析。

$$[K]\{\phi_i\} = \omega_i^2[M]\{\phi_i\} \qquad （6-7）$$

式中，$[K]$ 为刚度矩阵；$\{\phi_i\}$ 为第 i 阶模态的振型向量；ω_i 为第 i 阶模态的固有频率；$[M]$ 为质量矩阵。

　　振动台台面尺寸规模由结构模型的最大尺寸来决定。台体自重和台身结构与承载试件的重量及使用频率范围有关。模型重量和台身重量之比以不大于 2 为宜。振动台基础的重量一般为可动部分重量或激振力的 10～20 倍以上，这样可以改善系统的高频特性，并可以减小对周围建筑和其他设备的影响。振动台应能提供垂直+水平振动，以满足三向六度模拟地震振动需要。振动台最大加载重量应根据激振器功率确定。从经济角度出发，应将模型重量控制在 100kg 以内，满载条件下的最大加速度值应不小于 2g，最大位移可控制在 ±30mm，以实现高性价比的小比例模型地震模拟振动试验。

3. 古塔的原型特征

试验主要以四川省镇国寺塔（图 6-15）为参考原型制作出一个具备总体特性的典型缩尺方形砖塔模型。塔身为密檐式十三层四方形砖塔，高 28.34m，基座边长10 米，体型比较规则，呈正方形。全塔外檐叠涩砌砖达十三层，檐下原有各种佛、菩萨、宝塔、孔雀和飞天浮雕等，现已部分脱落，塔内有五层塔室，可沿蹬道盘旋至顶。此塔采用条砖和方砖对缝，黄泥白灰砂浆黏合的砌筑方法，并以扁铁做强筋，增强了其整体抗震性能。经 2008 年"5·12"大地震之后，现存的镇国寺塔塔基大部残损，塔檐多处损伤，东侧第十一、十二层残损、坍塌严重，但形制清晰可辨，塔刹掉落，原制不详，根

图 6-15　彭州镇国寺塔

据激光全站仪扫描塔体得出的三维数据结果分析得出，塔体向北侧轻微倾斜，平均值不大于 60mm，塔基未发现明显的下沉，塔身局部出现 45°裂缝，砖表面白灰脱落严重。

4. 模型相似关系的确定

常用的相似关系确定方法有方程分析法和量纲分析法两种。本次试验采用量纲分析法，量纲分析法的原理是相似定理，其原理主要是先确定 3 个不相关的量，然后根据量纲推导出其它所有量纲。相似理论是模型试验的基础，通常进行模型结构试验的目的是从模型结构的结果分析来推测原型结构的动力性能。本次模型以镇国寺白塔为原型，采用相似比为长度相似常数 1/40，由于材料采用黏土砖密度相等相似常数为 1，应变相似常数设为 1，从而可以计算其余各量纲。

从材料特性、几何特性、荷载特性、动力特性来描述试验模型的相似关系。

（1）材料特性如式（6-8）所示：

相似关系式：$S_\varepsilon = 1, S_\rho = 1, S_\sigma = S_{E'}$　　　　　　　　　　　（6-8）

从而模型的参数为 $S'_\varepsilon = 1, S'_\rho = 1, S'_\sigma = S_\varepsilon 1/40, S'_E = S_\varepsilon 1/40$

（2）几何特性如式（6-9）所示：

相似关系式：角位移 $S_\beta = 1$，线位移 $S_x = S_l, S_A = S_l^2$　　　（6-9）

从而模型的参数为 $S'_l = S_\varepsilon 1/40, S'_A = S_\varepsilon 1/1600, S'_X = S_\varepsilon 1/40$

（3）荷载特性如式（6-10）所示：

相似关系式：集中力 $S_F = S_\sigma S_l^2$，面荷载 $S_p = S_\sigma$，线荷载 $S_q = S_\sigma S_l$　　（6-10）

从而模型的参数为 $S'_F = S_\varepsilon^3 1/64000, S'_p = S_\varepsilon 1/40, S'_q = S_\varepsilon^2 1/1600$

（4）动力特性：如式（6-11）所示

相似关系式：

质量 $S_m = S_\rho S_l^3$，面荷载 $S_v = S_l^{1/2}$，线荷载 $S_c = S_E S_l^{3/2}$，

时间 $S_t = (S_m / S_k)^{1/2}$，频率 $S_f = 1/S_t$，刚度 $S_k = S_\sigma S_l$ 　　（6-11）

从而模型的参数为

$$S_m' = S_\varepsilon 1/64000, S_v' = S_\varepsilon 0.158, S_c' = S_\varepsilon 0.0001,$$
$$S_t' = S_\varepsilon 0.158, S_f' = S_\varepsilon 6.329, S_k' = S_\varepsilon 1/1600$$

5. 模型制作与组装

缩尺模型的制作与实际相比存在较大施工难度，所以对模型实施简化处理，模型简化为五层的砖塔，并忽略了塔刹尖部和楼梯及底层的基台；将拱券形的门洞窗简化为矩形门窗洞口，内穹顶简化逐层收分的实体结构。

试验分别采用了 20mm×20mm×5mm，20mm×15mm×5mm 和 20mm×10mm×5mm 三种尺寸的小砖块。为了减少重力失真效应的影响，需要进行配重。考虑各层楼板自重及 50% 的活荷载的重量，且楼板几何尺寸的限制，综合考虑采用配重约为 1.25kg、高与直径均为 5cm 的实体铅块分别置于各层楼板前，放置时需准确定位在各层楼板的中心位置，尽量减小配重产生的偏心效应。将黏土平整压实铺于模具中，放在 100℃烘箱中烘制 6h 左右。模具是用激光雕刻机雕刻，将 4mm 厚透明的有机玻璃雕刻出相应的几何尺寸，这样可以有效的砌筑出各层墙面的垂直精度。为了保持砖和砂浆各自的性能，将烘干后的黏土砖块表面用防水剂进行处理后，待砖块表面干燥后用来砌筑模型。将砌筑好的各层模型在振动台台面上进行组装，组装前要先将模型各层的重量及铅块的重量称出，并且把预先打孔的 6mm 厚铝板通过螺栓固定在振动台台面上，模型的基座和附加铅块通过热熔胶分别固定于铝板和各层楼板中心处，如图 6-16 所示组装实体模型。

图 6-16　实体模型

6. 小比例模型试验方案

根据研究目标，采用以下试验方案：

（1）综合考虑原型结构与振动台台面频率范围、最大位移、速度和加速度、台面承载能力的输出能力，设计小比例试件。

（2）数值模拟分析试件动力特性，核查振动台台面特性曲线是否满足试验要求。

（3）根据试验目标制订试验程序与加载方案，确定结构动力特性试验、地震动力反应试验和量测结构不同工作阶段（开裂、屈服、破坏阶段）自振特性变化等试验内容。

（4）加工制作试件，定位安装。

（5）选择合适的数据采集系统和振动台系统，布置加速度传感器、位移计和应变片传感器，以获取与试验相关的各种数据。

（6）在试件上设置若干标记点，以便对记录的影像资料进行追踪分析。

（7）研究制定振动台试验安全措施，保证试件在模拟地震作用下将进入开裂和破坏阶段试验过程中人员和仪器设备的安全。

7. 控制设备

图6-17为某小型电磁式振动台系统。该振动台台面负荷可达20kg，水平驱动荷载达30kg，加速度达3g。振动台控制需要通过计算机、控制仪、信号发生器、数据采集仪、电荷放大器等设备来实现。计算机配置注意与软件操作环境相匹配，接口便于与控制仪通信。信号发生器的模拟信号输出接口（D/A），应通过双BNC电缆线直接与功率放大器连接。功率放大器通过放大电流将输入电信号放大，为激振器提供所需的推动力。电荷放大器应具有电荷放大、电压放大、低通滤波和积分的功能，既可放大控制振动台的压电加速度传感器信号，又可将输出的电压模拟信号可直接输入到振动台控制和信号采集仪。

(a) 台体运动支撑部件与驱动系统　　　　　　　　(b) 控制系统

图6-17　电磁式振动台系统

8. 数据采集装置以及传感器布置

1）高速相机

高速相机可记录模型在振动中破坏的详细过程，便于回放研究模型结构振动响应。小比例模型的高阶频率有的可达约 150Hz，当相机的帧频不小于高阶振型频率的 5 倍时，可以清晰地记录到高阶振型每个振动周期反应过程，便于后期研究时识别出结构的动态反应细节。因此，用于记录振动试验影像的高速相机，其帧频不小于 1000fps。

2）传感器

拾取模拟地震振动数据的振动传感器，在出厂前会校准并标明其灵敏度、频响曲线、线性动态特性、横向灵敏度、温度响应等指标：灵敏度误差±0.5%；灵敏度稳定度为±0.5%/年；质量对灵敏度的影响为±0.2%/100g；频率响应和相对运动灵敏度变化–2%；灵敏度变化为±4%；幅值线性度变化为±0.1%/1000g；横向灵敏度比 3%；应变灵敏度为 0.001g/με。使用振动传感器时，需校准灵敏度与频带。使用正弦波作为校准激励信号可获得精确的校准结果，利用白噪声波等随机波作为校准激励信号可得到频带宽度的校准结果。

根据实际情况，每层需要布置传感器，其中台面上布置的压电式传感器，命名为测点 1，与其对应连接的数据采集通道是 1；其他传感器均为 ICP 加速度传感器分别设置在一层、二层、三层、四层、五层模型靠近楼板面处。另外，分别在五层的 E 和 W 面布置了相反方向的传感器，以测量扭转情况。测点布置如 6-18 所示。

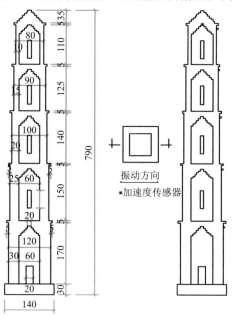

图 6-18　测点布置图（mm）

9. 地震输入信号预处理

结合原型结构的场地情况、设防烈度以及结构自身的特点，选取不少于两条实际记录和一条人工模拟的加速度时程曲线作为台面输入地震激励。试验初步选用了三条地震波作为激励模型的荷载输入，试验发现用 El Centro 波和上海人工波对样品模型进行了弹性阶段测试，由于弹性阶段反应较小，都未能将模型激励起来，这样不利于找寻地震损伤对古塔破坏的规律及特点。采用汶川什邡八角地震波对样品模型的测试结果则较为理想，因此，试验选用在弹性阶段反应较大的什邡八角地震波对模型结构进行振动台的后续激励波。当需要模拟输入实际地震波原始记录数据时，需将所需要输入振动台的地震波源源文件，用 Seismosignal 等软件加以滤波和修正处理，根据设定的相似关系调整采样频率，修改地震波。将地震波 TXT 文件转换成振动台控制系统所需的输入数据格式。

10. 振动台特性矫正与参数控制

在振动台系统操作软件中，确定控制采样频率（Hz）、控制自由度数、控制方式、频率分辨率、量纲单位、标定系数等，然后把这些试验参数保存在该控制项目内。其中，频率分辨率按式（6-12）确定，标定系数按式（6-13）计算。

$$\Delta f = \frac{采样频率}{2 \times 频域谱线数} \qquad (6\text{-}12)$$

$$控制值_j = \frac{标定值_2 - 标定值_1}{电压_2 - 电压_1}(电压_j - 电压_1) + 标定值_1 \qquad (6\text{-}13)$$

读入地震波文件，定义所需要的信号文件，为避免激振过于强烈与方便试验观察，修改控制幅值。读入"期望控制信号"，把读入的信号分成不同的控制组，分别控制。在系统控制软件中查看时程曲线和频谱曲线。调整电荷放大器上的低通滤波到需要控制的范围。在系统操作软件中设置识别参数，生成白噪声，对振动台进行同步识别，通过同步操作前后白噪声的特征曲线与相位是否重合来判别是否同步。

图 6-19 为试验选定的实际地震波，图 6-20 为计算机控制系统生成白噪声。图 6-21、图 6-23 所示，两次相同的白噪声未重合，相位曲线也波动很大，不能用来进行试验，否则迭代误差过大。图 6-22 所示的白噪声，其相位曲线为某一定值（图 6-24），说明控制系统已同步。

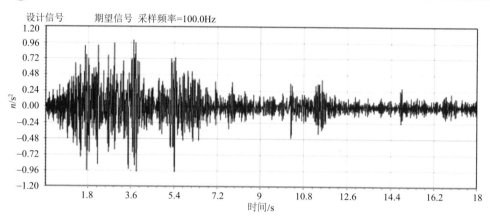

图 6-19　输入的实际地震波形

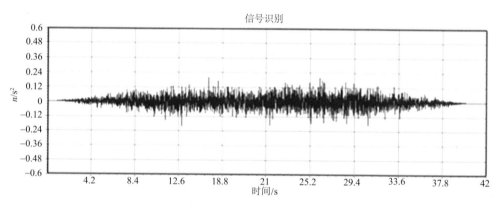

图 6-20　生成的白噪声

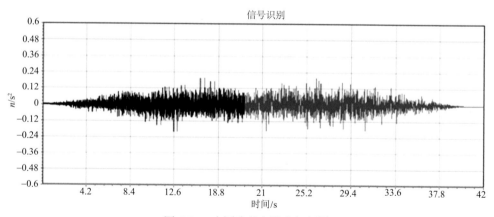

图 6-21　未同步的白噪声扫频图

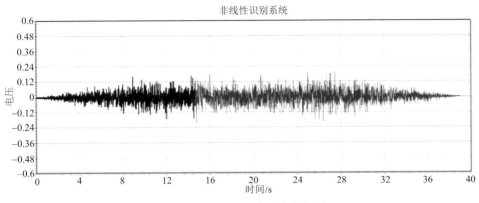

图 6-22　已同步的白噪声扫频图

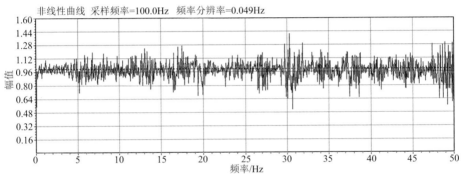

图 6-23　未同步的相位

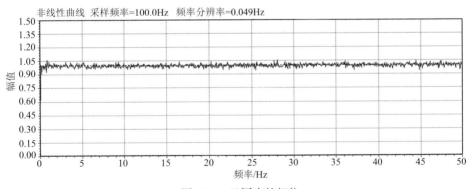

图 6-24　已同步的相位

　　将振动台反馈回来的白噪声，进行系统转换功能，根据试验模型及地震波特点，删除不需要的频率范围；对非线性曲线进行平滑处理，乘相干函数，用相干函数加权处理可弥补非线性识别曲线的不足，抑制较差的相干特性，得到图 6-25 所示补偿函数曲线。

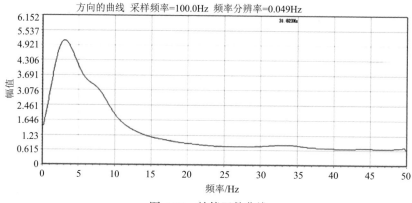

图 6-25　补偿函数曲线

11. 驱动信号生成与修正

根据系统的非线性曲线对期望控制信号进行修正，经多次迭代补偿以后，得到误差比较小的控制驱动信号。迭代过程可对不同组的控制信号分别进行迭代补偿，补偿过程可进行若干次，迭代次数要视迭代结果期望信号与响应信号之间的误差确定，若平均误差在 5% 以内，呈现减小趋势，且平均分贝不再变化，迭代的结果即可保存为最终的驱动信号。迭代最大误差的计算方法式（6-14）：

$$ERR_{\max} = [X_n(t) - X_{n-1}(t)]_{\max} \qquad (6-14)$$

平均误差的计算方法式（6-15）：

$$ERR_{\mathrm{avg}} = 0.8 \frac{\int_0^T \left[X_n(t) - X_{n-1}(t)\right]^2 \mathrm{d}t}{\int_0^T \left[X_n(t)\right]} + 0.2 \frac{\left|\left[\varepsilon_1(t)_{\max}\right]\right|}{\left|X_n(t)_{\max}\right|} \qquad (6-15)$$

进一步修正驱动信号，使初始值为零，可避免试验时，模型产生突然振动。图 6-26 为某试验的初始驱动信号，其初值非零值，但数值较小，对模型产生的影响可忽略。对其进一步修正后，获得的完整驱动信号如图 6-27 所示。

12. 振动加载试验

根据试验目标制订加载试验方案，进行激振试验，量测台面和结构的加速度反应。通过传递函数、功率谱等频谱分析，求得结构模型的自振频率、阻尼比和振型等参数。自振频率选择原则是传递函数的虚部为峰值，实部为拐点。通常采用分级加载试验程序，以方便观测试件在不同强度等级地震作用下的地震反应：测定结构在各试验阶段的各种不同动力特性；振动台台面输入振动信号，使结构产生开裂；加大台面输入的振动信号，使结构产生中等程度的开裂；加大台面输入的加速度幅值，使稳定结构变为机动结构，稍加荷载，裂缝进一步发展并贯穿

001-008	0.076254	0.446082	0.002109	-0.011646	0.3051	-0.407817	0.29687	-0.492644
009-016	0.599912	-0.697617	0.604106	0.328527	-1.1126	0.134134	1.14966	-0.815216
017-024	-0.099642	-0.278079	0.741621	-0.673164	-0.063336	0.433661	-0.062283	-0.479495
025-032	0.187626	0.479165	-0.561943	-0.473056	0.141174	0.847224	-0.974209	-0.311937
033-040	1.39842	-0.231526	-1.27084	0.904615	0.351315	-0.432077	-0.686914	0.245792
041-048	0.628352	-0.276353	-0.244006	-0.618401	0.592422	-0.576542	0.069629	-0.145314
049-056	-0.564633	1.30791	-1.01932	0.48177	0.86018	-1.52451	0.768312	0.670239
057-064	-0.312843	0.174283	-1.07546	1.81739	0.985721	-2.01005	0.87599	0.098494
065-072	-1.21731	0.755691	0.845627	-1.63587	-0.176435	0.153801	0.672078	0.950012
073-080	-1.9732	0.405307	1.58269	-1.3225	-0.030909	-1.10616	0.1021	0.714631
081-088	-1.04116	1.16815	-0.132055	-1.10538	0.591467	-0.143764	0.493714	0.991385
089-096	-0.47985	0.014623	1.30773	-0.965277	-2.27445	1.88614	1.73362	-2.7344
097-104	-0.690117	1.97675	0.355557	-1.68132	2.18691	1.22009	-1.58065	-0.204292
105-112	-0.371916	-0.503763	1.48719	-0.553082	-1.21203	2.51271	0.314341	-1.79319
113-120	1.07294	0.887903	-1.6037	-1.95861	1.5686	2.53208	-3.10248	-1.90616
121-128	0.581356	0.063879	-0.652239	0.79293	-2.20122	-0.217825	3.68992	1.24155

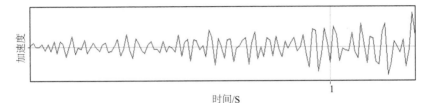

图 6-26　修正前的驱动信号

001-008	0	0.0896	0.191668	0.3562	0.4659	0.528672	-0.0872851	0.422207
009-016	-0.0984446	0.228775	0.794017	-0.0898491	-0.186818	0.618884	0.270443	0.244566
017-024	-0.165946	0.231133	0.0813331	-0.217571	0.122305	0.283231	-0.0394034	-0.136131
025-032	0.352889	0.174331	-0.331951	-0.365179	0.326827	-0.144215	-0.587936	0.385535
033-040	0.34349	-0.338274	0.112961	0.50965	0.311654	-0.0921379	-0.201923	0.364400
041-048	0.359543	0.284992	-0.359491	-0.100501	-0.458048	-0.480796	-0.494575	-0.94264
049-056	-0.0837408	-0.735028	-0.592122	0.406845	-0.771253	-0.438054	0.275661	-0.209435
057-064	0.136516	-0.74654	0.241838	1.00631	-0.379249	0.539151	0.880998	-0.232872
065-072	0.354438	1.15214	-0.206913	-0.280257	0.0221329	-0.0888537	0.768779	-0.490221
073-080	-0.309635	0.874562	-0.178286	-0.336273	-0.544137	-0.390163	-0.084577	-0.944215
081-088	-0.318679	0.0365031	-1.09853	-0.589316	-0.672739	-0.627903	0.279619	-0.186536
089-096	-0.186026	0.765482	0.0535282	-1.22345	0.116478	1.01528	-0.906816	-1.09331
097-104	0.250722	-0.24004	-1.38279	0.298546	1.00722	-0.193903	0.390717	0.297659
105-112	-0.433607	0.529458	0.339344	-0.866589	0.989004	1.01548	-0.170841	1.17652
113-120	1.76285	0.589619	-0.0784194	1.20221	2.28818	0.390219	-0.277432	0.65913
121-128	0.139468	-0.597276	-0.0124031	-1.2564	-1.41297	0.472397	0.535347	-1.13656

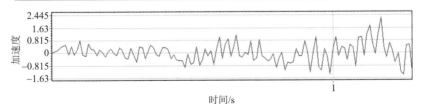

图 6-27　修正后的驱动信号

整个截面，但结构还具有一定的承载能力；继续加大振动台台面的振动幅值，使结构变为机动机构，稍加荷载就会发生破坏倒塌。

整个模型试验加载主要分为以下三个阶段组成：

（1）测试模型动力特性阶段。使用白噪声扫频法来测试模型结构损伤前后的动力特性，主要测定模型 X 方向的频率。每次对模型加载前后均用白噪声测试模型各个阶段的动力特性；

（2）弹性阶段。主要按照小量级递增加载的方式，来实现激励振动台台面的模型，控制电压幅值从 0.1V 的加载级数开始，输入 X 方向什邡八角地震波，如果观察到地震反应不明显，可以适当调整电压幅值，但后续加载依次按 0.1V 的级差进行加载，将各测点的加速度反应和位移反应进行比较分析，最终确定出模型结构反应最大的 X 方向什邡八角地震波作为激励波；

（3）弹塑性破坏阶段。为了避免增大级差的加载，导致加速度过大，使模型突然震坏。后续试验采用 0.1V 的级差进行加载，拍摄并观察模型结构开裂及破坏过程，对每次加载后模型结构出现的裂缝及其延展及时做好标记；试验以加载到 X 方向什邡八角地震波峰值加速度时停止加载或者是观察到模型明显断裂破坏时停止加载。

13. 试验现象与分析

振动系统的控制信号及拾取反馈信号、试验数据可以采用振动台生产厂家提供的系统软件 Vib Control+Vib SQK 进行分析处理。试验结果数据也可以基于 MATLAB 自行编程处理。对高速相机记录的影像资料可采用 ProAnalyst 等专业软件提取和测量运动数据、规律。

1）试验现象及初步分析

试验前要在墙体上做好合适的标记，以便对后续的图片捕捉，更好的进行分析弹塑性破坏形态分析。当仪器第三次加载时加速度峰值为 $0.381m/s^2$，第四、五层墙体窗口附近产生了几处细小裂缝，其他各层无明显变化。随加速度的增大，模型破坏越严重。模型结构的每层门窗洞口角部破坏最为严重，横向裂缝破坏程度较竖向裂缝更为严重，其中横向裂缝以各层窗口附近横断面断裂为主，竖向裂缝多沿着砂浆灰缝成锯齿状破坏，符合砌体结构的破坏规律。

当加速度峰值达到 $5.70m/s^2$ 时，破坏状态更明显。试验的整个过程均用高速摄像机对模型拍摄，摄像机记录峰值加速度时运动情况如图 6-28 所示。

图 6-28　峰值加速度（$5.70m/s^2$）破坏情况

由图 6-28 可以看出，断纹和断裂主要产生在洞口处，这是因为墙体开洞削弱了墙体整体的刚度，洞口处于刚度薄弱地方，在水平地震波反复作用下，洞口处出现了应力集中现象。随着电压荷载时间的增加，位于五层窗口上沿处的裂纹在地震波作用下，裂缝从一侧发展到另一侧，渐渐形成了横断面，并且发生了部分扭转偏移。

2）动力特性分析

由于电磁式振动台是通过控制电压增量来实现振动试验所需的加速度加载步增量控制，试验过程呈现出加载电压、加速度与模型结构动力特性变化关系。试验主要采用频域识别法对模型结构进行动力特性分析。每个工况加载前均输入电压为 1V，频率范围为 0 ~ 200Hz 的白噪声，然后进行数据采集。对采集的时域信号作低通滤波处理，主要是为尽了减少周围噪声及交流电的干扰。试验测得模型的前三阶频率其相应的如图 6-29 所示。

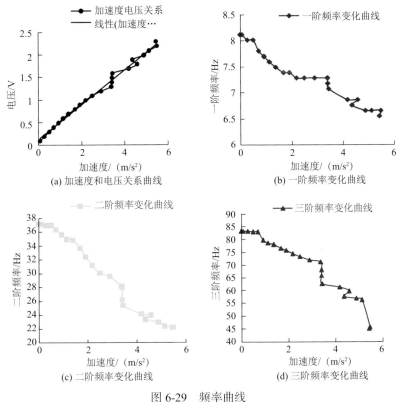

图 6-29　频率曲线

由频率曲线图 6-29 可以看出，驱动信号的电压与实测加速度峰值大致呈线性关系，说明了利用逐级增大电压来间接增大加速度的加载制度的同步性；随着地震波加速度峰值的增大，结构的自振频率呈明显下降趋势，且弹性阶段低阶频率下降速率明显超过高阶频率，而结构进入弹塑性阶段时高阶频率下降速率明显快于低阶频率。由于弹塑性阶段整体结构刚度退化较快，频率及电压出现较大的离散不规则性。

3）加速度反应

试验过程中在每次电压加载后，模型与其对应的各层加速度峰值与台面加速度峰值关系曲线如图 6-30 所示。由图可知，模型破坏前在 X 方向的加速度反应峰值大致呈线性增长，结构开裂后对模型再次加载时，其各层的加速度陡然增大，且在后续的激励过程中，加速度峰值时大时小。可能因模型已经破坏，整体结构呈松散状态。

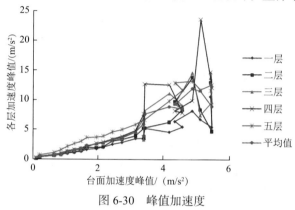

图 6-30　峰值加速度

4）动力放大系数和层间位移：

试验提取了什邡八角地震波各模型弹性及弹-塑性阶段的动力放大系数，如图 6-31 所示。从模型各层动力放大系数曲线图可看出，模型层数越高，放大系数越大。加载开始时动力放大系数随着输入加速度峰值的增大均有减小的趋势。加载至工况 4 之后，主要因为随着地震作用程度的增大，结构出现不同程度的破坏，因此动力放大系数出现波动，但总体上呈减小趋势并趋于缓和。

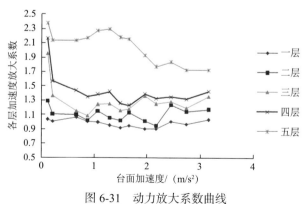

图 6-31　动力放大系数曲线

X 方向的层间位移角取同一时刻测量。模型在结构开裂前的弹性阶段层间位移角均较小，且不稳定，但总体随地震作用程度的增大而增大，层间位移角如图 6-32 所示。

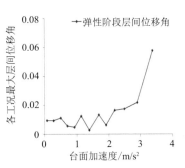

图 6-32　层间位移角曲线

综上所述，关于小比例建筑结构模型振动台试验分析可以得出如下结论：①小比例模型各阶自振频率通常比原型结构要大，选择并配置好电磁式振动台的软件与硬件系统，可以充分发挥这类振动台频带宽与波形好的特点，较好地模拟地震作用。当对试验振动台有超低频

要求时，可采用双磁体结构驱动装置，大幅降低振动台频带下限到 0.1Hz，同时提高频响精度达到 0.01Hz。②振动台自身结构特性会引起所输入地震波激励发生畸变，使得台面输出振动激励失真。通过对输入信号进行非线性修正，可以使振动台台面输出所期望的地震激励信号。③分级加载试验会造成试件结构内部损伤的不断累积，影响构动力特性测试结果的准确性。对于这一影响通过对同一批次模型的一次加载试验结果进行比较评价。累积损伤严重时会引起模型动力特性变化加大，因而也就需要对系统重新识别，得到新的驱动信号。④对输入地震波进行滤波修正，可以滤除地震原波记录中的噪声。选择合适的相似比，调整输入地震波的采样频率，可以有效地激励小比例模型使其动力特性充分表现出来。⑤选择帧频较高的高速相机记录振动试验的影像资料，通过慢放与运动追踪专用软件，可方便研究试件破坏的时序特征与演变规律，研究试验结构在地震作用下的动态反应规律。⑥小比例模型试验所得到的周期、阻尼、振动变形、刚度退化、能量吸收能力和滞回特性等，对于定性研究原型结构的动力特性具有较大帮助，但是对定量研究原型结构的动力特征难度较大，但仍具有一定借鉴作用。

6.2　古塔有限元模拟分析技术

6.2.1　概述

有限元法是目前工程技术领域中实用性最强，应用最为广泛的数值模拟方法之一。随着计算机技术的飞速发展，有限元模拟分析技术在古塔研究中得到了不断的提高。从最初的多质点悬臂杆结构模型，到平面有限单元模型，再到最新的三维空间有限单元模型。针对不同的对象，国内外众多学者也提出了相应的假设和模型简化，在假设和简化的基础上进一步进行有限元分析，得到了较为理想的模型。目前，对于古塔模型的弹性动力学分析，研究较为广泛、成果比较丰富。然而，古塔结构自身内部构造较为复杂，裂缝、局部破碎、材性裂化等各种损伤普遍存在，导致古塔在地震作用下的动力反应呈现出明显的非线性特征，对古塔进行弹塑性动力学分析研究成果尚不多见。

6.2.2 建模方法

1. 各类建模方法的特点与适用性

（1）理论方法：通常是将塔体结构简化为离散参数模型和分布参数模型，建立相应的振动方程。适用于对结构布置较为规整、刚度逐层或逐段变化的砖石古塔。

（2）文献资料提供的实用参考方法：由国内的学者进行研究提出的一些简化方法，以建立出分析动力模型。适用于因建造年代久远而难于获得设计和施工方面的原始资料，且难于确定材料物理性能及残损状况的砖石古塔。

（3）经典理论、测试数据、计算机模拟分析相结合的建模方法：在参数测试、动力实测的基础上，用计算机模拟各参数的影响并调试选优出合适的模型参数，最终获得准确的古塔动力特性分析模型。适用于难以在动力特性初始建模中一次性难以确定模型参数的砖石古塔。

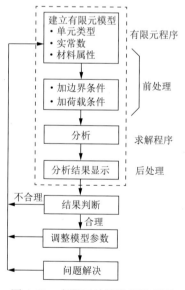

图6-33 有限元计算分析流程图

2. 建立有限元分析模型流程

有限元计算分析过程主要由三部分组成，即前处理、求解和后处理。具体流程图如图6-33所示。

3. 有限元模型的材料本构关系与破坏准则

1）塔体结构

砌体结构是由砌块、砂浆和胶结面组成的三相体，砖砌体为弹塑性材料。随着荷载的增加，变形增长逐渐加快。在接近破坏时荷载很少增加，变形急剧增长。砌体结构的本构关系国内外学者已经做了大量研究，提出了砌体受压的应力-应变曲线的不同表达式。其中包括对数函数型、多项式型、直线型、指数型和有理分式型等，目前还没有一种本构关系能够描述砌体整个受力过程。

根据国内外资料，应力-应变关系曲线可按下列对数规律采用：

$$\varepsilon = -\frac{n}{\varsigma}\ln(1 - \frac{\sigma}{nf_m}) \qquad (6\text{-}15)$$

式中，ς 为与块体类别和砂浆强度相关的弹性特征值；n 为为 1 或略大于 1 的常系数，西安建筑科技大学和湖南大学的实验结果表示 n 可取不大于 1.05，湖南大学资料建议取 $n=1.0$；f_m 为砌体轴心抗压强度平均值。

$$f_m = k_1 f_1^a (1 + 0.07 f_2) k_2 \qquad (6\text{-}16)$$

式中，f_1 为块体（砖、石、砌块）抗压强度等级值或平均值，MPa；f_2 为砂浆抗压强度平均值，MPa；K_1、a、K_2 为系数，按规范取值。

砌体的应力-应变曲线一般可以分为四个阶段，第一阶段砌体主要处于弹性阶段；第二阶段砌体内裂缝不断发展；第三阶段荷载达到峰值，随着变形不断增加，新裂缝不断出现，承载力急速下降；第四阶段随着应变的进一步增加，应力降低的速度减缓，应力-应变曲线趋于水平，直到极限压应变。

考虑分析年代久远的砖石古塔，忽略砌体的下降段和水平段。在砌体的弹性阶段（$\sigma = 45\% \sim 50\% \sigma_{max}$），取应力 $\sigma = 0.43 f_m$ 作为比例极限值，取应力 $\sigma = 0.9 f_m$ 作为应力峰值，砌体本构关系如图 6-34 所示。

结构动力弹塑性分析中的几个主要难点：①往复循环加载下，砌体的滞回性能；②砌体从开裂直至完全压碎退出工作的全过程中出现的刚度退化；③人为控制砌体裂缝闭合前后的行为，以模拟循环荷载下的刚度恢复效应。

砌体塑性损伤断裂模型，其核心是假定砌体的破坏形式是拉裂和压碎，砌体进入塑性后的损伤分为受拉和受压损伤，分别由两个独立的参数控制，以此来模拟砌体中损伤引起的弹性刚度退化。砌体受拉（压）塑性损伤后卸载反向加载受压（拉）的刚度恢复也分别由两个独立的参数控制。

采用复合材料力学发展起来的砌体等效体积单元法，把古塔砖砌体视为周期性复合连续体。砌体本构模型如图 6-35 所示。采用 Von Mises 双线随动强化准则，对模型参量进行定义。取砖石古塔的阻尼比 $\zeta=0.03$。

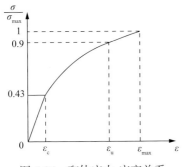

图 6-34　砌体应力-应变关系

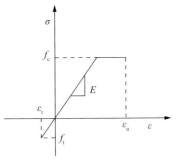

图 6-35　砌体本构模型

2）地基

经大量研究资料证明，地基的变形对刚性结构的动力特性及地震反应影响较大，对高层古建筑之类的柔性结构影响一般为 10%～30%。

地基的弹性本构关系分为线弹性本构关系和非线性弹性本构关系，线弹性本构关系即按一般的弹性力学，应力-应变关系服从广义胡克定律。非线性弹性本构关系是弹性理论中广义胡克定律的推广，按推广中采用的基本假设不同，可分为变弹性模型、超弹性模型和次弹性模型。次弹性模型，即从整体上看应力-应变关系是非线性的，但在小应力应变增量的范围内，应力-应变关系可以看成是线性的，可以利用弹性力学的公式。土的线性弹性模型和非线性弹性模型主要有：

（1）工程设计常用方法：以弹性理论为基础进行土体的应力分布和变形计算方法，就是应用弹性力学的公式计算变形，计算中采用的土基本参数是土的压缩模量 E 和泊松比 υ。

（2）$E\text{-}\upsilon$ 模型：此模型是用切线模量取代弹性参数的增量法。例如用切线模量 E_t 和切线泊松比 υ_t 代替弹性模量 E 和泊松比 υ。邓肯-张模型（Duncan-Chang）就是典型的 $E\text{-}\upsilon$ 模型。

（3）K-G 模型：在三维受力状态下，土的球应力 P 和偏应力 q 作用下的应力-应变关系可以通过等向固结试验和等 P 剪切试验直接、独立而且较准确地做出测定，因而能建立表示平均应力和体应变和剪应变增量关系的 K-G 模型。

以弹性模量 E 和泊松比 υ 为基本参数表示 $E\text{-}\upsilon$ 模型。获取土样基本参数的试验是常规三轴试验，根据垂直方向应力与应变 $(\sigma_1-\sigma_3)\text{-}\varepsilon_1$ 关系曲线确定弹性参数 E_t（切线模量），表示应力应变为直线关系；根据水平方向应变与垂直方向应变 $(\varepsilon_1-\varepsilon_3)$ 关系曲线确定弹性参数 υ_t（泊松比），表示垂直方向应变与水平方向应变之比为常数（图 6-36）。

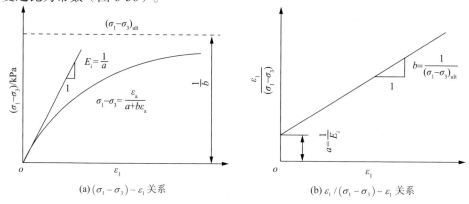

(a) $(\sigma_1-\sigma_3)\sim\varepsilon_1$ 关系   (b) $\varepsilon_1/(\sigma_1-\sigma_3)\sim\varepsilon_1$ 关系

图 6-36　邓肯-张模型的参数 a、b 计算示意图

在 ANSYS 中，材料模型使用 Drucker-Prager 屈服准侧。其流动准则既可以使用相关流动准则，也可以使用不相关流动准则，其屈服面并不随材料的逐渐屈服而变化，因此，没有强度准则。但是它的屈服强度随侧限压力（静水压力）的增加而相应增加，其塑性行为被假定为理想弹塑性，适用于混凝土、岩土和土壤等颗粒状材料。

Drucker-Prager 准则在数值计算中得到广泛运用。但如果该准则的参数选取不当，可能导致预测与试验结果之间不一致。Drucker-Prager 准则在有限元分析中需要输入三个值：黏聚力 c、内摩擦角 φ（用″表示）、膨胀角 φ_f。膨胀角用来控制体积膨胀的大小。当 $\varphi_f = 0$ 时，不膨胀；当时 $\varphi_f = \varphi$ 时，材料会发生严重的体积膨胀。

4. 基于摄动原理的模型参数拟合

古塔动力特性空间有限元分析模型的参数拟合就是借助结构动力学理论和实验技术的结合，首先分析古塔的结构参数的变化引起的动力特性的变化，进行灵敏度分析，得出敏感参数及其修改方向，然后，利用摄动原理得到变化修改后的系统特性。通过分析模型的理论数据与实验数据是否基本吻合，逐步逼近，最终建立描述系统输入-输出关系的数学模型，使它在数学关系上等价于相应的物理系统。

1）初步估测结构参数，建立初始分析模型

查阅原始档案材料，借助勘察和测绘，可以了解古塔的结构构造组成、结构的残损和加固状况、地基基础等条件，得到结构的几何尺寸和部分材料性能。对于暂时无法精确测定的参数，可以借助已有文献资料，估计得出初步数据。基于上述结构参数，建立初始的古塔动力特性分析实体模型，通过空间有限元法计算分析，就可以得到古塔动力特性初步结果数据，作为下一步拟合寻找模型参数的基础。

2）对照实验测定数据，寻找相关的结构参数

根据实验测定和识别的动力特性参数（如频率、振型），分析初始模型的动力特性参数与实测数据的差异，分析动力特性参数差异成因，并尝试在不确定因素中寻找相关的结构参数类型。

3）修改结构参数，拟合模型参数

由于在初始空间有限元模型中，古塔结构的质量及其分布一般是准确的。因此，与结构刚度有关的结构参数是修改的重点，如结构几何变量、材料的物理特性、残损对刚度的影响。借助动力特性对结构参数反应的灵敏度分析，可以寻找到能够显著而且明确地表达结构系统特征的古塔结构参数。

由结构动力学原理可知，作为结构参数函数的第 r 阶特征值 λ_r 和特征向量

$\varphi^{(r)}$ 满足：

$$\left([k] - \lambda_r[M]\right)\varphi^{(r)} = 0 \qquad (6\text{-}17)$$

通过求解上式对第 i 个参数的偏导数，可得特征值的灵敏度为

$$\lambda_{ri} = \varphi^{(r)\mathrm{T}}\left([K]_i - \lambda_r[M]_i\right)\varphi^{(r)} \qquad (6\text{-}18)$$

特征向量的灵敏度为

$$\varphi_j^{(r)\mathrm{T}} = \sum_{\substack{k=1 \\ k \neq r}}^{n} \frac{-\varphi^{(r)\mathrm{T}}\left([k]_j - \lambda_r[M]_j\right)\varphi^{(r)}}{\lambda_k - \lambda_r}\varphi^{(r)} - \frac{1}{2}\varphi^{(r)\mathrm{T}}[M]_j\varphi^{(r)} \qquad (6\text{-}19)$$

如果修改变量为质量 m_{ij} 或刚度 k_{ij}，则第 r 阶特征值和特征向量对质量 m_{ij} 或刚度 k_{ij} 的灵敏度分别为

$$\frac{\partial \lambda_r}{\partial m_{ij}} = -\lambda_r \varphi_{ir}\varphi_{jr}, \frac{\partial \lambda_r}{\partial k_{ij}} = \varphi_{ir}\varphi_{jr} \qquad (6\text{-}20)$$

$$\frac{\partial \varphi^{(r)}}{\partial m_{ij}} = \sum_{\substack{k=1 \\ k \neq r}}^{n} \frac{\lambda_r \varphi_{ik}\varphi_{jr}}{\lambda_k - \lambda_r}\varphi^{(k)} - \frac{1}{2}\varphi_{ir}\varphi_{jr}\varphi^{(r)} \qquad (6\text{-}21)$$

$$\frac{\partial \varphi^{(r)}}{\partial k_{ij}} = \sum_{\substack{k=1 \\ k \neq r}}^{n} \frac{-\varphi_{ik}\varphi_{jr}}{\lambda_k - \lambda_r}\varphi^{(k)} - \frac{1}{2}\varphi_{ir}\varphi_{jr}\varphi^{(r)} \qquad (6\text{-}22)$$

对于实模态来说，由于 $\lambda_r = \omega_r^2$，则古塔的固有频率对结构质量和刚度的灵敏度为

$$\frac{\partial \omega_r}{\partial m_{ij}} = -\frac{1}{2}\omega_r \varphi_{ir}\varphi_{jr}, \quad \frac{\partial \omega_r}{\partial k_{ij}} = -\frac{1}{2\omega_r}\varphi_{ir}\varphi_{jr} \qquad (6\text{-}23)$$

通过实验，先对结构进行动力特性参数检测与识别，求得动力特性数据后，就可以进行灵敏度分析和修改模型参数，直至模型的理论数据与实验数据基本吻合。

6.2.3 弹塑性动力时程分析

1. 工具软件与分析方法

随着计算机技术的迅猛发展，各种分析工具软件不断被研发出来，常用的非线性动力时程分析的工具软件有：ANSYS 软件、SAP200 软件、ALGOR 软件等等，这些软件的研发对砖石古塔在地震作用下的内力、变形等方面的变化有了更为可靠、直观的认识。

非线性动力时程分析根据引起非线性行为的原因，可以分为几何非线性、材料非线性、状态非线性。非线性动力时程分析首先和其他分析一样，对模型定义类型、属性等参数，其次定义模型的本构关系和相应的准则，完成之后需要定义时程函数曲线，即要输入相应的地震波曲线。通过以上参数的控制来完成对模型的非线性动力时程分析。

2. 损伤引起的结构动力特性变化

对较多古塔残损状况的勘查表明，塔体的残损状况对古塔结构刚度有很大的影响。结构刚度的变化也导致结构的动力特性变化，一般而言，损伤越大，结构的刚度也会显著减小，结构的自振频率也会越小，相应的结构阵型和阻尼比也有较大的变化。在非线性动力时程分析中，可以通过对单元的设置来模拟地震损伤，分析结构动力特性的变化。

3. 地震作用下结构特征参数

结构的地震结构特征参数包含地震动的特性（幅值、频谱特性和持续时间），有关实际地震记录的修正如下：

1）强度修正

将地震波的加速度峰值及所有的离散点都按比例放大或缩小以满足场地的烈度要求。

2）滤波修正

可按要求设计滤波器，对地震波进行时域或频域的滤波修正。这样修正的地震资料不仅卓越周期满足要求，功率谱的形状和面积也可控制。

3）卓越周期修正

将地震波的离散步长按人为比例改变，使波形的主要周期和场地卓越周期一致，然而，在改变离散步长的同时也将改变地震波的频谱特性，在弹塑性反应中有时会产生不安全的后果。因此，修正的幅度不宜过大，在结构构件进入塑性的程度较大时最好不用此种办法。

有关输入地震波的平均地震影响系数曲线与振型分解反应谱法所采用的地震影响系数曲线在统计意义上相符的控制，对于反应谱的控制采用两个频段：一是对地震记录加速度反应谱值在$[0.1T_g]$平台段的均值进行控制，要求所选地震记录加速度谱在该段的均值与设计反应谱相差不超过 10%；二是对结构基本周期 T_1 附近（$T_1-\Delta T_1$，$T_1+\Delta T_2$）段加速度反应谱均值进行控制，要求与设计反应谱在该段的均值相差不超过 10%。ΔT_1 和 ΔT_2 的取值，由于进行时程分析的砖石古塔结构，其 T_1 多在 0.5s 以上，以取值 $\Delta T_1 \leqslant \Delta T_2 = 0.1s$ 为宜。

6.2.4 破坏演化过程的显性动力学分析技术

1. 基于显式积分原理的结构分析方法

由于隐式积分的收敛条件难以满足处于大变形、不连续的结构非线性分析要求，而基于中心差分法的显式积分法可以实现模拟结构破坏过程的数值分析。

在地震波作用下，古塔结构某一时刻的平衡方程如下：

$$Ma(t) + Cv(t) + Ku(t) = F(t) \qquad (6\text{-}24)$$

式中，M 为质量矩阵，$a(t)$ 为加速度向量，C 为阻尼矩阵，$V(t)$ 为速度向量，K 为刚度矩阵，$u(t)$ 为位移矩阵，$F(t)$ 为外力向量。

动力分析求解方式有隐式积分法与显式积分法两种。隐式积分法难以处理高度非线性和动力时程分析。与隐式积分法的利用下一时刻的平衡求得下一时刻的位移不同，显式积分法利用本时刻的平衡求得下一时刻的位移。砖石古塔破坏过程模拟须求解高度非线性问题。当砌体开裂进入弹塑性状态后，裂缝的开展方式和单元刚度退化都非常复杂，需要以极短的步长来模拟其受力状态。为满足加速度在时间增量内保持不变的假定，积分步长必须小于所有单元自振周期中的最小值，积分时间步长一般是隐式步长的 1/1000 ~ 1/100。

古塔结构系统各节点在第 n 个时间步结束时刻 t_n 的加速度向量通过下式进行计算：

$$\{a(t_n)\} = [M^{-1}]\big([F^{\text{ext}}(t_n)] - [F^{\text{int}}(t_n)]\big) \qquad (6\text{-}25)$$

其中，a 为加速度；M 为质量；F^{ext} 为第 n 个时间步结束时刻 t_n 结构上所施加的节点外力矢量（包括分布荷载经转化的等效节点力）；F^{int} 为 t_n 时刻的内力矢量，它由下面几项构成：

$$F^{\text{int}} = \sum\left(\int_{\Omega} B^{\text{T}}\sigma_n \mathrm{d}\Omega + F^{\text{hg}}\right) + F^{\text{contact}} \qquad (6\text{-}26)$$

上式右边第一项为 t_n 时刻单元应力场等效节点力（相当于动力平衡方程的内力项，其中 B^{T} 为应变转置矩阵，σ_n 为单元应力，$\mathrm{d}\Omega$ 为单元变形增量）、F^{hg} 沙漏阻力（为克服单点高斯积分引起的沙漏问题而引入的黏性阻力）和 F^{contact} 接触力矢量。

由中心差分法可知：加速度为速度的一阶中心差分，速度为位移的一阶中心差分，即

$$(x_1 + x_2 / 2) \qquad (6\text{-}27)$$

$$[u(t_{n+\frac{1}{2}}) - u(t_n)] / \Delta t_n = v(t_{n+\frac{1}{2}}) \qquad (6\text{-}28)$$

式中，u、v 均表示矢量，时间步的步长以及时间步开始、结束的时间点定义如下：

$$\Delta t_{n-1} = t_n - t_{n-1}, \Delta t_n = t_{n+1} - t_n \tag{6-29}$$

$$t_{n-\frac{1}{2}} = \frac{t_n + t_{n-1}}{2}, t_{n+\frac{1}{2}} = \frac{t_{n+1} + t_n}{2} \tag{6-30}$$

节点速度向量可以由程序计算出的加速度结合差分公式表示，节点位移向量由节点速度向量结合差分公式表示，即

$$v(t_{n+\frac{1}{2}}) = v(t_{n-\frac{1}{2}}) + \frac{1}{2}a(t_n)(\Delta t_{n-1} + \Delta t_n) \tag{6-31}$$

$$u(t_{n+1}) = u(t_n) + v(t_{n+\frac{1}{2}})\Delta t_n \tag{6-32}$$

显式积分法无需进行矩阵求逆，所求解方程均为一元方程，无需迭代求解，每步均可保证收敛。对存储空间的消耗与单元数目成正比，资源占用率低，求解速度取决于 CPU 浮点计算速度。所以，显式积分法适合处理古塔弹塑性动力时程分析问题。

2. 古塔破坏演化过程的分析技术

砖石古塔因其结构自重大、结构自振周期小，地震中易于破坏。如汶川地震中，四川都江堰奎光塔、彭州正觉寺塔、龙护舍利塔，塔身开裂、破损严重；安县文星塔、苍溪崇霞宝塔整体垮塌。基于显式结构动力学原理，对某砖石古塔在地震作用下的动态反应过程进行动力时程分析，通过单元模型与材料模型的选取、输入地震动、非线性方程的求解，模拟古塔结构在地震作用下破坏演化全过程的特殊接触、实际破坏状态，并利用动画等后处理方式实现结构从变形到破坏等分析结果的可视化输出。

1）失效单元

在古塔结构地震反应动态模拟分析过程中，通过材料模型定义失效准则，当古塔砌体单元的应力或应变达到某一临界指标时就会失效而退出工作，相应的砌体单元即为失效单元。随时间变化的结构受力状态被计算出来后，通过失效准则可即时判定单元是否失效。失效单元的刚度、质量等乘以极小的因子后，其对结构几乎无贡献，但单元在单元列表中保持不变，整体刚度阵不用重新组装，失效单元上的外荷载被释放出来，失效单元不参与后续计算，在后处理中不再显示失效单元，结构单元失效的时间、位置就反映出古塔砌体结构的局部开裂、压溃、倒塌的动态过程。

2）材料模型

采用复合材料力学发展起来的砌体等效体积单元法，把古塔砖砌体视为周期性复合连续体。砌体的破坏可分为：①砂浆受拉破坏（$\sigma_{yy}>0$）；②砖被压坏（$\sigma_2<\sigma<\sigma_1$）；③砂浆受剪破坏（$\sigma_1<\sigma<0$），σ_1、σ_2 为不同破坏的临界值。根据砌体的本构关系，采用 Von Mises 双线随动强化准则，对模型参量进行定义。

3）结构破坏模拟

古塔砌体结构地震破坏动态分析过程涉及不同截面的接触、碰撞与相对滑动，经典有限元方法中常用的预设接触单元算法，在动力分析中难以处理复杂的动力接触问题，需要建立"接触-碰撞"动力分析的接触模型，采用合适的搜索接触点、计算接触力与摩擦力的算法，通过接触搜索、施加接触条件（接触算法和接触面摩擦），处理开裂破坏结构之间的碰撞，以及可能引起的后续破坏。

采用实体或局部变形方程构建刚体表面模型，将节点或内部接触点作为参考点（假如发生穿透，仅限于节点），借助搜索算法将表面各节点定义到各集合之中，当整体搜索将可能发生的接触对找出后，用局部搜索检查是否发生相互穿透，再通过简化的小球算法（即两个球体互相侵入对方的单元体积内），将包含的接触对激活。砖石古塔结构的碰撞接触算法适合选用对称罚函数法。该算法将可能相互接触的两个表面分别称为主表面（单元表面称为主片，节点称为主节点）和从表面（单元表面为从片，节点称为从节点），在每一步先检查各从节点是否穿透主表面，没有穿透则对该节点不作任何处理。如果穿透，则在该从节点与被穿透主表面之间引入一个较大的界面接触力，其大小与穿透深度、主片刚度成正比，称为罚函数值，相当于在从节点和被穿透主表面之间放置一个法向弹簧，以限制从节点对主表面的穿透。接触面摩擦算法的确定，包括根据接触面粗糙程度、速度和压力等自定义摩擦法则，选择合适的接触面摩擦刚度，使用基于库仑摩擦方程的模型计算固连和失效滑移。

6.3 典型工程应用实例——龙护舍利塔的弹塑性动力分析与破坏演化过程模拟

6.3.1 工程概况

龙护舍利塔位于德阳市旌阳区孝泉镇三孝园内，是四川省现存唯一的一座元代砖塔，早期建筑特征明显，是研究四川砖塔演变过程的重要实物例证，具有重要的历史价值。龙护舍利塔为十三层密檐式方形砖塔，平面方形，高约 33 米，逐级叠缩，如图 6-37 所示。受汶川地震影响，塔体破坏严重。

综合考虑古塔结构损伤特征、上部塔体与地基的相互作用等因素，建立砖石古塔结构分析模型，对古塔进行动力弹塑性计算分析，数值模拟地震作用下古塔结构的动态响应过程，分析研究其结构性能指标、破坏演化规律，对古塔结构的工作性能与可靠性进行评价，可以为修复保护古塔，提供技术支撑。

图 6-37 龙护舍利塔

6.3.2 砌体材性试验与地基勘测

1. 砌体材性试验

1）塔体砖标号的评定

使用砖回弹法测试砖的抗压强度和砂浆贯入仪测试砂浆强度，最后计算砌体的弹性模量。依据不对古塔墙体造成破坏的原则，对龙护舍利塔可以实施现场试验的一层基座和上面四、五层门窗洞等少数区域可进行砖回弹试验。龙护舍利塔砖墙的回弹值如表 6-5 所示。

表 6-5 龙护舍利宝塔砖墙的回弹值

测试部位	砖墙上砖的回弹值 $\overline{N}$	砖墙砖样最小回弹值 $\overline{N}_{j,\,min}$
一层	33.2	30.1
四层	34.8	32.3
五层	34.3	29.2

经过对现场测试数据进行换算，样本古塔各层的砖标号结果如表 6-6 所示。

表 6-6 龙护舍利宝塔砖强度等级

测试部位	一层	四层	五层
强度等级	MU10	MU10	MU10

2）墙体砂浆标号的评定

本次测试采用江苏省苏州市建筑仪器公司生产的 SJY800B 型砂浆贯入仪，砂浆强度等级的确定参照《贯入法检测砌筑砂浆抗压强度技术规程》的计算评定方法，样本古塔各层砖标号结果如表 6-7 所示。

表 6-7　龙护舍利塔的砂浆强度等级

测试部位	贯入深度平均值/mm	砂浆强度换算值/MPa
一层	9.8	1.1
四层	10.20	1.0
五层	13.20	0.6

3）砌体材料特性的评定

动力特性有限元分析需要有砖砌体的弹性模量、泊松比以及密度。砖砌体的弹性模量是根据砌体受压时的应力-应变图确定的，一般取应力-应变曲线上应力为 $0.43 f_m$（轴心抗压强度平均值）。根据样本古塔的砖强度等级和砌筑灰浆强度等级，根据《砌体结构设计规范》（GB5003—2001）确定砌体抗压强度设计值，当砂浆强度为 M0.4 时，$E=700f$；当砂浆强度为 M1 时，$E=1100f$；当砂浆强度为 M2.5 时，$E=1300f$。

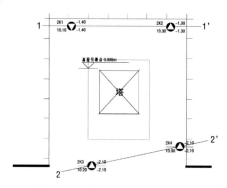

图 6-38　钻探点与平面布置图

2. 场地勘测

勘查场地位于成都断陷西部边远构造带内，其西侧即龙门山断裂带，受区域活动性断裂的影响，地震活动十分强烈且较频繁，以 2008 年 5 月 12 日汶川特大地震影响最为强烈。勘查共布设 4 个钻孔，各钻孔高程以场地北侧塔基与塔基护栏交界处中间缘口为相对高程零点引测，各钻孔位置详见图 6-38。

各钻孔工程地质情况描述如下：

杂填土①：灰黑色、松散，上部含建筑垃圾，下部局部为耕土含丰富植物茎系，全场分布，层厚 1.0～2.0m 左右；

粉质黏土②：黄褐色，黄色，硬塑，切面有光泽，韧性中等，干强高，无摇振反应，局部分布；

砾质黏性土③：灰褐色，灰黄色，黏性土呈可塑状态，含砾石约20%左右，局部为卵石含黏性土，黏性土以粉质黏土为主，全场分布；

圆砾④：灰色、灰黄色，湿～饱和，松散～稍密，砾石为40%，卵石为25%，其余为中、细砂及少量泥质；

稍密卵石⑤：灰色、灰白色，稍密～中密，湿～饱和，呈椭圆—亚圆形，磨圆度较好、分选型好，卵石母岩成分以砂岩、花岗岩、泥岩为主，卵石含量大于50%，粒径一般为 2～5cm，填充物为中粗砂，全场分布广泛。

场地地下水主要埋藏于砂卵石层中的第四系孔隙潜水，补给来源主要为大气降水、上游地下水及丰水期绵远河河水，水位随季节变化，其年变化幅度 2.0m 左右，勘探期间为平水期，本次勘查测得场地地下水在天然地表下 4.5～5.1m。

从本次勘查钻探揭露及原位测试结果来看，地基土结构较简单，地层变化不大，地基土均匀性较好，可判定场地地基土为均匀地基。地基土物理力学指标值如表 6-8 所示。

表 6-8　地基土物理力学指标值

	压缩模量 E_s /MPa	变形模量 E_0 /MPa	重度 γ /（kN/m³）	黏聚力标准值 C_k /kPa	内摩擦角标准值 $\varPhi_k$ /（°）	天然地基承载力特征值 f_{ak} /kPa
杂填土			18.5			70
粉质黏土	8.0		19.0	43	18	220
砾质黏性土		5.0	19.0		15	150
圆砾		12.0	20.0		22.0	180
稍密卵石		18.0	20.5		24.0	270
中密卵石		33.0	21.0		26.0	500

6.3.3　结构分析模型的建立

1. 塔体基本特征参数

龙护舍利塔塔身大多采用壁内折上式结构，蹬道位于外壁与塔心室之间，蹬道抵达各层塔心室时与心室平直相接，过塔心室后再继续盘旋而上，顺时针右旋而上直达顶层，使塔心室的面积增大，如图 6-39 所示，几何尺寸如表 6-9 所示。

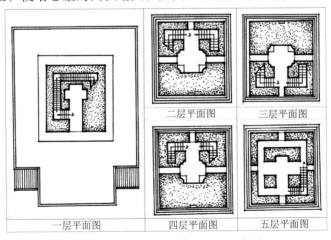

图 6-39　龙护舍利塔各层平面示意图

表 6-9　龙护舍利塔的几何尺寸

层数	层高/m	边长/m	心室面积/m²	休息平台墙厚/m	心室墙厚/m	洞口尺寸/m	密檐外挑距离/m
天宫层	3.827	5.494	—	1.897	—	—	0.616
五层	2.585	6.4	15.68	1.002	—	0.32	0.598
四层	5.266	7.223	9.35	0.988	2.238	0.535	1.008
三层	5.109	7.4	8.04	1.04	2.325	0.590	0.971
二层	5.406	7.451	18.74	1.003	2.263	0.526	1.144
一层	5.557	7.967	10.34	0.942	2.779	1.608	—

2. 分析模型

龙护舍利塔的蹬道内置与塔身之中，对塔体整体刚度影响较大，分析模型应予以考虑。四川古塔在心室顶或休息平台顶均采用穹窿顶，塔身设置拱券形门窗，且真假洞口相结合布置，同样增加了建模的复杂性。因此在建模采用以下几个简化方法，以减少模型的单元数，从而适当减少计算工作量。楼梯、门窗洞的简化如图 6-40 ~ 图 6-42 所示。塔心室的穹窿顶采用等效的平面来建立模型。 龙护舍利塔三维实体、透视图及数值计算简如图 6-43 ~ 图 6-45 所示。

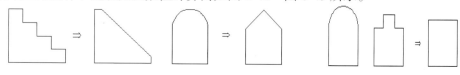

图 6-40　蹬道简化图　　　　图 6-41　门洞简化图　　　　图 6-42　窗洞简化图

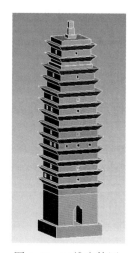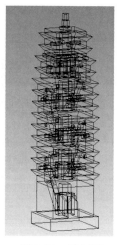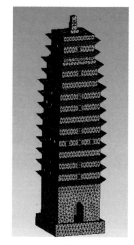

图 6-43　三维实体图　　　图 6-44　透视图　　　图 6-45　数值计算图

3. 动力特性模型参数拟合

对照实验测定频率和振型，分别考虑塔檐、室内细部、建筑材料性质、残损及加固状况的影响，修改模型，调整模型刚度。采用空间有限元法建模分析刚度的计算受单元的属性和几何尺寸决定。为方便起见，材料、残损及加固状况对结构刚度的影响，可通过对初始弹性模量进行调节加以考虑。因此，分析模型中的弹性模量不是真实的材料弹性模量，可以称作为广义模量。砖石古塔的建造年代久远，受风化作用影响下，塔体的破坏程度沿高度方向逐渐增大，且考虑受古代施工工艺的影响，上部结构的施工工艺较下部结构粗糙，因此上部结构材料应考虑更大折减系数。对比模拟值与实际动测值，确定调整后广义弹性砌体模量如表 6-10 所示。

表 6-10　龙护舍利塔的弹性模量

测试部位	弹性模量/Pa
1～4 层	1.26×10^9
5 层以上	0.637×10^9

模态分析计算后，对样本古塔的模态分析结果进行筛选与识别。图 6-46～图 6-48 为计算机模拟各塔振型分析结果图及动力测试振型图：

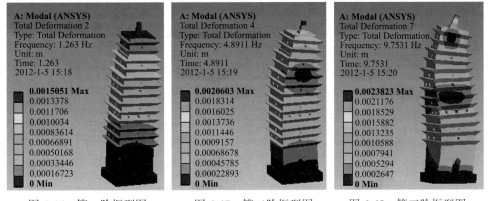

图 6-46　第一阶振型图　　　图 6-47　第二阶振型图　　　图 6-48　第三阶振型图

4. 动力特性现场测试与理论分析结果对比

出于对古塔结构安全性的考虑，现场动力特性测试采用建立在自然环境激励基础上的脉动法进行。利用 DASP 对采集数据进行模态拟合，得到古塔结构的前三阶固有频率（表 6-11）。

表 6-11　龙护舍利塔模态拟合各测点的自振频率　　（单位：Hz）

第一频率	第二频率	第三频率
1.27	5.08	9.57

计算机模拟值和现场动力性能试验数值的对比分析如表 6-12 所示，结果显示样本古塔的基频十分相近，相比低阶频率高阶频率相差较大，因为传递矩阵法属于集中质量理论，原本连续的模型被离散后，高阶频率的计算误差较大，而一阶频率的值是相对可靠的。根据结果对比值判定，结果误差是在可接受的范围之内的，因此可以认定结果是正确的，计算模型是可靠的。

表 6-12　龙护舍利塔模拟值和现场动力性能试验对比结果

测试振型	测试振型频率/Hz	模拟振型频率/Hz	误差/%
第一振型	1.27	1.263	0.55
第二振型	5.08	4.891	3.7
第三振型	9.57	9.753	1.9

6.3.4　古塔地震动态反应分析

1. 动态反应分析模型

震源引起地震波通过场地土传输到结构体系，使结构系统产生振动，同时，结构体系产生的惯性力反过来作用于场地，引起的地动又作用于结构体系。这种现象即土与结构体系的动力相互作用。因此，古塔结构的动力反应，应考虑上部结构与地基土的相互作用。考虑土-结构动力相互作用的砖石古塔计算模型可在前述上部结构模型基础上，加上地基土部分，形成复合模型，将土和结构看作一个完整的体系。在水平方向选取了足够大的地基区域，深度方向根据地质勘查报告选取到岩石，建立数值模型。

研究表明，当地基单边尺寸为基础单边尺寸的 1 ~ 5 倍时就可反映地基与结构相互作用，当土层厚度达到 2 倍基础宽度时，底部边界的影响已经明显减弱，当土层厚度达到 3 倍基础宽度时，即可较好地模拟地基土的半无限空间效应，土层的厚度也取决于地质勘查报告中土层的类别与场地覆盖层厚度。

考虑土与结构动力相互作用模型采用空间四面体单元，地基的侧面边界每个结点采用弹簧单元，地基的底面边界采用固结约束，有限元计算模型如图 6-49 所示。对于土与结构动力相互作用计算模型需做如下假定：

（1）地基与结构共用结点，变形协调；

（2）忽略基础埋深，将古塔直接置于地基表面；

（3）根据地质勘查报告，确定地基的水平计算范围取塔底换算半径的 5 倍，深度方向取换算半径的 2.5 倍；

（4）地基土为弹性体。

2. 地震波选用与处理

距离龙护舍利塔最近的什邡八角地震台记录了汶川地区地震动数据。经过分析，什邡八角地震台三向时程曲线和反应谱曲线如图 6-50、图 6-51 所示。

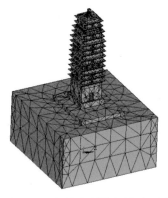

图 6-49 龙护舍利塔各层平面图

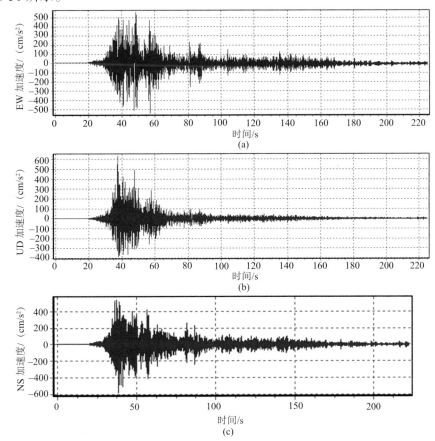

图 6-50 什邡八角汶川地震波三向时程曲线图

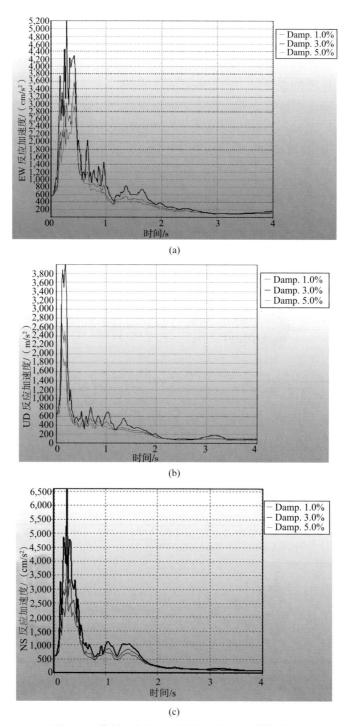

(a)

(b)

(c)

图 6-51　什邡八角汶川地震波三向反应谱曲线图

未经过处理的地震波每隔 0.005s 输出一个数据，时程分析过程中每个时间步需进行多次迭代计算，对硬件要求高，计算时间冗长。通过调整采样频率与时间间隔，将地震波的时间输出间隔调整为 0.1s，以不降低峰值加速度值、不改变反应谱曲线变化规律的方法，选取其中能量密度大、对结构振动贡献大的波段，对记录数据进一步筛选。调整后用于时程分析的三向时程曲线如图 6-52 所示。

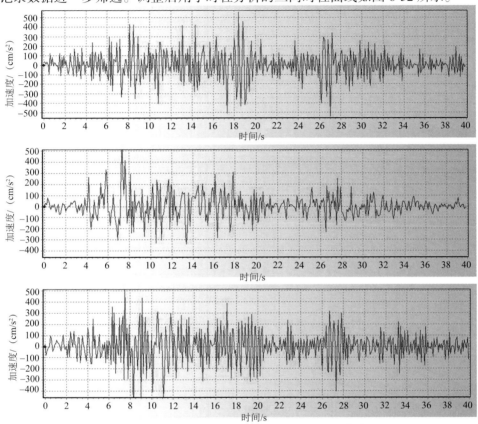

图 6-52　什邡八角汶川地震波调整后三向时程曲线图

3. 分析计算及结果讨论

三向地震波激励通过模型的底面边界分别输入，通过弹塑性分析计算得到结构每个方向上的振动响应。

1）水平地震作用下位移反应

水平位移的峰值反应时刻为 70.35s，位移反应如图 6-53 所示。结果显示，随高度的增加，塔体水平方向的位移逐渐增大，位移、层间位移和层间位移角对比如表 6-13 所示。在第一至四层层间位移随高度的增加而增大，在第五层发生突变，最大值出现在天宫。层间位移在第五层突变减小是因为龙护舍利塔五层的层高相比四层和天宫层小得多，所以五层的抗侧刚度变大，层间位移减小。

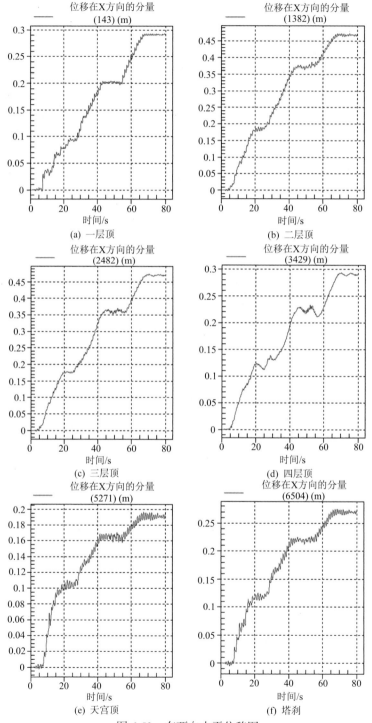

图 6-53　东西向水平位移图

表 6-13　东西向水平位移

层数	位移/mm	层间位移/mm	层间位移角
塔刹	293.0	−180.9	—
天宫	473.9	−61	1/63
五层	534.9	67.2	1/39
四层	467.7	200.8	1/26
三层	266.9	78.7	1/65
二层	188.2	−104.4	1/52
一层	292.6	52.6	1/106
地基	240.0	—	—

水平位移的峰值反应时刻为 70.35s（地震开始时刻为 0s）。南北向位移、层间位移、层间位移角对比如表 6-14 所示。南北向位移反应沿高度方向规律与东西方向基本相同。

表 6-14　南北向水平位移

层数	位移/mm	层间位移/mm	层间位移角
塔刹	223.2	−286.2	—
天宫	509.4	−315.5	1/12
五层	824.9	−107.6	1/24
四层	932.5	239.4	1/22
三层	693.1	606	1/9
二层	87.1	46.3	1/117
一层	40.8	−63.6	1/87
地基	104.4	—	—

根据林建生提出的位移判断准则，古塔线弹性层间位移角的下限为 1/565，弹塑性层间位移角的上限值取 1/150～1/180。基于此理论可以判定：一层塔体层间位移角小于 1/565 处于弹性状态、二、三、四层层间位移角在 1/565～1/180 属于轻度到中度破坏，而五层、天宫及塔刹层间位移角大于 1/180 属于严重状态，接近于极限破坏状态。

2）竖向地震作用下位移反应

图 6-54、表 6-15 显示随高度的增加各层竖向位移绝对值先增大后减小，而塔刹的位移大幅减小到与塔底中心值接近。

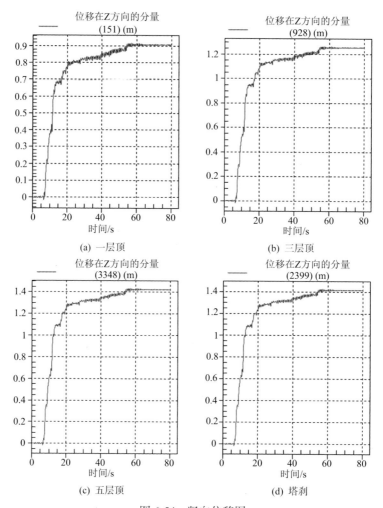

图 6-54　竖向位移图

表 6-15　竖向位移对比关系

层数	一层	二层	三层	四层	五层	天宫	塔刹
正位移/mm	918.0	1115.5	1265.6	1398.3	1427.1	1434.7	1382.4

3）水平地震作用下的剪应力

塔体东西向墙体的水平剪应力反应如图 6-55、图 6-56 所示。地震激励输入初期，塔体结构处于弹性工作阶段，塔体剪应力较小、呈现交替变化状态，随着激励加速度值增加，大部分塔体结构进入弹塑性工作阶段，剪应力值急剧变大，出现峰值的时刻和峰值的大小也有所不同。

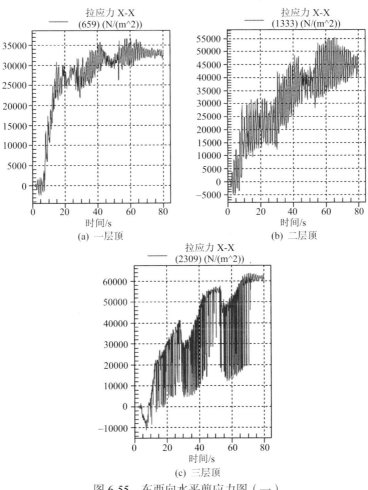

图 6-55　东西向水平剪应力图（一）

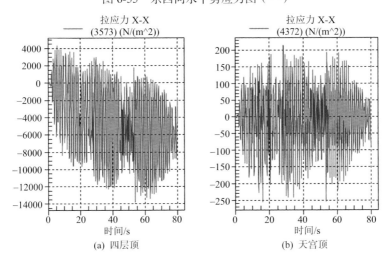

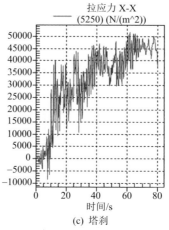

(c) 塔刹

图 6-56 东西向水平剪应力图（二）

4）竖向地震作用下的剪应力

竖向地震作用下，塔体东西向水平剪应力如图 6-57 所示。剪应力变化呈现随高度增加先增大后减小的趋势。

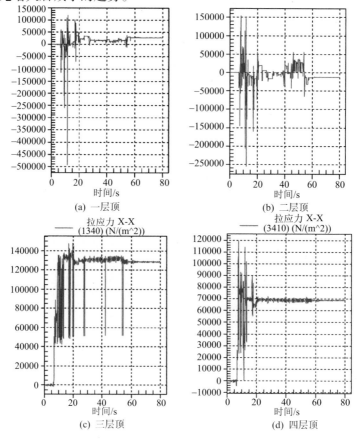

(a) 一层顶

(b) 二层顶

(c) 三层顶

(d) 四层顶

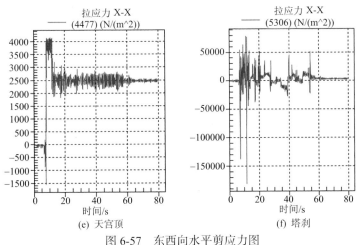

(e) 天宫顶

(f) 塔刹

图 6-57 东西向水平剪应力图

6.3.5 结构破坏动态演化模拟

1. 基于 LS-DYNA 的模拟分析

LS-DYNA 作为 ANSYS 的一个求解模块，以显式积分法求解非线性动力问题。采用 LS-DYNA 的显式动力分析法对古塔结构在地震作用下破坏过程进行动态弹塑性分析，具有计算速度快、占用电脑内存较少的优势。选用 LS-DYNA 中的 SOLID164 八节点实体单元，可较真实的反映砌体构件的接触和碰撞关系，应用缩减（单点）积分和黏性沙漏控制，适用于抗压能力远大于抗拉能力的非均匀、大变形砌体。采用 LS-DYNA 中的 Plastic Kinematic 材料模型。材料屈服准则为 Von Mises 双线随动强化准则。选用汶川地震波中距龙护舍利塔最近的地震台记录的什邡八角地震波，借助 Seismosignal 软件对原始波进行修正处理，调整采样频率与时间间隔，并保证波形特征与原波在时域、频域的加速度峰值等相关参数保持一致。修正地震波持时 90s，时间间隔为 0.1s，地面加速度峰值 0.56g，适合采用微型计算机分析。通过 ANSYS/DYNA 中 EDLOAD 命令，向建筑物模型的所有基础节点上施加加速度载荷-时间曲线，用以输入地震波的加速度时程记录。整个建筑结构模型将在统一的地震加速度作用下开始振动，直至倒塌。

2. 模拟结果及破坏演化机理

借助 LS-DYNA，输入汶川地震波，对龙护舍利塔从开始振动到局部发生损伤的整个过程进行弹塑性动力计算分析。

图 6-58 与图 6-59 为汶川地震下龙护舍利塔不同时刻模拟动力响应在南立面与西立面的剪应力云图。进一步整理分析数据得到，模型最大水平剪应力为 0.109MPa、位置在四层，最大竖向剪应力为 0.226MPa、位置在三层，最大拉应变为 0.001 72MPa、位置在四层。计算结果经过后处理模块可以生成动画显示。

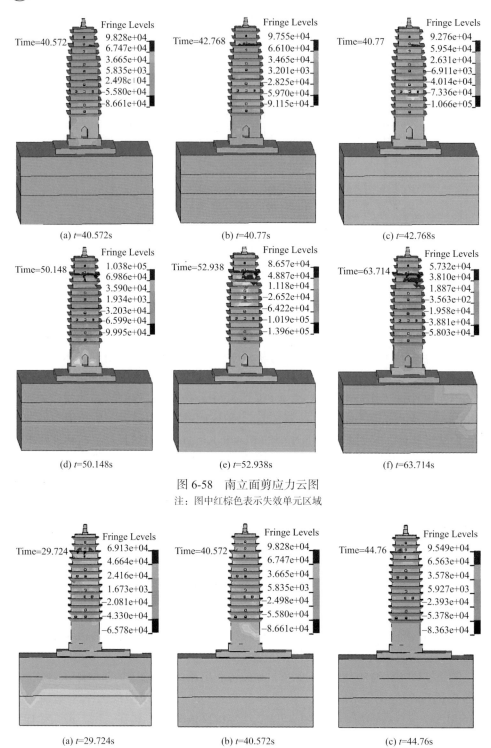

(a) t=40.572s

(b) t=40.77s

(c) t=42.768s

(d) t=50.148s

(e) t=52.938s

(f) t=63.714s

图 6-58 南立面剪应力云图
注：图中红棕色表示失效单元区域

(a) t=29.724s

(b) t=40.572s

(c) t=44.76s

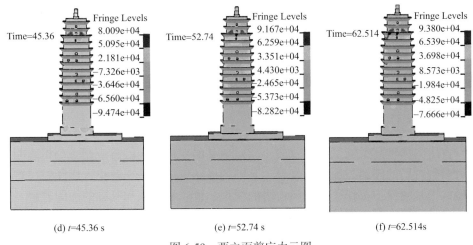

(d) *t*=45.36 s　　　　　(e) *t*=52.74 s　　　　　(f) *t*=62.514s

图 6-59　西立面剪应力云图

注：图中红棕色表示失效单元区域

比较图 6-58 与图 6-59 中不同时刻的剪应力云图可以发现：在地震过程中，模型南立面五层（内部实际层数）塔檐在 35.784 秒时出现失效单元，退出工作的单元数量随时间增长越来越多。五层的塔角部位出现的失效区域呈斜线发展，五层角部檐口在 63.714 秒时发生砌体坍塌的现象；三层和五层中轴截面开窗洞附近区域的失效单元出现较多，呈上下贯通趋势。西立面五层塔檐在 34.968 秒时出现失效单元，62.514 秒后破坏区域基本不再增多。西立面的破坏状况没有南北立面严重，集中出现在五层角部。模拟结果与龙护舍利塔的立面现场残损图所描述的损伤状况基本一致：中轴附近以竖向贯通裂缝为主，塔角处以斜向裂缝为主，五层至塔顶部破坏严重，且周边多处震落。计算结果也符合有关的结构分析理论。

采用单元非线性赋予模型结构非线性，借助 ANSYS 中显示动力学模块 LS-DYNA，可以反演古塔破坏的损伤特征，是一种研究古塔结构损伤的新手段。分析结果显示：多应力复合作用状态下，龙护舍利塔呈现出复杂的破坏损伤特征——塔体的五层处破坏严重，塔四角失效单元呈斜线发展，塔中轴线开洞处竖向发展，并有上下贯通的趋势，塔体的南北方向破坏比东西方向破坏严重。

第7章　古塔的地基基础加固与塔体扶正技术

古塔的体型高大、基础相对较小，对地基的变形较为敏感。调查分析表明，绝大多数古塔的倾斜与地基的变形、基础的损坏直接相关。防止古塔倾斜，首先要做好地基的保护工作；对倾斜古塔的扶正，也应从地基和基础的加固着手。古塔地基的加固，可根据地基承载力、地基土的组成和处理深度等要求，采用树根桩法、石灰桩法、注浆加固法等。古塔基础的加固，需综合考虑地基承载力、基础的承载力和刚度要求，选用基础补强注浆加固法、加大基础底面积法、加深基础法等。倾斜古塔的塔体扶正方法，可分为"迫降扶正"和"顶升扶正"两大类；古塔扶正工程需要建立监测与控制系统，加强施工过程的观测监控，达到安全、平稳、科学扶正的目标。

7.1　古塔的地基基础加固技术

7.1.1　古塔场地的水土保护

古塔场地的水土流失和扰动，是影响地基安全的重要因素。做好场地的水土保护工作，需重视场地周边绿化环境的营造和保护，不得砍伐和损坏古塔场地范围内的树木和植被。其次，应保持场地排水畅通，不得在古塔坐落的坡面上设置蓄水池或开挖土方。

建造在山坡上的古塔，应做好场地防洪排水系统。宜在山坡上部适当位置设置截洪沟，将洪水引至古塔场地以外。截洪沟的纵向坡度不应小于 3‰，横断面大小应按汇水面积的常年最大流量确定，沟底宽度不应小于 600mm；沟壁的坡度应按现行国家标准《建筑地基基础设计规范》的要求确定，并应防止渗漏；在土质松软和受水冲刷地段应适当加固。

建造在河岸边的古塔，应根据水流特性、河道的地形、地质、水文条件等，做好场地附近河岸坡的保护和必要的冲刷防护设施。如发现有边坡溜坍或堤岸崩塌等迹象，应及时进行整治。

建造在湿陷黄土、膨胀土、红黏土场地上的古塔，应避免地表水的渗漏对地基的不利影响。首先，应保持排除地表水的天然条件，避免截断雨雪水的天然流径路线。其次，应沿古塔基座的周边设置散水坡，并设置宽度不小于 3m 的砖砌地面，防止雨水渗入塔下地基。

7.1.2　古塔地基的加固技术

1. 古塔地基加固的基本要求

进行古塔地基加固前，应取得工程地质勘察资料，并应根据古塔的实际荷载情况和环境条件，重新验算地基的承载能力，合理选择加固方案。

当古塔地基的荷载影响深度较大，且需整体加固时，通常选用桩基、水泥注浆等方法处理；当地基荷载影响深度不大，且为局部加固时，也可采用抬梁换基、加设砂石垫层等简便方法处理。

当古塔地基需采用桩基加固，或原桩基已残毁需要换新桩时，宜采用混凝土或钢筋混凝土灌注桩；当原木桩有特殊保留价值，仅允许更换一部分残毁的原桩时，应选用耐腐的树种木材制作木桩并进行防腐处理，木桩应打入常年最低地下水位以下，桩尖埋入好土层的深度大于 500mm。

2. 古塔地基加固的常用方法

1）树根桩法

树根桩法适用于淤泥质土、黏性土、粉土、砂土、碎石土及人工填土等地基的加固。

树根桩的布置可采用直桩型或网状结构斜桩型。当树根桩的直径较大且桩的入土深度较浅时，宜采用人工开挖成孔。当树根桩布设在距古塔基础较远的部位时，也可采用轻型钻机成孔，但应采取有效措施以避免机械振动对古塔的损坏。树根桩的直径取决于成孔方法，钻机成孔时宜为 150～300mm，人工开挖成孔时不宜小于 1000mm。桩身混凝土强度等级应不小于 C20，钢筋笼的外径宜小于设计桩径 40～60mm。

树根桩中的填料应经清洗，投入量不应小于计算桩孔体的 0.9 倍；注浆材料可采用水泥浆、水泥砂浆或细石混凝土，当采用碎石填灌时，注浆应采用水泥浆。

2）石灰桩法

石灰桩法适用于处理地下水位以下的黏性土、粉土、松散粉细砂、淤泥质土、杂填土或饱和黄土等地基及基础周围土体的加固。

石灰桩由生石灰和粉煤灰（火山灰或其他掺合料）组成。采用的生石灰其氧化钙含量不得低于 70%，含粉量不得超过 10%，含水量不得大于 5%，最大块径不得大于 50mm；粉煤灰应采用Ⅰ、Ⅱ级灰。根据不同的地质条件，石灰桩可选用不同配比；常用配比（体积比）为生石灰与粉煤灰之比为 1∶1、1∶1.5 或 1∶2。为提高桩身强度亦可掺入一定量的水泥、砂或石屑。

石灰桩的桩径主要取决于成孔机具。桩距宜为 2.5 ~ 3.5 倍桩径，可按三角形或正方形布置。地基处理的范围应比基础宽度加宽 1 ~ 2 排桩，且不小于加固深度的一半。桩长由加固目的和地基土质等条件决定。

石灰桩施工可选用螺旋钻成桩法或洛阳铲成桩工艺等。螺旋钻成桩法使用的桩管有直径 325mm 和 425mm 两种；施工时，采用正转将部分土带出地面，部分土挤入桩孔壁而成孔；成孔后将填料按比例分层堆在钻杆周围，再将钻杆反转，叶片将填料边搅拌边压入孔底。洛阳铲成桩法对古塔基础的影响较小，且适用于施工场地狭窄的地基加固工程；成桩直径可为 200 ~ 300mm，每层回填厚度不宜大于 300mm，用杆状重锤分层夯实。

3）注浆加固法

注浆加固法适用于砂土、粉土、黏性土和人工填土等地基加固。一般用于防渗堵漏、提高地基土的强度和变形模量以及控制地层沉降等。

注浆加固法需采用钻机成孔和压力注浆。注浆孔的孔径宜为 70 ~ 110mm，间距可取 1.0 ~ 2.0m，并应能使被加固土体在平面和深度范围内连成一个整体。

对于软弱地基的加固，可选用以水泥为主剂的浆液，也可选用水泥和水玻璃的双液型混合浆液。在有地下水流动的情况下，不应采用单液水泥浆液。浆液宜用 425 号或 525 号普通硅酸盐水泥。注浆时可掺用粉煤灰代替部分水泥，掺入量可为水泥重量的 20% ~ 50%。水泥浆的水灰比可取 0.6 ~ 2.0，常用的水灰比为 1.0。

7.1.3 古塔基础的加固技术

1. 古塔基础加固的基本要求

在古塔基础加固前，应对基础的现状进行详细的勘查，取得准确的工程参数，根据古塔的实际荷载情况和地质资料，验算基础和地基的承载能力，合理选择加固方案。

对于损伤的古塔基础，尚应查找出损伤的原因，提出相应的排除措施。当古塔的基础因古树根的侵入而损坏需要修缮时，应采取措施对古树进行保护，并报绿化、园林管理部门批准。

当基础强度或基础底面积不足而需要加固时，应优先选用钢筋混凝土材料进行加固，加固厚度不得小于 200mm，加固宽度不得小于 300mm，并应采取措施，保证新旧基础有可靠的连接。

2. 古塔基础加固的常用方法

1）基础补强注浆加固法

基础补强注浆加固法适用于古塔基础因受不均匀沉降、冻胀或其他原因引起的基础裂损性加固。

注浆施工时，先在原基础裂损处钻孔，注浆管直径可为 25mm，钻孔与水平面的倾角不应小于 30°，钻孔孔径应比注浆管的直径大 2 ~ 3mm，孔距可为 0.5 ~ 1.0m。

浆液材料可采用水泥浆等，注浆压力可取 0.1 ~ 0.3MPa。如果浆液不下沉，则可逐渐加大压力至 0.6MPa，浆液在 10 ~ 15min 内不再下沉可停止注浆。注浆的有效直径为 0.6 ~ 1.2m。

沿古塔基础周边注浆时，宜采用对称施工的方法进行分段注浆。对于不均匀沉降的基础，可在沉降较大的一侧先注浆，然后在沉降较小的一侧注浆。

2）加大基础底面积法

加大基础底面积法适用于当古塔的地基承载力或基础底面积尺寸不满足验算要求时的加固。可采用混凝土套箍或钢筋混凝土套箍增大基础底面积。

加大基础底面积的设计和施工应符合下列规定：①当基础偏心受压时，可采用不对称加宽，当基础中心受压时，可采用对称加宽。②在灌注混凝土前应将原基础凿毛和刷干净后，铺一层高强度等级水泥浆或涂混凝土界面剂，以增加新老基础的粘结力。③对加宽部分，地基上应铺设厚度和材料均与原基础垫层相同的夯实垫层。④当采用混凝土套箍加固时，基础每边加宽的尺寸应符合国家现行标准《建筑地基基础设计规范》中有关刚性基础台阶宽高比允许值的规定。⑤当采用钢筋混凝土套箍加固时，可采取措施将加宽部分的主筋埋入原有的基础之内。

3）加深基础法

加深基础法适用于地基浅层有较好的土层可作为持力层且地下水位较低的情况。可将原基础埋置深度加深，使基础支承在较好的持力层上，以满足设计对地基承载力和变形的要求。当地下水位较高时，应采取相应的降水或排水措施。

基础加深的施工应按下列步骤进行：①先在贴近古塔基础的一侧分批、分段、间隔开挖长约 1.2m，宽约 0.9m 的竖坑，对坑壁不能直立的砂土或软弱地基要进行坑壁支护，竖坑底面可比原基础底面深 1.5m；②在原基础底面下沿横向开挖与基础同宽，深度达到设计持力层的基坑；③基础下的坑体应采用现浇混凝土灌注，并在距原基础底面 80mm 处停止灌注；待养护 1 天后用掺入膨胀剂和速凝剂的干稠水泥砂浆填入基底空隙，再用铁锤侧向敲击木条，挤实所填的砂浆。

7.2　古塔的塔体扶正技术

7.2.1　古塔的扶正方法及适用范围

古塔的扶正方法可归纳为"迫降扶正"和"顶升扶正"两大类，其基本原理及适用范围可参见表 7-1。

迫降扶正是从塔下地基入手，通过改变地基原始应力状态，强迫古塔基础沉降量小的一侧下沉，以减少基础的不均匀沉降量，实现塔体的扶正（图 7-1（a））。顶升扶正是从塔体结构入手，通过顶升沉降量大的一侧基础与上部结构，实现塔体的扶正（图 7-1（b））。从总体情况来讲，迫降扶正要比顶升扶正经济、施工简单、安全性好，是首选的方案；大多数倾斜古塔的纠偏工程，如江苏常熟聚沙塔、太原双塔寺东塔、陕西眉县净光寺塔、兰州白塔山白塔等均采用了迫降扶正的方法。对于需要抬升基底标高的古塔或体量较小的古塔，顶升扶正也是一种较好的选择，如昆明妙湛寺金刚塔采用了顶升扶正法施工。在条件允许的情况下，将迫降扶正和顶升扶正两种方法结合运用（图 7-1（c）），可起到更好的扶正效果，如四川都江堰奎光塔、南京定林寺塔的纠偏工程，采用了迫降扶正与顶升扶正的组合法施工。

表 7-1 古塔扶正基本方法

类别	方法名称	基本原理	适用范围
迫降扶正	人工掏土扶正法	在基础之下局部掏土，使土中附加应力局部增加，加剧土体侧向变形	适用于匀质黏性土、砂土地基和浅埋基础上的古塔
	水冲掏土扶正法	利用压力水冲刷，使地基土局部掏空，增加地基土的附加应力，加剧变形	适用于砂性土地基或具有砂垫层基础的古塔
	钻孔取土扶正法	采用钻机钻取基础底下或侧面的地基土，使地基土产生侧向挤压变形	适用软黏土地基上的古塔
	人工降水扶正法	利用地下水位降低出现水力坡降，产生附加应力差异对地基变形进行调整	适用于不均匀沉降量较小、地基土具有较好渗透性的古塔。
	地基部分加固扶正法	通过沉降大的一侧地基的加固，减少该侧沉降，使另一侧继续下沉	适用于沉降尚未稳定，且倾斜率不大的古塔
	浸水扶正法	通过土体内成孔或成槽，在孔或槽内浸水，使地基土湿陷，迫使古塔下沉	适用于湿陷性黄土地基且整体刚度较大的古塔
顶升扶正	结构顶升扶正法	在原基础下设置托换基础和千斤顶支座，利用千斤顶对上部结构进行抬升	适用于体型较小且标高过低需整体抬升的古塔
	压桩反力顶升扶正法	先在基础中压足够的桩，利用桩竖向力作为反力，将古塔抬升	适用于体型较小且基础整体性较好的古塔
	高压注浆顶升扶正法	利用压力注浆在地基土中产生的顶托力将古塔顶托升高	适用于体型较小且基础整体性较好的古塔

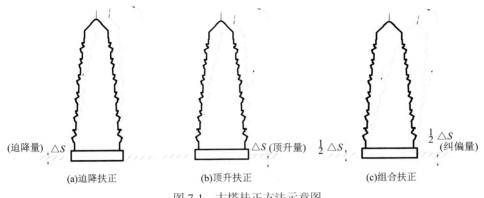

图 7-1 古塔扶正方法示意图

7.2.2 古塔扶正工程的基本要求

（1）在制定古塔扶正的设计和施工方案前，首先应根据场地地质条件、地基基础和塔体结构情况进行倾斜的原因分析和扶正方案的可行性论证。其次，应根据塔体倾斜原因及沉降观测资料，推测塔体扶正之后再次倾斜的可能性，以论证确定地基加固的必要性和相应的加固方案。

（2）当古塔的上部结构有裂损时，扶正前应对裂损情况进行调查和评价。当裂损对扶正施工安全有影响时，应先对上部结构进行加固。

（3）扶正过程必须设置现场监测系统，记录塔体变位、绘制时程曲线，当出现异常情况时，应及时调整扶正设计和施工方案。

（4）塔体扶正到达预定位置时，应立即对工作槽、孔或施工破损面进行回填修复。

7.2.3 古塔迫降扶正的技术要领

迫降扶正是通过人工或机械的办法来调整地基土体固有的应力状态，使古塔原来沉降较小侧的地基土局部去除或土体应力增加，迫使土体产生新的竖向变形或侧向变形，引导古塔在短时间内沉降加剧。古塔的迫降扶正可根据地质条件、结构与基础类型，参照表 7-1 的适用范围选用相应的施工方法。

1. 迫降扶正的设计程序

迫降扶正的设计与古塔的结构类型与刚度、地基基础情况、采用的具体迫降方法等有关，涉及的因素较多。常规的迫降设计应包括下列内容：①确定各个部位的迫降量；②安排迫降的顺序、位置和范围，制定实施计划；③编制迫降操作规程及安全措施；④设置迫降监控系统；⑤确定古塔迫降的沉降速率。

迫降的沉降速率需根据古塔的结构类型和刚度确定，一般情况古塔的沉降速率宜控制在 5~10mm/d 范围内。迫降开始及接近设计迫降量时应选择较低值，迫降接近终止时应预留一定的沉降量，以防发生过度偏转现象。

2. 迫降扶正的观测监控

迫降扶正是一种动态设计信息化施工方法，需要加强施工过程的观测监控，做到设计施工紧密配合。沉降观测结果应及时反馈给设计施工控制系统，以调整迫降量及施工顺序。迫降过程中应每天进行沉降观测，并应监测古塔裂损变化情况。

3. 迫降扶正法技术要领

1）基底掏土扶正法

基底掏土扶正法是在古塔基础底面以下掏挖土体，削弱基础下土体的承载面积迫使上部结构沉降，其特点是可在浅部进行处理，机具简单，操作方便，适用于匀质黏性土和砂土上的浅埋基础的纠倾（图 7-2）。

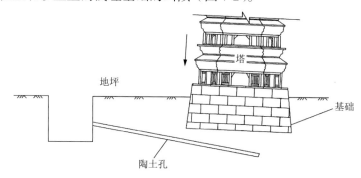

图 7-2　基底陶土扶正法示意图

基底掏土扶正法分为人工掏土法和水冲掏土法两种，当缺少当地经验时，可按下列规定进行现场试验确定施工方法和施工参数：①人工掏土沟槽的间隔应根据建筑物的基础型式选择，可取 1.0~1.5m；沟槽宽度应根据不同的迫降量及土质的强度情况确定，可取 0.3~0.5m；沟槽深度可取 0.1~0.2m。②掏挖时应先从沉降量小的一侧开始，逐渐过渡，依次进行。③水冲掏土的水冲工作槽间隔宜取 2.0~2.5m，槽的宽度宜取 0.2~0.4m，深度宜取 0.15~0.3m，槽底应形成坡度。④水冲压力宜控制在 1.0~3.0MPa，流量宜取 40L/min，可根据土质条件通过现场试验确定。⑤水冲过程中掏土槽应逐渐加深，但应控制超宽，一旦超宽应立即采用砾砂、细石或卵石等回填，确保安全。

2）井式扶正法

井式扶正法是在古塔周围布设井（孔），在基础下一定深度范围内进行排土、冲土，迫使上部结构沉降，该方法适用于黏性土、粉土、淤泥质土等地基上古塔的扶正。

井（孔）一般包括人工挖孔桩、沉井两种，井壁分为钢筋混凝土壁、混凝土壁两类。为确保施工安全，对于软土或砂土地基应先试挖成井，方可大面积开挖井（孔）施工。井式扶正法可分为两种：一种是通过挖井（孔）排土、抽水直接迫降，这种在沿海软土地区比较适用；另一种是通过井（孔）辐射孔射水冲土迫降（图 7-3），可视土质情况选择。

井式扶正法应符合下列规定：①井（孔）可采用沉井或挖孔护壁方式形成，应根据土质情况确定，井壁可采用钢筋混凝土或混凝土，井的内径不宜小于 0.8m，井身混凝土强度等级不得低于 C15。②井（孔）施工时应注意土层的变化，防止流砂、涌土、塌孔、突陷等现象出现。施工前应制订相应的防护措施，确保施工安全。③井位应设置在古塔沉降较小的一侧，其数量、深度和间距应根据古塔的倾斜情况、基础类型、场地环境和土层性质等综合确定。④当采用射水施工时，应在井壁上设置射水孔与回水孔，射水孔孔径宜为 150～200mm，回水孔孔径宜为 60mm，射水孔位置应根据地基土质情况及纠倾量进行布置，回水孔宜在射水孔下方交错布置，井底深度应比射水孔位置低约 1.2m。⑤高压射水泵工作压力、流量宜根据土层性质，通过现场试验确定。⑥塔体扶正达到设计要求后，工作井及射水孔均应回填，射水孔可采用生石灰和粉煤灰拌合料回填。工作井可用砂土或砂石混合料分层夯实回填，也可用灰土比 2∶8 的灰土分层夯实回填，接近地面1m 范围内的井圈应拆除。

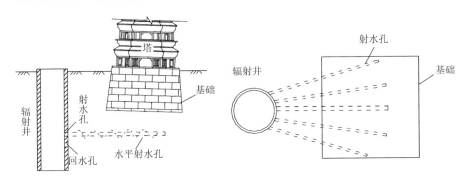

图 7-3　辐射井射水迫降示意图

3）钻孔取土扶正法

钻孔取土扶正法是通过机械钻孔取土成孔，依靠钻孔所形成的临空面，使土体产生侧向变形形成淤孔，反复钻孔取土使古塔下沉，适用于淤泥质土等软弱地基的古塔扶正（图 7-4）。钻孔取土应符合下列规定：①钻孔位置应根据建筑物不均匀沉降情况和土层性质布置，同时应确定钻孔取土的先后顺序；②钻孔的直径及深度应根据建筑物的底面尺寸和附加应力的影响范围选择，取土深度应大于3m，钻孔直径不小于300mm；③钻孔顶部3m深度范围内应设置套管或套筒，以保护浅层土体不受扰动，防止出现局部变形过大而影响结构安全。

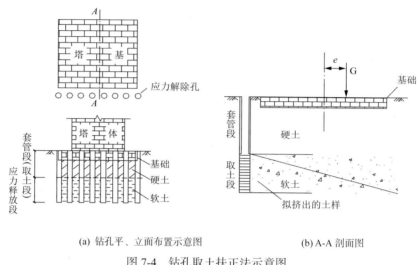

(a) 钻孔平、立面布置示意图　　　　(b) A-A 剖面图

图 7-4　钻孔取土扶正法示意图

4）人工降水扶正法

人工降水扶正法（图 7-5）适用于地基土的渗透系数大于 10^{-4}cm/s 的浅埋基础；当采用真空法或电渗法时，也适用于淤泥土地基；但在古塔附近有其他建筑时应慎重使用，应防止降水施工对邻近建筑产生不利影响。

人工降水扶正法应符合下列规定：①人工降水的井点选择、设计和施工方法可按国家现行标准《地基与基础施工及验收规范》的有关规定执行。②施工时应根据古塔的纠偏量来确定抽水量大小及水位下降深度，并应设置若干水位观测孔，随时记录所产生的水力坡降，与沉降实测值比较，以便调整水位。③人工降水如对邻近建筑可能造成影响时，应在邻近建筑附近设置水位观测井和回灌井，必要时可设置地下隔水墙等，以确保邻近建筑的安全。

5）地基部分加固扶正法

地基部分加固扶正法实际上是对沉降大的部分采用地基托换补强，使其沉降减少，而沉降小的一侧仍继续下沉，这样慢慢地调整原来的差异沉降。这种方法适用于软弱地基上沉降尚未稳定、整体刚度较好，且倾斜量不大的古塔纠倾。

地基部分加固扶正应符合下列规定：①扶正设计时可在建筑物沉降较大一侧采用加固地基的方法使该侧的基础沉降稳定，而原沉降较小一侧继续下沉；当古塔塔体倾斜纠正后，若另一侧沉降尚未稳定时，可采用同样方法加固地基。②加固地基的方法，可根据古塔的特点及地质情况选用 7.1.2 节有关方法。

6）浸水扶正法

浸水扶正法适用于湿陷性黄土地基上整体刚度较大的古塔的扶正，其原理是利用湿陷性黄土遇水湿陷的特性对地基的不均匀沉降进行调整（图 7-6）。为了确保工程安全，必须通过系统的现场试验确定各项设计、施工参数，施工过程中应设置监测系统以及必要的防护措施，如预设限沉的桩基等。当缺少当地经验时，应通过现场试验，确定其适用性。

浸水扶正法应符合下列规定：①根据古塔结构类型和场地条件，可选用注水孔、坑或槽等方式注水。注水孔、坑或槽应布置在古塔沉降较小的一侧。②当采用注水孔（坑）浸水时，应确定注水孔（坑）布置、孔径或坑的平面尺寸、孔（坑）深度、孔（坑）间距及注水量；当采用注水槽浸水时，应确定槽宽、槽深及分隔段的注水量。③注水时严禁水流入沉降较大一侧的地基中。④浸水扶正之前，应设置严密的监测系统及必要的防护措施。有条件时可设置限位桩。⑤当浸水扶正的速率过快时，应立即停止注水，并回填生石灰料或采取其他有效的措施；当浸水扶正速率较慢时，可与其他扶正方法联合使用。⑥浸水扶正结束后，应及时用不渗水材料夯填注水孔、坑或槽，修复原地面和室外散水。

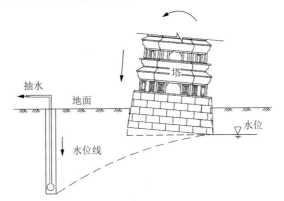

图 7-5　人工降水扶正法示意图

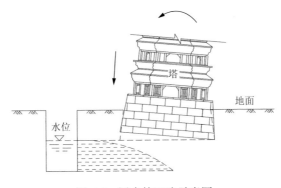

图 7-6　浸水扶正法示意图

7.2.4 古塔顶升扶正的技术要领

古塔的顶升扶正，是对塔体和基础进行整体加固后，沿古塔基础下设置若干个支承点，形成全封闭的顶升-托换体系；通过支承点上的顶升设备的启动，使古塔沿某一直线（点）作平面转动，达到倾斜古塔扶正的目的（图7-7）。对需要整体抬升的古塔，可通过大幅度调整各支承点的顶升量，提高古塔基座的标高。

顶升扶正法适用于整体沉降及不均匀沉降较大造成标高过低的古塔，以及不宜采用迫降扶正的倾斜古塔。根据一般建筑工程的顶升扶正经验，建议古塔的最大顶升高度不宜超过60cm。

1. 顶升扶正的设计规定

（1）顶升必须通过上部托换基础与下部千斤顶支座组成一对上、下受力体系，中间采用千斤顶顶升（图7-7）；托换基础采用钢筋混凝土套箍与原基础形成可靠连接，且应通过承载力及变形验算。

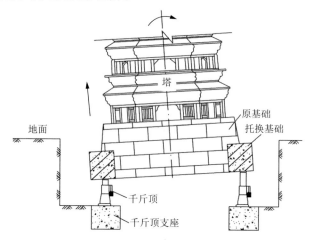

图7-7 顶升扶正体系示意图

（2）千斤顶支座主要设置于古塔需抬升一侧的基础下方，若需对古塔进行整体抬升时，可沿古塔基础下均匀设置；千斤顶支座采用混凝土浇筑，尺寸应满足自身强度和地基承载力的要求；托换基础、千斤顶、千斤顶支座应形成稳固的顶升-托换体系。

（3）可根据线荷载分布布置顶升点，顶升点间距不宜大于1.5m，应避开门洞薄弱部位。顶升点数量可按下式进行估算：

$$n \geqslant \frac{Q}{N_a} \cdot K \qquad (7-1)$$

式中，n 为顶升点数，个；Q 为古塔总重量，kN；N_a 为顶升支承点的荷载设计值，kN，可取千斤顶额定工作荷载的 0.8，千斤顶额定工作荷载可选 300～500kN；K 为安全系数，可取 1.5。

（4）顶升量可根据古塔的倾斜率、使用要求确定。为防止古塔在顶升之后继续产生压缩变形，可适当加大顶升量，但一般要求纠正后垂直偏差应满足国家现行标准《建筑地基基础设计规范》的要求。

2. 顶升扶正的施工步骤

（1）钢筋混凝土托换基础的施工；

（2）设置千斤顶支座及安放千斤顶；

（3）设置顶升标尺；

（4）顶升机具的试验检验；

（5）统一指挥顶升施工；

（6）当顶升量达到预定标高时，开始千斤顶倒程；

（7）顶升到位后进行结构连接和回填。

3. 顶升扶正的施工规定

（1）托换基础应分段施工，分段长度不应大于 1.5m，并应间隔进行，待该段达到强度后方可进行邻段施工。主筋应预留搭接或焊接长度，混凝土接头处应凿毛并涂混凝土界面剂，然后浇注混凝土。

（2）顶升的千斤顶上下应设置应力扩散的钢垫块，以防顶升力对结构构件的局部破坏，并保证顶升全过程有均匀分布的、不少于 30% 的千斤顶保持与托换基础、垫块、千斤顶支座连成一体。

（3）顶升前应对顶升点进行承载力试验抽检，试验荷载应为设计荷载的 1.5 倍，试验数量不应少于总数的 20%，试验合格后方可正式顶升。

（4）顶升时应设置水准仪和经纬仪观测点，以观测建筑物顶升扶正的全过程。顶升标尺应设置在每个支承点上，每次顶升量不宜超过 10mm。各点顶升量的偏差应小于结构的允许变形。

（5）顶升扶正应设立统一的指挥系统，并应保证千斤顶按设计要求同步顶升和稳固。

（6）千斤顶倒程应分步进行，倒程前应先用楔形垫块进行保护，并保证千斤顶底座平稳。楔形垫块应采用组合工具式、具有抵抗水平力的外包钢板的混凝土垫块或钢垫块。垫块应进行强度检验。

（7）顶升到达设计高度后，应立即在托换基础的转角处或主要受力部位用垫块稳住，并迅速采用混凝土预制块对托换基础和千斤顶支座进行结构连接。顶升高度较大时应边顶升边砌筑混凝土预制块。千斤顶应在结构连接完毕，并达到设计强度后方可分批分期拆除。

（8）结构的连接处应达到或大于原结构的强度，若扶正施工时受到削弱，应进行结构加固补强。

7.3 古塔扶正的安全保护与监控技术

古塔扶正是一种动态设计信息化施工方法，需要加强施工过程的观测监控，建立监测与控制系统，做到设计与施工紧密配合。监测与控制系统的主要作用是，通过监测装置实时监测古塔扶正过程中塔体变形动态、变位状况、机械设备的受力情况等，并将信息反馈给控制装置，以及时调整各种运行参数，达到安全、平稳、科学扶正的目的。

7.3.1 古塔扶正施工的监测技术

古塔扶正的监测工作有塔体的不均匀沉降观测、倾斜观测、变形监测和应力测试等。所有监测工作都必须执行于扶正施工的全过程，有些项目如沉降观测或倾斜观测还需延续到扶正工程完成以后的一定时间，以评价其扶正效果。

1. 沉降观测

沉降观测的任务是：在扶正加固施工前，了解塔体的倾斜情况和变化趋势；在扶正加固过程中，掌握塔体的扶正速度和纠偏量；在扶正工程完成后，检测古塔的稳定性。

沉降观测应按照第 3 章所述的方法和精度要求实施，通过在塔体中设置固定的水准观测点（沉降观测点），在相对稳定的场地引入临时水准点（工作基点），

图 7-8　经纬仪投影法

形成沉降观测控制网；运用精密水准仪进行水准测量，并将电动伸缩仪的测读值与数据采集仪连接，及时将监测数据反馈给控制系统。

2. 倾斜测量

倾斜测量是监测工作的重中之重，因为它是放大以后的测量数据，反映比较灵敏，而且可以与沉降观测互相核对。

古塔倾斜测量常用的方法有：①经纬仪投影法，其原理如图 7-8 所示，通过设在塔顶中心的标志点（A 点）向下投影，获得经纬仪投影线在塔底的投影点（B 点），再量取至塔底中心点（C 点）的距离，即可得古塔的倾

斜值。经纬仪投影法适用于塔体平直、横截面对称且塔身无较大外伸平座和挑檐的古塔。②三角网测量法，监测点一般设在塔顶、塔体重心处和塔体底部，通过测量各监测点的坐标和高程，确定古塔的倾斜值和倾斜方向。三角网测量适合各种塔形和塔体各部分的倾斜测量，而且适合于扶正过程的跟踪监测，将反馈的测量数据绘制在回归轨迹图上，随时调整纠偏参数（包括回归量和方向）。

3. 裂缝监测

古塔在扶正过程中，在局部附加应力作用下，塔身原有的裂缝将会变化，甚至有新的裂缝产生。裂缝是建筑物变形的重要标志，必须进行全面的调查和测绘，标明其位置、方向、宽度和长度，并对主要裂缝进行编号。在此基础上选择有代表性的主要裂缝进行跟踪监测。

裂缝开展监测可采用第 3 章所介绍的石膏标志法、白铁皮标志法或金属标志点法。当需要连续监测裂缝变化时，还可采用测缝计或传感器自动测记的方法。

裂缝监测时，其宽度和错距应精确至 0.1mm，每次监测应量出裂缝的位置、形态和尺寸，注明日期，必要时附照片资料。

4. 加载与保护装置的应力监测

在古塔扶正施工过程中，用于加载或保护的千斤顶的受力状态是一个非常重要的参数，必须跟踪进行监测。其方法是在千斤顶上配置压力传感器，并与数据采集系统相连，随时掌握其动态。

在古塔扶正加固中，用于安全保护的揽拉绳的受力状态也需进行监测和控制。其方法是在揽拉绳靠近地面的部位设置钢筋计和紧缩器（图 7-9），钢筋计用于测量揽拉绳的拉力，紧缩器用于调整揽拉绳的拉力。

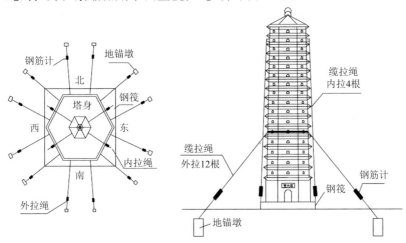

图 7-9　某古塔扶正工程的揽拉绳和钢筋计设置示意图

7.3.2 古塔扶正施工的控制技术

古塔扶正工程是一项技术难度高、风险系数大的系统工程，如果控制措施选用不当，可能会引起古塔受力不均，导致上部结构损伤甚至破坏，一旦工程失败将造成巨大的不可挽回的经济损失。因而，控制技术对扶正工程而言是重中之重，它直接决定着工程的成败，而控制措施的选择、加强、抑制和终止等又必须依赖于详尽准确的信息反馈，因此完备可靠的控制系统是扶正工程中的一个重要组成部分。

1. 数据采集与信息反馈系统

古塔扶正过程中各种监测手段需要跟踪进行并随时采集所监测到的各种数据，及时回馈到指挥中心，因此快速的数据采集系统和信息反馈系统是必不可少的。

由于测点多、项目繁杂，需进行分类管理。对于操作程序比较复杂、可进行定时监测的项目如沉降观测、倾斜测量、裂缝监测等，可按时完成监测任务，及时交付指挥中心，存入计算机系统，进行分析处理。加载与保护装置的应力监测等跟踪监测系统，可直接与快速、多点数据采集仪相连，随时显示各种测试数据，经计算分析处理，提出操作参数的修正意见。

2. 线性变位控制

"线性变位"是古塔扶正控制的重要原则。在扶正过程中，无论是迫降扶正还是顶升扶正，人为造就的应力图形都应该是线性的。"线性变位"可以通过对地基应力的调整或对卸载量的调整两种方法来实现。

在基底掏土扶正法施工中，可通过控制不同区域的掏土量对地基应力进行调整，即根据地基应力等值线进行掏土区域的划分，再根据不同区域上需要调整的沉降差来控制单位面积上的掏土量，从而实现不同区域的附加应力呈线性变化。

在使用千斤顶加（卸）载的施工中，可通过调整千斤顶的支承力大小对基础的线性变位进行微调，即依照古塔不同位置纠偏量的大小，按比例进行加（卸）载，并应根据实际操作中古塔的变位大小及时调整加（卸）载量，从而实现人为造就的应力图形呈线性状态。

3. 扶正速率控制

扶正速率是影响古塔施工安全和进度的重要因素。扶正速度过慢，将拖长工期、增加成本；扶正速度过快，有可能引起地基变位的不协调，产生应力集中，甚至导致上部结构的损伤，而且在达到扶正目标后，由于"滞后效应"的存在，地基变形仍在持续，很难得到有效控制。因而必须对扶正速率加以控制，力求使古塔平稳、线性、安全的扶正。

古塔两侧的沉降差是控制扶正效率的重要指标，其中，迫降一侧的沉降量 s_1 具有迫使古塔复位的作用，而另一侧的沉降量 s_0 则有抵消复位的不利作用，将使复位的效率降低。古塔扶正的快慢可以通过两个指标来衡量，一是沉降速率 v，即每天的平均复位量；二是复位的效率 η，即迫降侧与另一侧的沉降差除以迫降侧的沉降量。

$$v = \frac{s_1 - s_0}{\Delta t} \qquad (7-2)$$

$$\eta = \frac{s_1 - s_0}{s_1} \qquad (7-3)$$

式中，s_1 为迫降侧的沉降量；s_0 为另一侧的沉降量。

沉降速率的大小应根据古塔的结构、高度、地基条件等确定，一般将迫降侧的最大沉降速率控制在 2~5mm/d 的范围内，应使古塔的复位比较平缓，不致因复位过快引起对古塔结构的损伤。在开始阶段，应使古塔缓慢起步，扶正速率尽量放低；随着扶正措施的加强，逐步提高到控制指标；接近复位目标时，再逐渐将扶正速率降低，基本上整个过程呈两头小、中间大的变化趋势。

7.3.3　古塔扶正施工中的安全保护措施

古塔扶正是一个动态的施工过程，古塔塔身、基础和地基的应力状态在不断变化，整个结构体系的稳定性能也在不断变化，必须做好安全保护，防止意外的发生。

在严格执行 7.2 节古塔扶正的基本要求、认真做好古塔扶正设计和施工方案的基础上，还需要采取可靠的安全保护措施，以提高古塔在施工过程中的安全性。安全保护的措施主要有保护桩、支承墩、揽拉绳等。

1. 保护桩

保护桩用于古塔迫降扶正施工，在古塔基础迫降一侧的地基中设置钢筋混凝土静压力桩、灌注桩等，以防止基础在施工过程中发生急剧下沉，失去控制。

保护桩在迫降施工之前进行设置，桩的底端应深入到下卧层基岩之中，桩的顶部低于基础底面。用千斤顶或者钢垫板作为临时支承，设置在桩顶与基础之间的空隙中，在扶正过程中，通过释放千斤顶的荷载或逐块抽掉钢板允许基础有适量的下沉空间。一旦基础沉降速率过快，可以通过千斤顶加载或插入钢垫板减缓其下沉速率。

2. 支承墩

支承墩的工作机制与保护桩相同，在迫降一侧的古塔基础下面现浇或者砌筑混凝土墩，支承墩的基础要置于良好的地基上或做成扩大基础，以提高其承载能力。支承墩与古塔基础之间塞入沙袋，通过释放出沙袋中的沙子，控制古塔下沉的速率。也可以直接在支承墩与古塔基础之间填入混凝土预制块，预制块再通过钢垫板与基础底面接触，从而能够控制古塔缓慢安全的复位，起到安全防护的目的。

3. 揽拉绳

揽拉绳防护是通过多道钢丝绳斜拉来保证倾斜古塔的安全，它要求古塔的上部结构有较好的整体性和较大的刚度，不致在揽拉过程中损伤上部结构构件。较多的古塔在扶正施工之前采用木板对塔身进行临时围箍加固，有效地提高了揽拉过程中的安全性。选择的揽拉绳要具有较大的抗拉强度和弹性模量，防止因被拉断或者弹性变形过大而失去应有的保护作用。揽拉绳应沿古塔周边设置（图 7-9），在塔体倾斜的正负两个方向上的揽拉绳均须加强；揽拉绳的锚桩应固定在距古塔较远的地点，以保证提供足够的锚固力。对于每根揽拉绳均应设置钢筋计，以便在扶正过程中及时掌握其受力状态，并依据钢筋计的反馈信息，对揽拉绳的长度及相应的扶正控制措施进行调整，保证古塔稳定安全的扶正。

7.3.4 古塔扶正后的安全保护措施

古塔扶正后需立即采取措施以保证古塔的稳定性，防治古塔持续向前变形或反向回弹。对于迫降扶正施工，要对掏土孔和竖井等进行处理；掏土孔通常可以采用压力注浆回填，浆液多采用水泥浆或水泥粉煤灰浆；对于孔壁坍塌等情况，应封堵孔口，适当提高注浆压力，以保证浆液充填密。竖井可以用三七灰土或素混凝土回填、夯实，也可以在基础以下部分用混凝土回填，并且植筋与原基础相连构成整体，基础以上部分可用灰土回填。同时应充分利用扶正过程中采用的安全保护措施，如对保护桩进行封桩、对支承墩进行锁定，使它们与基础连成一个整体，增加基础下沉时的阻力，迫使地基沉降变形趋于稳定。

7.4 典型工程应用实例——虎丘塔的倾斜控制和加固技术

7.4.1 工程概况

苏州虎丘塔（云岩寺塔）是一座七层八角形楼阁式砖塔，建于公元 959 ~ 961 年，是八角形楼阁式砖塔中现存年代最早、规模宏大而结构精巧的实物（图 7-10）。

1961 年 3 月 4 日，虎丘塔由中国国务院公布为全国第一批重点文物保护单位，成为中国古代建筑艺术的杰出代表。

据考证，虎丘塔在建造时塔基即产生不均匀沉降并导致塔身向北倾斜。虎丘塔历史上曾七次遭受兵火等破坏，多次维修，但未能控制不均匀沉降和倾斜的发展。1638 年（明崇祯 11 年），因塔身倾斜加剧且损坏严重，重建了第七层并向南砌筑以调整重心，至使塔身成抛物线形。到解放初期，虎丘塔已残破不堪，岌岌可危（图 7-11）。

1956 年至 1957 年，苏州市政府对虎丘塔进行围箍喷浆和铺设楼面加固，但未能取得稳定效果。随着塔身倾斜的发展，塔体于 1965 年复现裂缝；至 1978 年，塔顶已向东北偏移 2.325 米，倾斜角达 2°48′（图 7-12），险情发展加剧。1981～1986 年，国家文物局和苏州市政府组织力量，对虎丘塔进行了全面加固，基本控制了塔基沉降，稳定了塔身倾斜。

  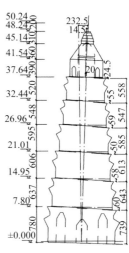

图 7-10　虎丘塔现状（2001 年）　图 7-11　加固前的虎丘塔（1956 年）　图 7-12　虎丘塔的变形

7.4.2　虎丘塔的结构及地质概况

虎丘塔为七层楼阁式砖塔，塔身净高 47.68 米，底层对边南北长 13.81 米，东西长 13.64 米；采用套筒式回廊结构，砖墙体由黏土砌筑；每层设塔心室，各层以砖砌叠涩楼面将内外壁连成整体，每层有内外壶门十二个。塔重 6100 吨，由 12 个塔墩（8 个外墩、4 个内墩）支承，塔墩直接砌筑在地基上。虎丘塔的地基由人工夯实的夹石土形成，持力层南薄北厚，地基下为风化岩石。基底平面及地基剖面见图 7-13，围柱、灌浆布置及施工顺序见图 7-14。

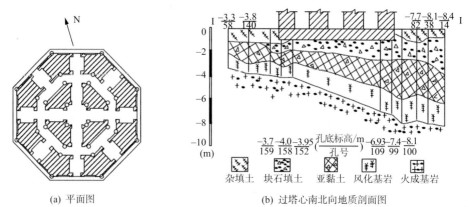

(a) 平面图　　　　　　　　　　(b) 过塔心南北向地质剖面图

图 7-13　虎丘塔的基底平面、地基剖面

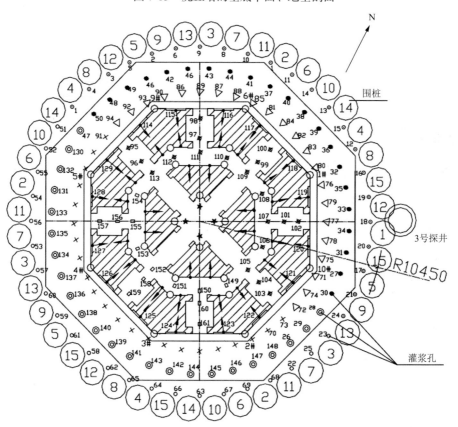

图 7-14　围桩、灌浆布置及施工顺序编号图

7.4.3　虎丘塔的倾斜控制和加固技术

按照文物工程的维修原则和对虎丘塔倾斜、裂缝等产生原因的分析，虎丘塔

加固工程采用了"加固地基、补作基础、修缮塔体、恢复台基"的整修方案，并确定了保持塔身倾斜原貌的控制原则。加固方案具体分为"围、灌、盖、调、换"五项工程。

1. 围桩工程

围桩是对地基加固的第一项工程，在塔基应力扩散范围内建造一圈密集的钢筋混凝土灌注桩，以控制地基加固范围、隔断地下水流、防止土壤流失和稳定地基。工程于 1981 年 12 月 18 日开始，到 1982 年 8 月 30 日竣工。

1）围桩布置

工程总共布桩 44 根，桩的中心距离塔底形心 10.45 米，距离塔外壁 2.9 米（图7-14）。单桩直径为 1.4 米（包括护壁厚 15 厘米，桩的净直径为 1.1 米，见图 7-15（a）），桩底穿过风化岩插入基岩，然后在桩顶浇筑高 40 厘米的钢筋混凝土圈梁。

2）施工措施

①为避免机械振动和开挖面过大，采用人工开挖（图 7-15（b）），并对施工影响做精细的监测。②严格按设计程序，采取跳档、南北交叉、深浅交叉开挖成桩，限制北部同时开挖的数量，开挖顺序见图 7-14。③为防止土体变形，除利用土的拱体作用外，每挖深 0.8 米即支护模板，用 200 号速凝混凝土浇制护壁，待达到一定强度时再挖下一段。④挖到基岩后，在坑内绑扎钢筋骨架，浇注 150 号混凝土成桩，然后在桩的顶部浇筑圈梁。

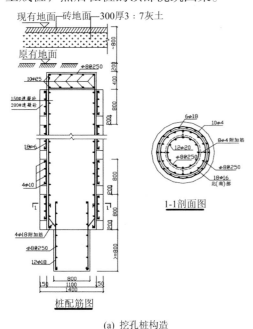

(a) 挖孔桩构造　　　　　(b) 挖孔桩开挖

图 7-15　人工挖桩孔

3）施工监测

整个施工中土体变形较小，但由于开挖面积较大且深，对地基仍有新的扰动。从位移、沉降、裂缝三项监测数据看，开工头三个月比较稳定；后因追求进度，增加开挖数量以及滞后效应，土体变形有一些明显反映；经过采取措施，变形渐趋缓和，达到预期要求。

2. 灌浆工程

灌浆是对地基加固的第二项工程，在围桩范围内，钻直径为 9 厘米的灌浆孔 161 个，进行压力注浆，填充地基内因水流冲刷等原因造成的孔隙，以增加地基的密实度、提高地基承载力。钻孔灌浆工程在围桩完成后进行，从 1982 年 10 月 14 日开始到 1983 年 8 月 5 日竣工。

1）施工措施

①采用防震干钻工艺，用改造的 XJ100-1 型工程地质钻机，不同地层分别用不同硬度的合金钻头。②以风冷却、提钻出土及空气压缩吸排岩屑等方法，尽量疏通地层中细小孔隙，以求灌浆填充密实。③采用全孔一次注浆法，根据地层的不同情况分别采取压浆机和气压注浆；注浆压力控制在塔内 150kPa、塔外 200～300kPa。④注浆顺序是从围桩内边沿向中心推进（图 7-16），先塔外，后塔内；先东北面，后南面；先垂直孔，后斜孔。⑤灌浆材料以水泥为主，并掺入占水泥重量 2.5% 的膨润土，以提高渗透性。对可灌性较好的孔隙还掺加少量黄砂。

(a) 塔外钻孔灌浆　　　　　　　　　　(b) 塔内钻孔灌浆

图 7-16　塔外、塔内钻孔灌浆

2）施工监测

通过压力灌浆，证实北半部地基内孔隙较多，有 7 个孔的单孔注浆量达 1～1.9 立方米，相当于孔隙自身体积的 26～45 倍，最多的孔注入水泥 42 包（2.1 吨）。

灌浆施工过程中，塔体位移、沉降、裂缝的变化较小。

3. 盖板工程

盖板工程是塔基加固和地基防水相结合的工程，将防水板和塔基结合成整体，在塔下形成一个钢筋混凝土壳体基础。工程于 1984 年 6 月 23 日开工，1985 年 5 月 22 日完成。

1）壳体构造

壳体是一个直径为 19.5 米、厚度为 45～65 厘米的"覆盆式"构件，由塔内走道板、上环梁、下环梁、壳板几部分组成。下环梁和围桩联结，以围桩为边缘构件；上环梁和塔内走道板则与各个塔墩下部相交接，交接部位都伸进塔墩周围 25～30 厘米（图 7-17），脱换其四周已经被压碎压酥的砖砌体，代之以混凝土。图 7-18 为上环梁伸进外墩底部的钢筋布置。

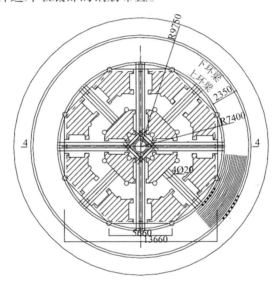

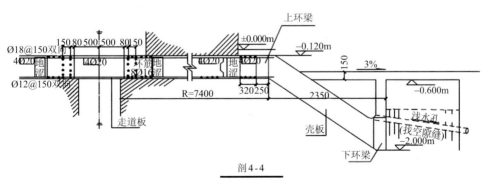

剖 4-4

图 7-17 壳体结构施工图

图 7-18　上环梁伸进外墩底部的钢筋布置

2）施工措施

由于工程是在塔身自重影响下施工，因此难度更大、技术要求更高。除继续加强跟踪监测外，采取了如下施工技术措施：①控制各次施工开挖范围，小面积快速施工，当天开挖当天完成；塔内北半部每次施工面积控制在 3.7 平方米左右，占塔内总面积的 2.5%；整个壳体分 33 次施工，其中，塔内基础分 20 次，塔外上环梁分 3 次，下环梁分 7 次，壳板分 3 次，每次施工都间隔 7~10 天的保养期。②恰当选择各次施工部位，先塔内、后塔外，先塔北、后塔南，先稳住危险部位，再逐步扩展。③严格操作规程，保证工程质量；开挖到达设计深度后，清理浮土、铲平压实，用 5 厘米厚 100 号细石混凝土填平拍实；然后绑扎钢筋，并预留施工缝。④加强现场技术指导和安全监控，对危险部位施工进行跟踪监测，及时分析监测资料，及时处理疑难问题，防患未然。

3）施工监测

壳体基础施工对塔体的变形及裂缝影响较大，在北部施工时各项数据反映敏感。壳体工程阶段累计平均沉降为 13 毫米，单次最大沉降值 1.0~1.4 毫米，裂缝也有相应变化，在施工结束后，渐趋稳定，不均匀沉降有所控制。

4. 调倾工程

调整塔体倾斜度，是在归纳前期施工过程中塔体变形规律的基础上进行的尝试。根据施工监测数据分析，塔下地基施工对塔体变形有直接的影响，这为适度调整塔体倾斜度提供了可能。

1）施工方案

①结合南半部壳体工程施工，适当扩大地基土方作业面，延长开挖暴露时间，并采用水平钻孔浅层掏土等技术措施，增大塔基南部土的压缩量；②北半部壳体工程采用小面积快速施工，开挖土方与灌注钢筋混凝土紧密衔接，以减少塔基北部土的沉降量。

2）施工监测

在该工程施工阶段，各施工环节都在变形监测的指导下有序进行，以确保塔体的安全。根据观测，塔体在壳体工程施工阶段采用了纠偏措施后，累计向南返回 7 毫米，向西返回 25 毫米，总体向西南返回 26 毫米，且塔体向南微量返回对塔身裂缝无明显影响。

5. 换砖工程

换砖是对塔体的加固工程，通过对塔墩局部更换砌体，并作配筋加固，以提高塔身的承载力。塔墩换砖在盖板工程后进行，从 1986 年 3 月 22 日开始到 1986 年 7 月 4 日竣工。

1）换砖部位及工程量

①脱换各墩脚周围高度 20～40 厘米已经碎酥损坏的砖砌体。②以西北、东北两个险情大的塔心墩为重点，更换其四周外圈高度在 1.7～2.0 米、一砖深度已经压碎剪断的砖砌体。③更换四个内壶门拱顶已经腐朽或压损的木过梁、木挑梁，改用预制钢筋混凝土过梁，并恢复砖砌叠涩拱顶。④对南面两个内塔墩的北侧壁，更换其在 1～1.2 米以下的已经破坏的砖砌体。⑤对北、东北、西北面三个外塔墩壶门两侧壁面，因裂缝较宽较长，对其在 0.8～1.3 米高度这一段砖砌体作局部更换，对 1.2 米以上砖砌体，则用 Ø10 螺纹钢作钢铆栓加固。

2）施工措施

换砖工程是在险情依然存在的情况下直接在塔身上施工，保证结构安全是施工措施中的关键。①利用砖砌体的拱作用，合理选择换砖部位的先后顺序和控制各次更换的长度、高度和深度；逐段逐块小面积脱换、预留接点、联成整体，每次更换控制在 0.6～1.2 平方米左右（立面面积计算）。②新换砌体呈下部深、上部略浅的梯形结构，对其外貌则仍保持砖结构形式和原体量。③为提高砖砌体结构强度，在加固换砖部位，均作配筋砖砌体结构；每 2 皮砖布置 Ø8 钢筋 2～3 道，电焊搭接，环通塔墩（图 7-19）。④加强内外新老砌体结构搭接，采取丁、条交叉砌筑和钢筋浆铆连结等。

图 7-19　内墩倚柱与壁体的配筋砖砌体连接

3）施工监测

除仪器监测外，在换砖壁面附近再增添石膏点，以直接观察裂缝变化。观察表明，在换砖部位以上 30 厘米的石膏点基本无开裂现象，且施工对塔体变形影响其微。

除了上述五项主体工程，还对塔身外壁和塔内装饰作了全面检查，在保持原状的前提下进行整修。此外，重建了塔座台基、台阶、重铺方砖地面、锁口青石等。为防止地基潮湿，挖掘清除台基外围高 70 厘米、宽 6～8 米左右的填土 700 多立方米，恢复到古地坪标高。

6. 虎丘塔加固工程的实施效果

实践证明，对虎丘塔采取"围、灌、盖、调、换"五项加固工程，是成功有效的，也符合文物古迹维修原则。各项加固工程，既有各自的功能，又是相互联系，在共同作用下发挥了总体效果。

围桩工程，以连接密实的排桩形成了混凝土筒体，基本隔断了地下水的潜流侵蚀，稳定了地基，并有效地约束了地基的侧向位移、提高了地基抗变形能力。

灌浆工程，填实了孔隙，提高了地基承载力。根据上海特种基础研究所竣工报告，地基加固后密实度提高为：①塔外与围桩之间，北半部地基增加密实度 6.32%，南半部地基增加密实度 1.21%；②塔内，北半部地基增加密实度 0.84%，南半部地基增加密实度 0.39%。

盖板工程，达到了扩大基础的效果和防水的功能，使塔基的受力状态得到了改善和加强，也有益于稳定和控制地基的不均匀沉降。

调倾工程，使塔身倾斜适度恢复，达到了辅助纠偏的效果。根据观测，塔身在盖板工程施工阶段采用了纠偏措施后，总体向西南返回 26 毫米。这一纠偏量，虽然只占虎丘塔总侧移值 2.325 米的 1.1%，但这在我国的古塔修复史上却有着重要的意义。

换砖工程，加固了塔的主要承重结构，提高了塔墩砌体的承载力，经测试和评定，底层塔墩的平均砖强度等级达到了 MU10。此外，通过对塔体内外壁的整修，改善了结构的耐久性并恢复了宝塔的原有风貌。

千年古塔的加固效果，需要时间来进一步验证。根据苏州市文物管理委员会多年的观测记录，自工程完成的 1986 年 8 月至 2000 年 8 月的 14 年间，虎丘塔的基底沉降的变动值不超过 1.25 毫米，倾斜变化率基本稳定在 30″ 范围内，证明加固工程达到了预期的效果。

7.4.4　虎丘塔的工程监控和观测技术

1. 虎丘塔的测量控制网及沉降观测网

1979 年 9 月，江苏省建筑设计院勘察队根据虎丘塔的位置及其环境建立了测量控制网（图 7-20），为加固工程的监测打下了基础。图 7-20 中的 S 和 E 点分别为南测站和东测站，其与塔心的视线成垂直关系。Δ11 是建立在塔外东北处的三号探井上的沉降基准点，以 Δ11 为起终点用水准仪观测布在底层塔墩上的 1～8 号观测点进行水准环测量，以监测底层塔墩的沉降变化。在南测站和东测站（图 7-21（a））用经纬仪分别观测塔南面和东面每层门上的大理石十字线标志（图 7-21（b）），监视虎丘塔在东西方向和南北方向的位移。

1981 年，同济大学测量系对起始点的微调装置进行了改进，并在底层塔墩上设置小钢尺作观测目标（图 7-21（c）），进一步提高了观测精度。1982 年后，苏州市修塔管理办公室和苏州市市区文物管理所根据工程需要，又增设了新的观测点位，使 12 个底层塔墩均布有观测点，以更细致地反映塔墩的沉降变化。

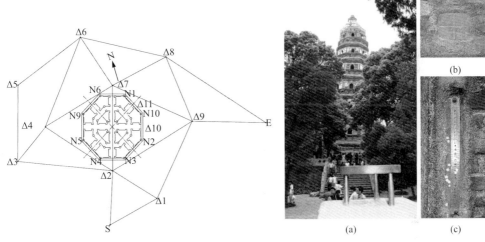

图 7-20　虎丘塔的测量控制网及沉降观测网　　　图 7-21　测点与观测标志

施工监测中，沉降观测采用 DS 水准仪，测量精度为 0.01 毫米；位移观测采用 Wild T3 经纬仪，测量精度为 0.3 毫米。

2. 虎丘塔加固期间的监控观测

虎丘塔加固工程主要包括围桩工程、灌浆工程、盖板工程、调倾工程和换砖工程五个部分。为了全面系统地跟踪各施工项目对塔体的影响和控制工程安全，虎丘塔加固期间的监控观测划分为施工前准备期、围桩工程期、灌浆工程期、盖板工程期（含调倾工程）、换砖工程期等阶段。

虎丘塔加固期间的变形观测记录完整且全面，本文在众多的观测数据中精选了几个代表性的测点观测值进行分析。图 7-22 给出了离地面高 38.4 米的标志 E_7 和 S_7 的位移测量曲线，图 7-23 给出了相应层面上 n_1、n_2、n_4 和 n_9 等四个测点的沉降测量曲线。表 7-2 给出了加固工程期间按施工分段位移沉降汇总值。

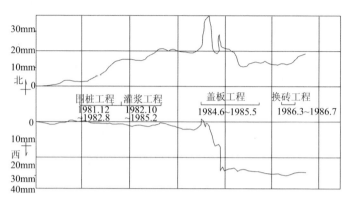

图 7-22　E_7 和 S_7 的位移观测记录曲线

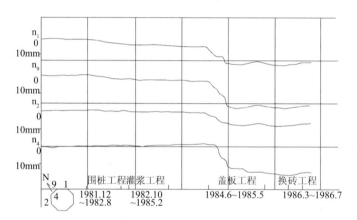

图 7-23　n_1、n_2、n_4 和 n_9 的沉降观测记录曲线

表 7-2　加固工程期间按施工分段位移沉降值汇总表　　　（单位：mm）

		准备期	围桩期	灌浆期	盖板期			换砖期	累计
					北半部换底	南半部底壳体	壳体完工		
测点		81.1 −81.12	81.12 −82.10	82.10 −84.6	84.6 −84.8	84.8 −85.1	85.1 −85.5	86.3 −86.7	81.1 −86.7
位移	E_7	+2.7	+10.8	−6.6	+18.8	−18.3	−10.9	+4.7	+18.2
	S_7	−0.1	−1.1	−1.3	−0.5	−24.9	+1.3	−1.4	−28.9
沉降	n_1	−0.4	−2.8	−1.5	−4.6	−5.3	+0.8	−0.3	−13.8
	n_2	0	−1.1	−0.4	−2.6	−4.5	−0.1	−0.1	−8.5
	n_4	0	−0.2	+0.8	0	−13.6	−2.5	0	−15.5
	n_9	−0.3	−2.4	−1.0	−3.7	−11.3	+0.3	−0.1	−18.2

1）施工前准备期的观测

由表 7-2 和图 7-22、图 7-23 可知，在未施工的情况下塔的位移、沉降的增值都较小。该阶段的测量值将作为施工期间变形速率和变形增量的参照系。

2）围桩工程期的观测

围桩工程是在塔基应力扩散范围内浇筑钢筋混凝土桩围箍地基，以控制地基加固范围、稳定地基土壤。工程于 1981 年 12 月 18 日开始，1982 年 8 月 30 日结束，完成钢筋混凝土人工挖孔桩 44 根。该工程阶段的变形观测曲线明显反映了施工进度和观测数据的吻合。1982 年 3 月上旬之前，开挖围桩均匀，施工进度慢，塔体变形速度没有明显的变化。在 3 月 10 日以后到 4 月下旬的这段时间里，增加了开挖数量，使塔体倾斜加速。由图 7-22、图 7-23 可看出，E_7 在此期间位移变化陡增（实测向北位移约 4.5 毫米），北面和西面的沉降观测点 n_1 和 n_9 也分别沉降 1.6 毫米和 1.2 毫米，层面倾斜测量中二层的南北高差也增加 1.5 毫米。测量人员在塔体倾斜显著变化时（其认为与施工前正常变形相比增加了 10 倍以上），发出了警报，工程随之暂停。5 月中旬后，在塔体倾斜速度明显变小后，才继续施工。在围桩工程后期的施工中，对施工进度、质量加强了控制和改善，但由于工程力学上的滞后效应，塔的变形值仍有增加。

3）灌浆工程期的观测

灌浆工程是在围桩范围内钻孔灌浆，增加地基的密实度，提高地基的强度。工程于 1982 年 10 月 14 日开始，1983 年 8 月 5 日束，完成钻孔 161 个，注浆 27 立方米左右。钻孔灌浆的顺序是先灌东北部和北部，然后从围桩内侧边沿向塔中部，先塔外后塔内推进。钻孔中采用了干钻防振技术以减轻对塔体的影响。从图表中可看出，钻孔注浆施工期间，由于采用了合理的施工措施和技术，对地基和结构的扰动较小，各项变形观测数值较小而变化缓慢。

4）盖板工程期（含调倾工程）的观测

盖板工程是对塔基加固和地基防水相结合的工作，在塔下建造一个钢筋混凝土壳体基础，以扩大塔墩与地基的接触面，提高塔墩底部的承载力。工程的施工难度大、技术要求高，且在塔体险情仍然存在的情况下施工，因此要求监测及时、精确。盖板工程于 1984 年 6 月 23 日开始，1985 年 5 月 22 日结束。随着工程的进展，塔体的位移、沉降和层面倾斜数值及各部位的裂缝都发生了明显的变化。工程中除继续加强跟踪监测外，采取了如下施工技术措施：①控制各次施工开挖范围，小面积快速施工，当天开挖当天完成。②恰当选择施工部位和施工顺序，采用先塔内、后塔外，先塔北、后塔南，先稳住危险部位，再逐步扩展。③严格操作规程，加强各道工序验收，保证工程质量。

由图表中可看出，在壳体工程中，每施工一处，都会产生位移、沉降和层面倾斜数值的大幅变化，这种变化值是以往两次地基工程不可比拟的。同时，显示在塔体上的裂缝形态也急剧变化。其原因在于壳体工程施工都在塔墩的近旁和下面，直接扰动塔基和塔体，因而影响的反应迅速，但由于施工和监测的密切配合，由监测来引导和制约施工，使施工控制在一定的规模、时间和部位上，因而使塔体的变形和裂缝的变化都控制在最小限度范围内。

在盖板工程期间，根据施工过程中塔体变形的规律进行了调整塔体倾斜度的尝试。结合壳体的基底施工，在塔基沉降量较小的南部，采用水平钻孔浅层掏土法解除地基应力，并适当扩大地基土方作业面和延长开挖暴露时间，增大塔基南部土的压缩量。通过调整南北沉降差，对塔体作适度向南纠偏。在本工程阶段，各施工环节都在变形监测的指导下有序进行，以确保塔体的安全。根据观测，塔体在盖板工程阶段采用了纠偏措施后，累计向南返回 7 毫米，向西返回 25 毫米，总体向西南返回 26 毫米，且塔身向南微量返回对塔体裂缝无明显影响。

5）换砖工程期间的观测

塔墩换砖工程主要将西北塔心、东北塔心等砖墩上已经破坏失去承载能力的砌体进行更换并插筋浇筑，以提高塔墩的整体性能和承载力。工程于 1986 年 3 月 22 日开始，到 1986 年 7 月 4 日结束。施工中采取了逐段逐块小面积脱换和配筋砖砌体加强的措施，因此，各项测量值变化很小。

3. 虎丘塔加固后的跟踪观测

虎丘塔加固工程竣工后，苏州市市区文物管理所对虎丘塔进行了连续跟踪测量，以进一步了解虎丘塔的加固效果，并为今后对游人开放做准备。图 7-24 给出了 1985～2000 年的沉降和变形曲线图。由该图可知，在虎丘塔加固后近 15 年间，塔基沉降基本稳定，变动值在 1.25 毫米范围内；塔体的倾斜也已稳定，以侧移最大的 E_7 测点为例，其侧移角不超过 30″，证明加固工程达到了预期的效果。

4. 虎丘塔监控观测的作用和意义

虎丘塔加固工程的监控观测从 1979 年到 1986 年，经历七年之久，为我国文化遗产的修复保护工作积累了宝贵的资料。通过建立科学的监测系统，不仅能了解工程施工对结构特征参数的影响，并能依据结构特征参数的变化及时调整施工方法和进度。在围桩、灌浆工程中，由于合理地安排了施工顺序和采用了减振措施，有效地降低了地基扰动对塔体的影响。在盖板工程中，采取了"控制各次施工开挖范围、恰当选择施工部位、严格操作规程"等技术措施，最大限度地控制了塔体裂缝的发展，为砖石古塔纠偏加固的安全施工提供了成功的经验。

虎丘塔的监测数据较精确地反映了建筑物在施工条件下的变形及其规律，由系统的观测分析可以找出施工时变形影响的性质和程度，以及其他影响变形的因素等。虎丘塔加固工程的一个重要方面是控制倾斜。在工程中，技术人员积极运用塔体变形规律，采用水平钻孔浅层掏土法等技术措施，使虎丘塔总体向西南返

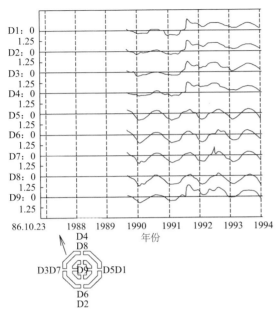
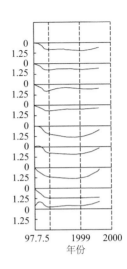

(a) 虎丘塔 1986～1994 年及 1997～2000 年塔基沉降观测曲线（mm）

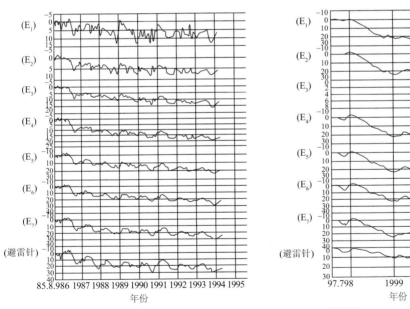

(b) 虎丘塔东站 1985～1995 年及 1997～2000 年变形观测曲线（s）

图 7-24　虎丘塔塔基沉降观测曲线及东站变形观测曲线

回 26 毫米，从而减少了塔的倾斜程度。这是一次运用监测技术指导纠偏施工的尝试，取得了良好的效果。千年古塔的加固效果，需要时间来进一步验证。加固后的变形跟踪观测，对了解虎丘塔的加固效果及加固后的倾斜和沉降变形有着很重要的作用。苏州市市区文物管理所对虎丘塔进行了长达十六年的跟踪观测，积累了较丰富的资料。这些资料，不仅有助于工程界进一步认识虎丘塔的变形规律、指导今后的保护修缮工作，并可为同类古建筑的维护监控提供有益的借鉴。

第8章 古塔的塔身加固技术

古塔属于高耸砌体结构，塔身兼具建筑造型和承重结构的双重功能，其加固应综合考虑古塔的建筑外观、结构受力性能、砌体的损伤程度和分布特征等因素，力求实现文物原状保护和结构安全的统一。2008年5月12日汶川8.0级特大地震中，处于高烈度区的砖石古塔遭受了严重的损坏；在震后古塔的修复工程中，损伤塔身的加固是工程技术界关注的重点；在保证文物原貌的前提下，一批新技术、新材料成功地用于塔身的加固修复中，有效地提高了古塔的整体性和承载能力，并较好地保持了原有的外观。砖砌塔身的加固方法，从工艺上可归纳为灌浆补强法、面层加固法、植筋加固法等，采用的材料有水泥砂浆、聚合物砂浆、钢材、碳纤维等；本章将重点介绍塔身的灌浆补强加固技术、钢材植入加固技术和碳纤维围箍加固技术。

8.1 塔身灌浆补强加固技术

8.1.1 技术特点与适用情况

塔身灌浆补强是通过压浆设备将水泥浆液或者聚合物浆液灌入砌体的裂缝中，实现堵漏、补强的修复方法，如图8-1所示。这种方法设备简单、施工方便，修补后的砌体可以达到甚至超过原砌体的承载力，裂缝不会在原来位置重复出现。

压力灌浆法适用于裂缝数量较多，发展已基本稳定的塔体，可处理宽度大于0.5mm且深度较深的裂缝。对于需进行抗震加固的古塔，塔身灌浆补强也是钢材植入加固或碳纤维围箍加固的前期基本措施。

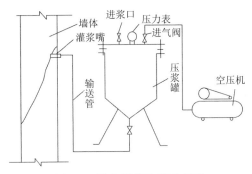

图8-1 塔身灌浆装置示意图

8.1.2　灌浆材料的选择与要求

灌浆常用的材料有纯水泥浆、水泥砂浆、水玻璃砂浆或水泥灰浆等。一般情况下，可用纯水泥浆，其可灌性较好，可顺利地灌入贯通外露的孔隙内，对于宽度为3mm左右的裂缝可以灌实。若裂缝宽度大于5mm时，可采用水泥砂浆；裂缝细小时，可采用压力灌浆。《砌体结构加固工程技术手册》提供的灌浆浆液配合比见表8-1。

水泥灌浆液中需掺入悬浮型外加剂，以提高水泥的悬浮性，延缓水泥沉淀时间，防止灌浆设备及输送系统堵塞。外加剂一般采用聚乙烯醇或水玻璃或108胶。掺入外加剂后，水泥浆液的强度略有提高。掺加108胶还可增强粘结力，但掺量过大，会使灌浆材料的强度降低。

灌浆材料的性能应符合现行《砌体结构加固设计规范》和《工程结构加固材料安全性鉴定技术规范》的要求。对于水泥基注浆料，要求3d抗压强度大于40MPa、28d劈裂抗拉强度大于5MPa，最大骨料粒径小于4.75mm；对于改性环氧类注浆料浆液和固化物，要求注浆料浆的密度达到1g/cm³，固化物28d的抗压强度大于40MPa、抗拉强度大于10MPa。

表 8-1　裂缝灌浆浆液配合比

浆别	水泥	水	胶结料	砂
稀浆	1	0.9	0.2（108胶）	
	1	0.9	0.2（二元乳胶）	
	1	0.9	0.01~0.02（水玻璃）	
	1	1.2	0.06（聚醋酸乙稀）	
稠浆	1	0.6	0.2（108胶）	
	1	0.6	0.15（二元乳胶）	
	1	0.7	0.01~0.02（水玻璃）	
	1	0.74	0.055（聚醋酸乙稀）	
砂浆	1	0.6	0.2（108胶）	1
	1	0.6~0.7	0.5（二元乳胶）	1
	1	0.6	0.01~0.02（水玻璃）	1
	1	0.4~0.7	0.06（聚醋酸乙稀）	1

注：稀浆用于0.3~1mm宽的裂缝；稠浆用于1~5mm的裂缝；砂浆适用于宽度大于5mm的裂缝

8.1.3　灌浆加固工艺要点

灌浆工艺通常由如下工序组成：①清理裂缝；②安装灌浆嘴；③封闭裂缝；

④压气试漏；⑤配浆；⑥压浆；⑦封口处理。灌浆操作时应严格按流程执行并符合各工序的规定。

1. 清理裂缝

清理裂缝时，应在砌体裂缝两侧不少于100mm范围内将抹灰层剔除，若有油污也应清除干净；然后用钢丝刷、毛刷等工具，清除裂缝表面的灰土、浮渣及松软层等污物；用压缩空气清除缝隙中的颗粒和灰尘。

2. 安装灌浆嘴

在裂缝交叉处和裂缝端部均应设灌浆嘴，灌浆嘴的间距应符合下列规定：①当裂缝宽度在2mm以内时，灌浆嘴间距可取200~250mm；当裂缝宽度在2~5mm时，可取350mm；当裂缝宽度大于5mm时，可取450mm，且应设在裂缝端部和裂缝较大处。②应按标示位置钻深度30~40mm的孔眼，孔径宜略大于灌浆嘴的外径，钻好后应清除孔中的粉屑。③灌浆嘴应在孔眼用水冲洗干净后进行固定，固定前先涂刷一道水泥浆，然后用环氧胶泥或环氧树脂砂浆将灌浆嘴固定。对墙体较厚且裂缝已贯通的部位，宜在墙的内外侧均安放灌浆嘴。

3. 封闭裂缝

封闭裂缝时，应在已清理干净的裂缝两侧，先用水浇湿砌体表面，再用纯水泥浆涂刷一道，然后用M10水泥砂浆封闭，封闭宽度约为200mm。

4. 压气试漏

试漏应在封闭层水泥砂浆达到一定强度后进行，并采用涂抹皂液等方法压气试漏。对封闭不严的漏气处应进行修补。

5. 配浆

配浆应根据灌浆料产品说明书的规定及浆液的凝固时间，确定每次配浆数量。浆液稠度过大，或者出现初凝情况，应停止使用。

6. 压浆

压浆应符合下列要求：①压浆前应先灌水；②空气压缩机的压力宜控制在0.2~0.3MPa；③将配好的浆液倒入储浆罐，打开喷枪阀门灌浆，直至邻近灌浆嘴（或排气嘴）溢浆为止；④压浆顺序应自下而上，边灌边用塞子堵住已灌浆的嘴。

7. 封口处理

灌浆完毕且已初凝后，即可拆除灌浆嘴，并用砂浆抹平孔眼。

压浆时应严格控制压力，防止损坏塔檐和门窗边角部位的砌体；对于薄弱部位，在灌浆前可增设临时性拉结构件。

对于水平的通长裂缝，可沿裂缝钻孔，设置钢筋销键，以加强两边砌体的共同作用。销键直径 25mm、间距 250～300mm、锚固深度 200mm，销键固定后再进行灌浆。

对于裂缝较大的部位可采用局部加筋锚固处理，沿裂缝位置在两侧挖槽，槽深 80mm，洗净后埋入 6mm 直径的钢筋，并用 M10 水泥砂浆嵌实。锚筋的间距，可根据裂缝长度酌情处理，一般为 500～800mm。

8.2　钢材植入加固塔身技术

8.2.1　技术特点与适用情况

运用钢铁件加固砖石古塔是我国的一项传统技术。在汶川地震后四川古塔的损伤状况现场调研中发现，一些建造于宋代的砖塔，已成功地将扁铁（俗称"铁扁担"，厚约 5mm、宽 50mm、长度 500～2000mm）作为加强筋设置于塔身的转角、窗口等部位的砌体之中，有效地提高了塔身的整体抗震性能。古建专家罗哲文先生在《古建维修和新材料新技术》一文中，也肯定了采用现代钢材加固砖石结构古建筑的方法，并指出其最大优点是不改变原来的材料本质和结构性能，只是作为附加的材料起辅助加强作用。钢材作为加固补强的另一优点是具有可逆性，如果有其他的原因需要去掉时，也可以拆除。

为了增强砖石古塔的整体抗震性能，通常采用"植筋"技术对砌体进行围箍加固，包括粘贴钢板、埋置钢筋、铺设钢筋网等，砂浆是用于铺设和粘结钢材的主要材料。

塔身在地震或风荷载作用下产生弯曲变形，致使塔身受拉而出现横向裂缝；用高强度钢筋沿竖向将塔身各层连接起来，下部固定在塔基中、上部锚固入墙体，则钢筋能承受因弯矩而产生的拉应力，避免砌体破坏。塔身的竖向开裂，主要是竖向压力与水平剪力的共同作用，这在门窗洞口薄弱部位最为常见；用钢带沿塔身外侧围箍，可以有效地形成横向约束，提高砌体的抗裂性能。就结构性能而言，由竖向钢筋与横向钢箍组合而成的加固体系（图 8-2），是目前古塔抗震加固的最有效措施。

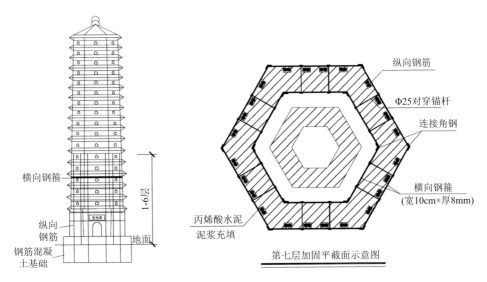

图 8-2　某古塔植筋加固示意图

1984 年，上海市文管会对倾斜度达 6°52′52″的松江护珠塔实施了"按现状加固，保持斜而不倒"的加固修缮。采用"植筋"技术，在每层塔檐处设置钢箍；再用竖向钢筋从塔顶贯穿而下，直达塔基后，横向植入于地下岩石之中以拉撑塔身，保持了护珠塔斜而不倒的奇姿。

在汶川地震灾后古塔加固修缮工程中，四川省的都江堰奎光塔、德阳龙护舍利塔、中江南塔、阆中白塔等古塔均采用砌体灌浆和"植筋"工艺，对严重损坏的塔身进行了修复，有效地提高了结构的抗震整体性能。

8.2.2　材料的选择与要求

1. 钢材

加固用的钢筋，其品种、性能和质量应符合下列规定：①宜采用HRB335级和HRBF335级的热轧或冷轧带肋钢筋；也可采用HPB300级的热轧光圆钢筋。②钢筋的质量应分别符合现行国家标准《钢筋混凝土用钢第1部分：热轧光圆钢筋》（GB 1499.1）、《钢筋混凝土用钢第2部分：热轧带肋钢筋》（GB 1499.2）的有关规定。③钢筋的性能设计值应按现行国家标准《混凝土结构设计规范》（GB 50010）的有关规定采用。④不得使用无出厂合格证、无标志或未经进场检验的钢筋以及再生钢筋。⑤抗震设防区古塔加固用的钢筋宜优先选用热轧带肋钢筋。

加固用的钢筋网，其质量应符合现行国家标准《钢筋混凝土用钢第3部分：钢筋焊接网》（GB 1499.3）的有关规定；其性能设计值应按现行标准《钢筋焊接网混凝土结构技术规程》（JGJ 114）的有关规定采用。

加固用的钢板、型钢和扁钢，其品种、质量和性能应符合下列规定：①应采用Q235（3号钢）或Q345（16Mn钢）钢材；对重要结构的焊接构件，若采用Q235级钢，应选用Q235-B级钢。②钢材质量应分别符合现行国家标准《碳素结构钢》（GB/T 700）和《低合金高强度结构钢》（GB/T 1591）的有关规定。③钢材的性能设计值应按现行国家标准《钢结构设计规范》（GB 50017）的有关规定采用。④不得使用无出厂合格证、无标志或未经进场检验的钢材。

当砌体结构锚固件和拉结件采用后锚固的植筋时，应使用热轧带肋钢筋，不得使用光圆钢筋。当锚固件为钢螺杆时，应采用全螺纹的螺杆，不得采用锚入部位无螺纹的螺杆。螺杆的钢材等级应为Q235级；其质量应符合现行国家标准《碳素结构钢》（GB/T 700）的有关规定。

2. 砂浆

加固用的砌筑砂浆，可采用水泥砂浆或水泥石灰混合砂浆；但对于底层和基础，应采用水泥砂浆或水泥复合砂浆。在任何情况下，均不得采用收缩性大的砌筑砂浆。砂浆的抗压强度等级应比原砌体使用的砂浆抗压强度等级提高一级，且不得低于M10。

外加面层用的水泥砂浆，若设计为普通水泥砂浆，其强度等级不应低于M10；若设计为水泥复合砂浆，其强度等级不应低于M25。

聚合物改性水泥砂浆及复合水泥砂浆，其品种的选用应符合下列规定：①对重要构件，应采用改性环氧类聚合物配制。②对一般构件，可采用改性环氧类聚合物、改性丙烯酸酯共聚物乳液、丁苯胶乳或氯丁胶乳配制；复合水泥砂浆应采用高强矿物掺合料配制。

3. 结构胶黏剂

砌体加固工程用的结构胶黏剂应采用B级胶，使用前必须进行安全性能检验。检验时，其粘结抗剪强度标准值应根据置信水平C为0.90、保证率为95%的要求确定。

浸渍、粘结纤维复合材的胶黏剂及粘贴钢板、型钢的胶黏剂必须采用专门配制的改性环氧树脂胶黏剂，其安全性能指标必须符合现行国家标准《混凝土结构加固设计规范》（GB 50367）规定的对B级胶的要求。承重结构加固工程中不得使用不饱和聚酯树脂、醇酸树脂等胶黏剂。

种植后锚固件的胶黏剂，必须采用专门配制的改性环氧树脂胶黏剂，其安全性能指标必须符合现行国家标准《混凝土结构加固设计规范》（GB 50367）的规定。在承重结构的后锚固工程中，不得使用水泥卷及其他水泥基锚固剂。

种植锚固件的结构胶黏剂，其填料必须在工厂制胶时添加，严禁在施工现场掺入。

8.2.3　钢材植入加固塔身工艺要点

1. 竖向植筋工艺

1）竖向钢筋的数量

竖向钢筋的设置，需经过抗震验算确定。在构造上宜在塔身的各面均设置两组竖向钢筋，每组竖向钢筋的根数可沿塔身自下向上逐层减少。

2）塔身开槽与钻孔

沿塔身布设竖向钢筋的部位开槽，槽的尺寸根据钢筋数量确定，宽度和深度不宜小于 50mm；在塔的各层檐口部位，改用钻孔通过，以减轻对塔体外貌的损坏。

3）钢筋的连接与固定

竖向钢筋间采用螺栓连接，以保证连接段的抗拉强度。待钢筋安装完毕后，用水泥砂浆填充槽体并覆盖钢筋。竖向钢筋的底部埋入塔的基础，采用植筋的方式连接；植筋钻孔的深度不小于 400mm，钻孔完成后应清理孔壁，然后灌入植筋锚固胶黏剂将钢筋固定。

2. 钢带围箍工艺

钢带围箍宜采用塔身内外双面加固的形式，以增强砌体结构的整体性。

1）塔体外部钢带围箍

在塔体每层檐口上下各设置一组围箍钢带，钢带的厚度 8mm、宽度 100mm、长度根据塔体各面边长确定，塔体相邻面钢带用厚度 8mm 的角钢焊接。

2）塔体内部钢带围箍和对穿锚杆

在每层外部钢带围箍处对应的塔体内部设置钢带。钢带的厚度 8mm、宽度 100mm、长度根据塔内各面内边长确定。塔体相邻面钢带仍用厚度 8mm 的角钢焊接。外部钢带和内部钢带在施工前先预留孔洞，通过直径 22mm 或 25mm 的对穿锚杆将两者连接为一体。

3）钢带与塔身的连接

为了便于塔身内外表面的复旧处理，可用切割机在围箍部位的塔身刻槽，将钢带紧箍其中。在钢带与塔体间的空隙处填充水泥砂浆，保证围箍钢带和塔体充分接触。围箍钢带完成后，在钢带外涂抹复合界面处理剂，便于塔身外表的复旧处理。

8.3　碳纤维围箍加固塔身技术

8.3.1　技术特点与适用情况

随着新材料、新工艺的不断出现和发展，用于砖石古塔加固的方法也在不断更新和进步。与钢材相比，碳纤维增强复合材料（CFRP）具有质量轻、抗拉强度高、抗腐蚀性能和耐久性好等优点，已在工业与民用建筑工程中得到了推广使用。针对古塔保护的特定要求开展碳纤维加固技术和工艺的研究，合理地将这一具有应用前景的材料引入古塔的加固修复工程，是建筑遗产保护的发展方向。

碳纤维增强复合材料产品有 CFRP 片材、CFRP 筋和 CFRP 管材等多种，其中，在混凝土和砌体结构的修复工程中应用较为成熟的为 CFRP 片材。CFRP 片材包含碳纤维布和碳纤维板两类，在广州六榕塔、都江堰奎光塔等古塔的加固修复工程中，已初步进行了碳纤维布加固的应用研究和实践。

受工艺和装置的限制，目前采用的碳纤维布黏结方法，尚不能有效地的发挥碳纤维的材料强度，其粘贴、成型固化工艺也较复杂，且大面积的粘贴碳纤维布将造成古塔外表面复旧处理的困难。针对这些问题，扬州大学古塔保护课题组研制了预应力碳纤维板张拉锚固一体化装置，可通过合理张拉碳纤维板对砖塔砌体实施围箍加固，发挥碳纤维材料的强度特性、提高砌体的抗裂性能和整体安全性。预应力碳纤维板围箍加固工艺（详见 8.3.4 节）对古塔结构扰动小、便于外观恢复；嵌入的加固材料可根据古塔后期保护需要，设计成永久存留、重新调整预应力度或全部拆除等工况，具有较好的可逆原性。

8.3.2　材料的选择与要求

1. 碳纤维复合材

碳纤维复合材使用的纤维应为连续纤维，其品种和材料性能应符合如下要求：①承重结构加固用的碳纤维，应选用聚丙烯腈基（PAN基）12K或12K以下的小丝束纤维，严禁使用大丝束纤维；当有可靠工程经验时，允许使用15K碳纤维。②承重结构加固用的玻璃纤维，应选用高强度的S玻璃纤维或碱金属氧化物含量低于0.8%的E玻璃纤维，严禁使用高碱的A玻璃纤维或中碱的C玻璃纤维。③当被加固结构有防腐蚀要求时，允许用玄武岩纤维替代E玻璃纤维。

结构加固用的碳纤维、玻璃纤维和玄武岩纤维复合材的安全性能指标必须分别符合表8-2或表8-3的要求。

表 8-2 碳纤维复合材安全性能指标

		单向织物（布）		条形板
		高强度Ⅱ级	高强度Ⅲ级	高强度Ⅱ级
抗拉强度/MPa	平均值	≥3500	≥2700	≥2500
	标准值	≥3000	—	≥2000
受拉弹性模量/MPa		≥2.0×10⁵	≥1.8×10⁵	≥1.4×10⁵
伸长率/%		≥1.5	≥1.3	≥1.4
弯曲强度/MPa		≥600	≥500	—
层间剪切强度/MPa		≥35	≥30	≥40
纤维复合材与砖或砌块的正拉黏结强度/MPa		≥1.8，且为 MU20 烧结砖或混凝土块内聚破坏		

注：15k 碳纤维织物的性能指标按高强度Ⅱ级的规定值采用

表 8-3 玻璃纤维、玄武岩纤维单向织物复合材安全性能指标

	抗拉强度标准值/MPa	受拉弹性模量/MPa	伸长率/%	弯曲强度/MPa	纤维复合材与烧结砖或砌块的正拉粘结强度/MPa	层间剪切强度/MPa	单位面积质量/（g/m²）
S 玻璃纤维	≥2200	≥1.0×10⁵	≥2.5	≥600	≥1.8，且为 MU20 烧结砖或混凝土块内聚破坏	≥40	≤150
E 玻璃纤维	≥1500	≥7.2×10⁴	≥2.0	≥500		≥35	≤600
玄武岩纤维	≥1700	≥9.0×10⁴	≥2.0	≥500		≥35	≤300

注：表中除标有标准值外，其余均为平均值

当进行材料性能检验和加固设计时，纤维织物截面面积应按纤维的净截面面积计算。净截面面积取纤维织物的计算厚度乘以宽度。纤维织物的计算厚度应按其单位面积质量除以纤维密度确定。

承重结构的现场粘贴加固，当采用涂刷法施工时，不得使用单位面积质量大于300g/m²的碳纤维织物；当采用真空灌注法施工时，不得使用单位面积质量大于450g/m²的碳纤维织物；在现场粘贴条件下，尚不得采用预浸法生产的碳纤维织物。

2. 结构胶黏剂和防护砂浆

材料的选择与要求同8.2.2节。

8.3.3 碳纤维片材粘贴加固塔身工艺要点

1. 一般规定

（1）被加固的砖塔体，其现场实测的砖强度等级不得低于MU7.5；砂浆强度等级不得低于M2.5；对已开裂、腐蚀、老化的砖塔体，需进行墙体灌浆和修复处理并达到上述规定的强度等级后，方能采用本方法进行加固。

（2）外贴纤维复合材加固砖塔体时，应将纤维受力方式设计成仅承受拉应力作用。

（3）粘贴在砖塔体表面上的纤维复合材，其表面应进行防护处理。表面防护材料应对纤维及胶黏剂无害。

（4）碳纤维和玻璃纤维复合材的设计指标，必须分别按表8-4及表8-5的规定值采用。

表 8-4　碳纤维复合材设计指标

性能项目	单向织物（布）		条形板
	高强度Ⅱ级	高强度Ⅲ级	高强度Ⅱ级
抗拉强度设计值 f_t/MPa	1400	—	1000
弹性模量设计值 E_t/MPa	2.0×10^5	1.8×10^5	1.4×10^5
拉应变设计值 ε_t	0.007	—	0.007

表 8-5　玻璃纤维复合材设计指标

性能项目	抗拉强度设计值 f_t/MPa	弹性模量设计值 E_t/MPa	拉应变设计值 ε_t
玻璃纤维	500	7.0×10^4	0.007
E 玻璃纤维	350	5.0×10^4	0.007

2. 碳纤维片材的粘贴方式

采用碳纤维片材提高砌体受剪承载力的加固方式，可根据工程实际情况选用水平粘贴方式、交叉粘贴方式、平叉粘贴方式或双叉粘贴方式等（图8-3、图8-4）。每一种方式的端部均应加贴竖向或横向压条。

粘贴纤维布对砖塔身进行抗震加固时，应采用连续粘贴形式，以增强墙体的整体性能。

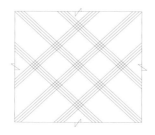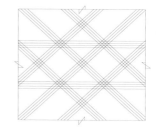

(a) 水平粘贴方式　　　　　(b) 交叉粘贴方式　　　　　(c) 平叉粘贴方式

图 8-3　纤维复合材（布）粘贴方式示例

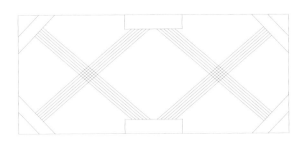

图 8-4　纤维复合材（条形板）粘贴方式示例

3. 构造规定

（1）纤维布条带在全墙面上宜等间距均匀布置，条带宽度不宜小于100mm，条带的最大净间距不宜大于200mm。

（2）沿纤维布条带方向应有可靠的锚固措施（图8-5）。

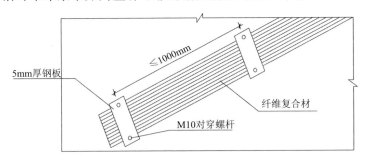

图 8-5　沿纤维布条带方向设置拉结构造

（3）纤维布条带端部的锚固构造措施，可根据墙体端部情况，采用对穿螺栓垫板压牢（图8-6）。当纤维布条带需绕过阳角时，阳角转角处曲率半径不应小于20mm。当有可靠的工程经验或试验资料时，也可采用其他机械锚固方式。

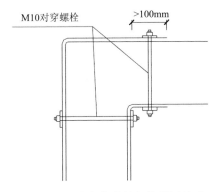

图 8-6　纤维布条带端部的锚固构造

（4）当采用搭接的方式接长纤维布条带时，搭接长度不应小于200mm，且应在搭接长度中部设置一道锚栓锚固。

（5）当砖墙采用纤维复合材加固时，其表面应先做水泥砂浆抹平层，层厚不应小于15mm且应平整；水泥砂浆强度等级应不低于M10；粘贴纤维复合材应待抹平层硬化、干燥后方可进行。

8.3.4 预应力碳纤维板围箍加固塔身工艺

本节所介绍的预应力碳纤维板围箍加固工艺，适用于塔身平面为多边形（边数≥6）古砖塔的抗震加固修复，且应在塔身砌体裂缝和破损部位完成灌浆补强修复后进行。

工艺所采用的预应力碳纤维板张拉锚固一体化装置，由定位导向板、对拉固定锚具、张拉螺栓等部件组成，能有效地对碳纤维板施加预应力，可准确地控制碳纤维板的移动方位，且便于碳纤维板的安装、张拉和锚固。该工艺能有效地发挥碳纤维材料的高强度优势，对古砖塔起到围箍约束和提高结构整体性的作用，进而达到文物修缮和抗震加固的目的。

1. 碳纤维板的设置

在塔体每层檐口的上下各设置一组碳纤维板带，板带须避开门窗洞，以形成全封闭的围箍圈。碳纤维板的截面尺寸由抗震分析确定，长度根据塔身围箍部位的周长确定。

2. 碳纤维板的张拉控制应力

《纤维增强复合材料建设工程应用技术规范》（GB50608—2010）建议，CFRP筋的张拉控制应力的取值范围为其抗拉强度标准值的0.40～0.65倍；综合考虑碳纤维板的预应力损失、变形能力以及预应力碳纤维板围箍体系对于砖石古塔结构的作用等因素，碳纤维板张拉控制应力的上限值取其抗拉强度标准值的0.5倍较为合适。

3. 预应力碳纤维板围箍工艺

预应力碳纤维板围箍加固古砖塔工艺的主要工序包括：①塔身开槽及找平；②碳纤维板及张拉锚固系统安装；③碳纤维板张拉与固定；④围箍体系的保护与砖石古塔表面复原处理。

1）塔身开槽及找平

（1）沿塔身围箍部位开槽，槽的宽度为碳纤维板宽度加上、下各10mm，槽的深度为50mm。开槽时，应避免对四周砌体的扰动。

（2）对平面为多边形（边数≥6）的塔身，按设计图纸将转角部位的棱角去除，并以弧线将两直线边平顺连接（图8-7）。

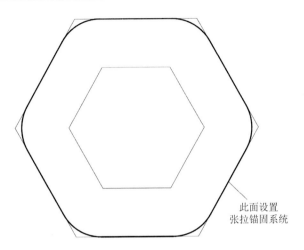

图 8-7　砖石古塔开槽部位平面图

（3）在碳纤维板端部的张拉部位，槽的宽度要根据张拉锚固系统的宽度设定；槽的深度需要增加半个锚具厚度，并考虑定位导向板底板的厚度，以满足锚具安装和张拉操作要求（图 8-8）。

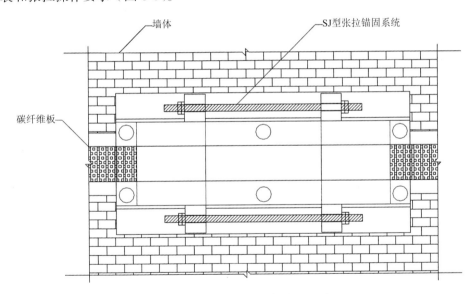

图 8-8　砖石古塔开槽部位立面图

（4）用高强度砂浆将开槽部位的砌体找平，厚度为 15mm，找平面应平整光洁，图 8-9 为砖石古塔开槽部位水平方向剖面图。

（5）砂浆保养至规定强度后用，用打磨机械将表面磨平并除去灰尘，然后在

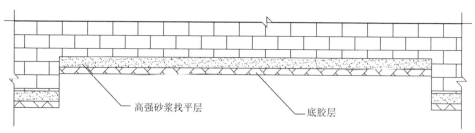

高强砂浆找平层　　　　　　　底胶层

图 8-9　砖石古塔开槽部位水平方向剖面图

其表面涂抹一层底胶。

2）碳纤维板及张拉锚固系统安装

（1）按设计图纸选定碳纤维板长度，然后将碳纤维板两端采用张拉锚固系统锚固于其锚具中。

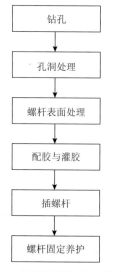

钻孔

↓

孔洞处理

↓

螺杆表面处理

↓

配胶与灌胶

↓

插螺杆

↓

螺杆固定养护

图 8-10　钻孔植螺杆的工艺流程

（2）在砖石古塔设置张拉锚固系统的部位，根据设计图纸要求钻孔、种植高强度定位螺杆，螺杆的位置对应定位导向板的四角螺栓孔和中线螺栓孔。钻孔植螺杆的工艺流程见图 8-10。应采用灌浆料将放置螺杆的孔洞填实。

具体步骤如下：①钻孔：在砖石古塔上标记需要种植螺杆的位置；使用配套电钻钻孔，孔洞的直径和深度应当满足种植、锚固螺杆的要求。②孔洞处理：清除孔内的粉尘、积水等，且应对孔洞进行干燥处理以利于胶黏剂对于螺杆的黏结锚固作用。③螺杆表面处理：植入螺杆前应对螺杆进行除锈、除油等清洁处理，以避免由于螺杆表面的锈蚀、不清洁而降低螺杆和胶黏剂的胶结作用。④配胶与灌胶：配胶时应当按照要求进行配制，配制时应搅拌均匀。灌胶应使用专门的灌注器一次完成，胶黏剂的灌注量应保证在植入螺杆后有少许的胶黏剂溢出。⑤插螺杆：应单向旋转缓慢地插入螺杆，直至插入设计位置、胶黏剂溢出，并尽量使得植入的螺杆和孔壁之间的间隙均匀。插入螺杆后可用堵孔胶进行孔口的封堵，以防止孔内胶黏剂的外溢。⑥螺杆固定养护：在胶黏剂完全固化前，应当避免螺杆外露端受到外力作用而扰动植入的螺杆。

（3）定位螺杆稳定可靠后，安装定位导向板。

（4）清洁碳纤维板与砌体接触的一面，并涂抹碳纤维板专用黏结剂；如果实施可逆原性方案，不用涂抹碳纤维板专用粘结剂。

（5）在定位导向板的内壁涂抹润滑剂以减少张拉时与锚具间的摩擦力。将张拉锚固系统的锚具安放于定位导向板中，并在导向板两端的角螺栓上分别加上稳定压板以保持两个锚具的稳定。然后用上下张拉螺杆将两端的锚具连接起来，则形成了碳纤维板围箍体系。

3）碳纤维板张拉与固定

（1）采用专用扳手或张拉装置紧固张拉螺栓，使碳纤维板绷直，并记录此时张拉锚固系统两端锚具的距离，在此基础上，通过控制该距离施加设计预应力。

（2）先按设计预应力的 10% 对碳纤维板施加初始张拉力，并检查各部件的工作情况。

（3）参照中线螺杆与锚具的位置，均匀张拉碳纤维板至设计预应力的 110% 并保持 5 分钟；然后，放松碳纤维板至设计预应力的 85% 并保持 5 分钟；再张拉碳纤维板至设计预应力，并记录两锚具间的位置，使实测值与计算值之间的偏差在控制范围内。

（4）张拉结束后，将锚具用双螺母固定，并卸去四个角螺栓上的稳定压板。对于张拉锚固系统中的钢质构件应采取防锈措施，防锈和防腐蚀采用的涂料、钢材表面的除锈等级以及防腐蚀对钢材的构造要求等，应满足现行国家标准《工业建筑防腐蚀设计规范》（GB 50046）和《涂装前钢材表面锈蚀等级和除锈等级》（GB/T 8923）的规定。

4）围箍体系的保护与砖石古塔表面复原处理

（1）在张拉锚固系统上涂一层保护油脂；然后，在其上安放塑料防护罩并固定在四个角螺栓上。如果设计成永久留存该张拉锚固系统，可在塑料防护罩内灌注环氧砂浆或其他防腐蚀材料；如考虑重新调整预应力度或全部拆除该张拉锚固系统，可在塑料防护罩内涂刷专用防腐油脂或者其他可以清洗的防腐材料。

（2）在碳纤维板上粉刷 5 毫米厚度左右的粘结剂作为保护层，分别见图 8-11、图 8-12。

（3）围箍加固体系的耐火等级，应不低于既有结构构件的耐火等级。在要求的耐火极限内，应当有效地保护张拉锚固系统中钢质构件，可以采用防火涂料防火，此时防火涂料保护层厚度应按国家现行有关标准确定。

（4）在凹槽处施做复合界面处理剂，然后砌筑原尺寸的仿古面砖（图 8-11）。如果实施可逆原性方案，则不施做复合界面处理剂，可以直接砌筑原尺寸的仿古面砖，并在仿古面砖和碳纤维板之间留有一定空隙（图 8-12）。仿古面砖可以根据原塔体砖块大小订做烧制而成，从尺寸和外观上要保持一致。仿古面砖可使用 107 胶的聚合物水泥砂浆进行粘贴，其配比为水泥：砂：107 胶 ＝1：0.5：0.20 ~ 0.25。

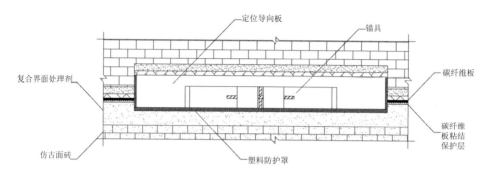

图 8-11　砖石古塔开槽部位的覆盖构造一（水平方向剖面图）

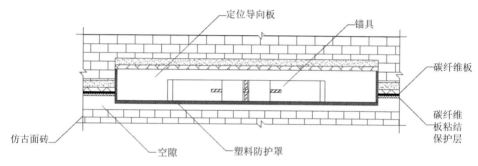

图 8-12　砖石古塔开槽部位的覆盖构造二（水平方向剖面图）

8.4　典型工程应用实例——奎光塔抗震抢险加固工程

8.4.1　工程概况

四川省都江堰奎光塔始建于清道光十一年（1831 年），位于都江堰市奎光路；塔高 52.67m，重约 3460t，为十七层六面砖砌古塔（图 8-13）。该塔外形雄伟壮观，内部结构独特，一至十层为双筒，十一层以上为单筒，是我国现存层数最多的古塔。奎光塔 2002 年被列为四川省重点文物保护单位，2013 年被列为全国重点文物保护单位。

20 世纪 80 年代初期，奎光塔的塔身产生明显倾斜，塔体下部第一、二、三层的东侧被压裂（酥），西侧严重拉裂。1986、1987、1989、1994 年对塔体进行了多次倾斜测量，发现塔体向北东方向倾斜 1.211m，倾斜率为 25‰（塔高按49.07m 计算），大大超过了允许倾斜率 4‰。1999 年 7 月中铁西北科学研究院承担了奎光塔纠偏加固工程的施工图设计，纠偏加固工程于 2001 年 9 月 20 日开工实施，到 2002 年 8 月 10 日完成；经过纠偏加固，奎光塔倾斜率由以前的 25‰

下降为 0.48‰。在加固工程中，按照都江堰市原抗震设防烈度为 7 度的标准对塔身进行了加固处理。加固措施主要为一至六层塔身围箍，纵向钢筋连接，纵向钢筋植入地基中的加固钢筏，塔身环氧树脂充填，以增加塔身砖砌体的抗压强度和抗弯能力。

2008 年 5 月 12 日汶川发生 8.0 级特大地震，震中位置为汶川县映秀镇（纬度：31.0°，经度：103.4°），震中烈度高达 11 度。都江堰市距震中 21km，地震烈度达到 10 度。汶川特大地震对奎光塔造成了巨大的破坏：塔体第五层至塔顶出现自下而上的贯穿裂缝，裂缝最大宽度达到 15cm，将塔体切割为南北两部分；塔体第八层及以上部分塔体发生扭转剪切破坏，上部塔体和下部塔体形成错位，最大错距达到 15cm；塔体第九层、第十层的东北角严重开裂，有局部塌落的迹象。

都江堰奎光塔的严重灾情引起了国家、四川省和都江堰市文物局、都江堰市人民政府的高度重视，在地震发生后不久，即组织相关单位和人员展开抢救保护工作，并委托中铁西北科学研究院承担了都江堰奎光塔震后塔体勘察及治理方案设计工作。

图 8-13　都江堰奎光塔

8.4.2　地震造成的塔体损坏状况

汶川特大地震对奎光塔造成严重的结构性破坏，根据调查，塔体的破坏主要可以归结为四种类型：

（1）塔体竖向贯穿性开裂。沿塔体竖向中轴线开裂，裂缝多数从塔体窗口处通过（图 8-14）。塔体西南面和东北面第五层至塔顶出现自下而上的贯穿裂缝，且这两组裂缝在第九层和第十层从塔体中部已部分连通，将塔体切割为南北两部分。塔体西北面和东南面第七层至第十四层也出现自下而上的贯穿裂缝。

图 8-14　第九层以上东北面、西北面裂缝向上发展

（2）塔体扭转性变形。塔体第八层及以上每层都出现不同程度的扭转变形（图 8-15），扭转方向均为逆时针。特别是第十、十一、十五、十六层最为严重，上部塔体和下部塔体形成错位，最大错距达到 15cm。

图 8-15　第十层西南角和北侧剪断错开

（3）塔体墙角倾倒。塔体第九层东北角、第十层的东北角和西角、第十五层的东南角等有向临空向倾倒的迹象（图 8-16）。其中第九层、第十层东北角最为严重，裂缝呈上宽下窄，上部裂缝宽度达到 8cm。若倾倒破坏进一步发展，上部塔体会出现整体倒塌。

图 8-16 第九层、第十层东北角外倾迹象

（4）塔体压酥破坏。每层每面窗口上部都出现不同程度地压酥破坏，窗口周围多为受压产生的"X"形裂缝（图 8-17）。部分窗口上部和塔檐砖体破碎塌落，特别是第九层东北侧窗口上部砖体已被完全受压破碎塌落，塌落范围宽 2.0m、高 1.0m（图 8-18）。

图 8-17 第十层西南侧"X"形裂缝　　　　图 8-18 第九层东北侧密檐砖块塌落

8.4.3 奎光塔塔身加固主要工程措施

抢险加固工程根据奎光塔震害的特点，采用塔体外部钢带围箍、塔体内部钢带支撑、竖向贯穿钢筋、裂隙注浆、窗口封堵等多种工程措施综合治理，图 8-19 为加固示意图及实施照片。

1）竖向贯穿钢筋

先在塔身自上而下凿宽 7cm、深 5cm 的竖槽，塔檐部位改用钻孔通过，将 Φ28mmⅢ级贯穿钢筋放置于凿槽中，钢筋间采用螺栓连接，以保证连接段抗拉强度。待钢筋安装完毕后，再填充密实的丙烯酸水泥砂浆。塔体第一层至第十层每面设置 8 根竖向贯穿钢筋，第十一层至十七层每面设置 4 根贯穿钢筋。钢筋底部与原混凝土基础相连接，连接方式采用植筋连接。植筋钻孔直径 40mm，深度400mm。钻孔完成后将硬毛刷插入孔中清理孔壁，然后使用专门的灌注器，灌入 JN-Z 型植筋锚固胶黏剂。胶黏剂灌注量应保证在植入钢筋后有少许胶黏剂溢出。之后，单向旋转插入钢筋，并尽量使植入的钢筋与孔壁间的间隙均匀。

2）塔体外部钢带围箍

在塔体第七至十七层的外部，每层使用两道 8mm 厚、10cm 宽的钢带进行围箍，长度根据塔体各层周长确定。塔体相邻面钢带用 8mm 厚角钢焊接。

在塔体第七至十二层外部，每层塔檐上下各设置一组围箍钢带。围箍钢带使用 8mm 厚、5cm 宽的钢板制作，长度根据塔檐宽度确定。塔檐相邻面钢带用 8mm 厚角钢焊接。

在塔体 A 面第九、十、十一、十六和十七层，B 面第七至十一层、第十三、十五和十六层，C 面第十层、十五层至十七层，D 面第十、十五、十六层，E 面第七至十一层、十六层，F 面第九至十一、十三、十六层，将外部塔身围箍钢带各用两组"X"形钢带连接成一体。钢带为 5mm 厚、8cm 宽的钢板，长度根据实际情况确定。钢带间采用螺栓连接。

为了保证围箍钢带和塔体的充分接触，在钢带与塔体间的空隙处填充丙烯酸水泥砂浆。围箍钢带完成后，在钢带外涂抹 JN-J 复合界面处理剂，界面剂中加入适当的水泥以达到复旧效果。

3）塔体内部钢带和对穿锚杆

在塔体第七至十七层，每层外部钢带围箍处对应的塔体内部设置钢带。钢带用 8mm 厚、10cm 宽的钢板制作，长度根据塔内每面宽度确定。塔体相邻面钢带用 8mm 厚角钢焊接。外部围箍钢带和内部钢带在施工前先预留孔洞，通过 $\phi25mm$ 对穿锚杆将两者连接为一体。

在塔体第七至十六层，每层外部密檐上下对应的塔体内部设置钢带。钢带用 8mm 厚、10cm 宽的钢板制作，长度根据塔内每面宽度确定。塔体相邻面钢带用 8mm 厚角钢焊接。

塔体内部每两根相邻钢带用 2 根竖向钢带连接在一起。连接钢带使用 5mm 厚、8cm 宽的钢板制作，长度根据相邻围箍钢带间距确定。钢带间采用螺栓连接。

4）裂隙注浆

对塔身所有裂缝进行裂缝注浆加固。裂缝注浆材料根据裂缝宽度确定。小于 2mm 的裂缝用 JN-L 型低黏度灌缝胶注浆，2～10mm 的裂缝用丙烯酸纯水泥浆注浆，大于 10mm 的裂缝用丙烯酸水泥细砂浆注浆。

JN-L 型低黏度灌缝胶注浆具有以下特点：极强的渗透力，黏度很低，能注入 0.05mm 宽的微裂缝；不含挥发性溶剂，硬化时基本不收缩；黏结强度高，韧性及抗冲击性好；抗老化性及耐介质（酸、碱及水等）性好；可操作时间长，使用方便、无毒。可以很好的保证塔身微裂缝的注浆效果。

丙烯酸纯水泥浆和水泥细砂浆以纯水泥浆和水泥细砂浆为主剂，适当添加丙烯酸树脂乳液。改良后的纯水泥浆和水泥细砂浆具有黏结强度高，耐候性、耐老化性好，对人体和环境无害的特点。丙烯酸纯水泥浆配方为水泥∶水∶丙烯酸乳液 = 1∶0.2 ~ 0.4∶0.25 ~ 0.35。丙烯酸水泥细砂浆配方为水泥∶砂∶水∶丙烯酸乳液 = 1∶0.6 ~ 1.0∶0.3 ~ 0.4∶0.25 ~ 0.3。施工前必须进行现场试验，以决定最终的配合比，保证注浆效果。

裂缝注浆加固工序：裂缝清理—预留进浆孔、排气孔（ϕ30mm 钻孔）—JN-F 型封口胶封闭裂缝—裂缝注浆—注浆效果复检。

5）窗口封堵

对塔体各层开裂的窗口分别用灰砖进行砌筑封堵。砌筑浆材采用丙烯酸水泥砂浆，其配合比为水泥∶砂∶水∶丙烯酸乳液 = 1∶5∶0.4∶0.2。

6）碳纤维加固

由于塔体内部结构复杂，空间狭小，裂缝分布较多，为了提高塔体内部的抗压强度。对墙体较大裂缝除注浆加固外，还需要粘贴碳纤维布加固。碳纤维布选用重量 300g/m²，厚度为 0.168mm，抗拉强度不低于 3000MPa 的碳纤维布。碳纤维布采用 JN-C 碳纤维加固专用胶进行粘贴。碳纤维布粘贴完工后再使用水泥细砂浆封闭处理。

7）密檐和塔身修复

密檐和塔身砖块掉落区域用与原塔完全一致的砖块砌筑修复。砌筑浆材采用丙烯酸水泥砂浆，其配合比为水泥∶砂∶水∶丙烯酸乳液 = 1∶5∶0.4∶0.2。为保证新砌筑砖体和原塔体的有效连接，根据砖块掉落实际情况在新砌砖体中增加了钢丝网。

8）塔身表面复旧处理

根据四川省文物管理局《关于都江堰市奎光塔抢险加固工程方案设计的批复》，要求将抗震加固措施中的横向围箍钢带做成隐蔽工程，保持塔体的原貌。因此，施工图设计中增加塔身表面复旧处理工程。在塔体外部钢带围箍、塔身修复施工完成后，在塔身外侧贴补仿古砖块。仿古砖块按照原塔体砖块大小订做烧制而成，在尺寸和外观上保持一直。仿古砖块使用 107 胶的聚合物水泥砂浆进行粘贴，其配比为水泥∶砂∶107 胶=1∶0.5∶0.20 ~ 0.25。

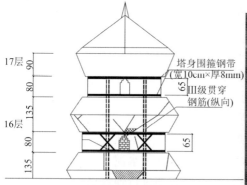

(a) 奎光塔植筋加固示意图　　　　　　　　(b) 竖向贯穿筋连接

(C) 外部钢带围箍　　　　　　　　(d) 内部钢筋对穿锚杆连接

图 8-19　奎光塔加固示意图及实施照片

第9章　古塔构件的修缮技术

古塔构件的修缮，是保持古塔整体风貌、延长结构使用寿命的基本工作。古塔的构件按照建筑材料和修缮工艺可分为木作和瓦、石作两大类，对于不同类型和材质的构件，需要采用专门的修缮技术；针对构件的不同部位和破损状况，还应考虑相应的技术措施。古塔构件的修缮应满足结构安全和文物保护的要求，既要遵循"不改变文物原状"的原则，也要注重将现代技术与传统工艺有机的结合。本章以木作和瓦、石作为基本类型，给出了古塔构件的修缮要点和注意事项，结合扬州文峰塔修缮工程介绍了相关修缮技术的具体应用方法。

9.1　古塔修缮的基本规则

古砖木塔的修缮加固应严格遵照"不改变文物原状"的原则，这样既要以科学的方法防止其损毁、延长其寿命，又要最大限度地保存其历史、艺术、科学的价值。为此，在修缮过程中必须注重以下几个方面的规则。

1）以安全为主要目标

古塔大都有百年以上的历史，存在着不同程度的损伤，即使是石构件也不可能完整如初；如果以完全恢复古建筑原状为目标，不仅会花费大量的人力物力资源，而且可能降低古建筑的历史文物价值。因此，普查定案时应以古塔是否安全作为修缮的原则之一。古塔安全包括两个方面：一是对人是否安全，某些局部构件经多年使用后，虽然没有倒塌，外表也比较完好，但如果在外力作用下可能倒塌伤人，则存在安全隐患；二是主体结构是否安全，与主体结构关系较大的构件出现问题时应予以重视。制定修缮方案时应以安全为主，不应以构件表面的新旧为修缮的主要依据。

2）不破坏文物价值

古塔的构件本身具有文物价值。修缮工程中在保证安全和不影响使用的前提下，保持残旧外观的构件或许更有观赏价值。古建筑的修缮应遵循"修旧如旧"的准则，这个准则包含着下列原则：能粘补加固的尽量粘补加固；能小修的不大修；尽量使用原有构件；以养护为主。

3）风格尽量统一

经修缮的部位应尽量与原有的风格一致。替代的材料应与原材料材质相同、规格相同、色泽相仿。

4）排除损坏的根源和隐患

在修缮的同时如不排除损坏的根源和隐患，实际只能是"治标不治本"。因此在普查定案时，应仔细观察、认真分析、找出根源；在修缮的同时，注意排除隐患。如果构件损坏不大或无安全问题，则以排除隐患为主。常见的隐患有：地下水及潮气对砌体的侵蚀，雨水渗入造成的冻融破坏，树根生长对砌体的损坏，漏雨和潮湿对柱子根部、榫头糟朽的影响，屋面渗漏对木构架的破坏，墙的顶部漏雨可能造成的倒塌等。

5）以预防性的修缮为主

以瓦木塔顶修缮为例，塔顶是保护建筑内部构件的主要部分，只要塔顶不漏雨，木架就不容易糟朽。所以修缮应以预防为主，经常对瓦木塔顶进行保养和维修，把积患和隐患消灭在萌芽状态之中。

6）尽量利用旧料

利用旧料可以节省大量资金。从建筑材料的角度看，还能保留原有建筑的时代特征。

9.2　木作修缮技术

9.2.1　木构件的选材与尺寸

1. 构件的选材

古塔构件材料的选择，首先应保证结构性能的要求，其次考虑选材的经济性。

1）结构性能要求

保证古塔结构性能的主要目的是满足结构安全和预期的功能要求。材料的选择必须考虑结构的安全性、适用性和耐久性。安全性是指在正常使用的条件下，结构和构件应能承受可能出现的各种荷载作用和变形而不发生破坏；在偶然事件（如地震）发生后，结构仍能保持必要的整体稳定性。适用性是指在正常使用时，结构和构件应具有良好的工作性能，如没有过大的变形、裂缝和倾斜等。耐久性是指在正常的维护条件下，构件不致因老化、腐蚀等而影响结构的使用寿命。

2）经济性要求

材料经济性要求是在满足构件性能的基础上，最大限度地降低工程造价而采取的措施。如在不同地域选材上，北方古塔对木构件一般选用松木，南方古塔一般选择杉木；选用本地域生长和常用的木材，可以降低运输成本，达到就地取材的目的。

2. 模数的定义

中国古代建筑虽然没有"模数"一词，但在实际建造过程中却有清晰的模数概念，各种构件可以形成某种比例关系，通常是以斗栱中的一个栱子的用材定为衡量整个建筑的标准单位，称为"材"。栱的高度称为材高、栱的宽度称为材厚，两层栱子相叠时，其中间的空档高度称为栔高，材高加栔高称为足材。

宋代《营造法式》一书中对"材"有详细规定，如"凡构屋之制，皆以材为祖。材有八等，度屋之大小因而用之"。又"各以其材广分为十五分，以十分为其厚"。

清代《工程做法则例》一书中规定了以"斗口"作为标准单位，它是在宋代"材、分"制度基础上演变而来的，与宋制有渊源关系，但清代改成以材厚为模数。实际上材厚就是斗口，在不同规模的建筑中也各不相同，按照规定，把斗口分为十一等，最大的斗口是 6 寸，最小的为 1 寸，每一等材之间，以半寸递减。级差划一，直接以尺寸表示，减少换算程序，较宋制大为简化。

此外，另一种标准是以柱径为基本模数，多用于小式建筑。柱径是源于建筑物明间的面宽，如面宽为 10，其柱高为面宽的 8/10，柱径则规定为柱高的 1/10。

3. 施工中的量具

由于古塔构件的尺寸大多参照《营造法式》或《工程做法则例》确定，在修缮施工中需注意古法量具的运用。在权衡制度上，除了采用斗口这个特有的建筑模数外，在实际操作中为了准确和便于施工，常采用"杖杆"和"讨退"两种方法。

杖杆是大木工序中不可缺少的一个尺寸依据，一切木构件的尺寸，如柱、梁、枋的长短和榫卯的尺寸都是用杖杆"过"在木料上面的。虽然现代施工中采用的钢卷尺有不易热胀冷缩、误差小、便于长距离度量等优点，但在古建筑施工中使用它，容易记错尺寸；更为不便的是，不能在一个长度内计算出建筑物的若干尺寸和位置，何况在古塔修缮施工中有很多尺寸需要现算。杖杆虽有潮湿变形及不便于长距离丈量等缺点，但它具有钢卷尺所不能具备的各种优点，因此在实际施工中都以它作为量具。

在古塔的大木作中，还有一项度量方法，叫做"讨退法"，又称"抽板法"。例如，两根柱子之间加一根额枋，使这个额枋的截面和柱子的圆面吻合，成为整体无隙的构架。多年来，工匠在实际操作过程中，为了解决这个问题，创造了一套符合实际的方法——"讨退法"。即把柱子的卯口尺寸标记在一块厚×宽×长为 1.5cm×5cm×3 倍柱径的抽板上，把从柱子上"讨"下来的尺寸标记在所需的额枋上，即"退"到额枋上，然后对额枋进行加工制作，安装后使之成为整体无隙的构架，从而解决了额枋截面与柱子圆面吻合的问题。

9.2.2 柱子的修缮

柱子是古建筑中最为重要的承重构件。在砖木古塔中，回廊附阶、楼盖、塔心木等常采用木柱作为承重构件。柱子受干湿影响较大，往往有糟朽、腐蚀、劈裂等情况，严重的会影响柱子的承载力；特别是包在墙内的柱子，由于缺乏防潮的措施导致柱脚处更易腐蚀，逐渐丧失柱子的承载力，危及到整体结构的稳定性和安全性。根据不同的情况，柱子修缮可采用以下方法。

1. 挖补

挖补的修缮技术主要针对柱子发生轻微的糟朽、腐蚀，但柱心部位还完好的情况，糟朽部位不会影响柱子的整体受力。

对于挖补部位的替代物应遵循以下几点：一是替代物必须是与旧构件质地相同的材料，然后按照挖补的规格、式样进行修缮；二是替代物的材料强度要尽量与原柱强度相适应，不是替代物强度越高越好，若替代物强度高于原柱强度，在受力时往往会出现新的裂缝，效果适得其反。

挖补的具体做法是：①先将糟朽的部分用凿子扁铲剔成容嵌补的几何形状，如三角形、方形、多边形、半圆或圆形等状，剔挖的面积以最大限度的保留柱身没有糟朽的部分为合适；为了便于嵌补，要把所剔的洞边铲直，洞壁也要稍微向里倾斜（即洞里要比洞口稍大，容易补严），洞底要平实，再将木屑杂物剔除干净。②用干燥的木料（尽量用和柱子同样的木料或其他容易制作、颜色相近的木料）制作成已凿好的补洞形状，补块的边、壁、楞角要规矩。③将补洞的木块楔紧严实，用胶粘结，待胶干后，用刨子或扁铲做成随柱身的弧形；补块较大的，还可用钉子钉牢，将钉帽嵌入柱皮内以利补腻、补油饰。

2. 劈裂的处理

劈裂处理主要适用于柱子开裂，是柱子不需要替换的一种处理方式。

柱子可能由于原材料制作时选料的干湿度不同，随着时间的推移，木材本身干缩而产生裂缝，可采取如下修缮的方法：①对于细小的裂缝（宽度在 0.5cm 以内，包括天然的小裂缝），可以用环氧树脂填实；若裂缝宽度超过 0.5cm 时，可用木材粘牢修补严实，操作过程和挖补的处理方式相同。②裂缝不规则时，可用凿铲制作成规则的糟缝，以便容易补严。③裂缝宽度在 3cm 以上时（应在构件直径的 1/4 以内），在对柱心粘补木条后，还要根据裂缝的长度加铁箍 1～4 道；铁箍的宽度和厚度规格，可根据柱径和挖补等具体情况而定，铁箍的搭接处，可用适当长度的钉子钉牢；嵌补的木条最好是顺纹、通长的。④对于超出上述裂缝范围或有较大的斜裂缝，影响柱子的极限承载力时，应考虑更换。

3. 化学材料加固

化学材料加固适用于柱子内部空洞的情况，为填补构件内部缺陷的一种方式。

化学材料加固常采用不饱和聚酯树脂灌注加固，这不仅增强了原有构件的力学性能，更重要的是保持了原构件的历史文物价值。

不饱和聚酯树脂灌注材料的配比如下：304 号不饱和聚酯树脂：100g；1 号固化剂：过氧环乙酮苯 4g；一号促进剂：环烷酸钴苯乙烯液 2～3g；石英粉：100g。

添加固化剂再追加促进剂，使不饱和聚酯树脂能在室内温度下可以自行发热而固化，树脂的固化与环境、温度和湿度也有关系，温度高则固化快。使用时，先加固化剂搅拌均匀，再加促进剂搅拌均匀即可使用。将上述灌注液中再加入适量的石英粉，就成为堵抹裂缝用的不饱和聚酯树脂。

4. 墩接

当柱脚腐朽严重，但自柱底向上未超过柱高的 1/4 时，可采用墩接柱脚的方法，常用的方法有"刻半墩接"和"齐头墩接"两种。

1）刻半墩接

刻半墩接又称为阴阳巴掌榫，适用于糟朽高度在 100cm 以下的柱子，如图 9-1 所示。具体做法如下：把要接在一起的两截木柱，都去掉柱子直径的 1/2，搭接的长度至少应留 40cm，新接柱脚料可用旧原料（方柱用旧方料）截成，直径随柱子，刻去一半后剩下的一半就作为榫子将两者抱接在一起，两截柱子都要锯刻规则、干净，使合抱的两面严实吻合，直径小的柱子用长钉子钉牢，直径大的柱子可用螺栓（直径 1.6～2.2cm）或外加铁箍两道加固。

墩接后的柱子强度由于墩接部分导致减弱，根据力学计算的数据，一般柱子墩接的长度不超过其柱高的 1/3，通常以明柱 1/5 为限，暗柱以 1/3 为限。

刻半墩接还有一种常用的作法即莲花瓣，也称抄手榫。在两截面柱子的断面上画十字线分为四瓣，各自刻去十字瓣的两瓣，用剩下的两瓣作榫安插，其他各项均同巴掌榫的作法。

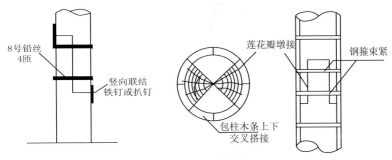

图 9-1　刻半墩接

2）齐头墩接

这种墩接方法一般适用于较短的柱子和砌筑在山墙里的柱子，或者是由于某种情况不可抽出的柱子。其方法是将柱子已经糟朽的部位截断锯平，新接柱墩可用废旧柱檩，按柱径依墩接高度选截一段，截面也要平直干净，将柱顶面及周围清理干净后，将柱墩填入柱位，四面钉木枋子包好，在接口两头用铁箍两道箍牢，特别短的墩接也可以用一道宽 10cm、厚 0.5cm 的扁铁直接箍牢接口。在与墙接触的地方涂上防腐剂，铁件涂防锈漆以防锈蚀。

若是常年处于潮湿环境的柱脚糟朽，也可以采用预制混凝土柱墩接，混凝土的标号一般以 110～150 号为宜。首先，按墩接的高度预制方形的混凝土柱，每边要比原柱径宽出适当的尺寸；然后，以原柱径为宽预埋两根扁铁，打好螺栓孔，墩接后用两根螺栓与原柱身连接夹牢。施用铁件要根据柱径酌定，一般用宽 5cm、厚 0.5cm 的扁铁和直径 1.6～2.2cm 的螺栓。还应注意，原柱的糟朽部分要待预制柱墩凝固后按其实际高度进行锯截。

5. 抽换柱子

当木柱严重腐朽、虫蛀或开裂，而不能采用修补、加固方法处理时，就需要考虑对柱子及时更换，并严格复制柱头、柱身等时代特征，务求与原来的柱外形一致。更换的木柱应与原有的木柱在材料性能上尽量保持一致，木材的含水率控制在 20% 以内，并注意做好防潮防腐处理。

关于糟朽柱子的替换，可以在柱子两侧，用钢管横筒支撑于梁枋下面，横筒下支立杉木撑杆，并加一块垫板，板下安放千斤顶，通过千斤顶加载将柱子和梁枋同时抬起，拆除糟朽柱子并将更换的木柱安放就位。

9.2.3 梁枋的修缮

砖木古塔中的梁枋主要用于木楼盖、塔顶和回廊的木构架中。随着时间的推移，梁枋受到各种外来因素的影响，承载力逐渐衰退，会发生变形、下沉、脱榫等情况。对于这些情况，应按照《古建筑木结构维护与加固技术规范》（GB50165—92）进行认真的检查和鉴定，然后根据残损的程度，制定出相应的修缮方法。

当梁枋构件有不同程度的腐朽而需修缮时，应根据其承载能力的验算结果采取不同的方法。若验算表明其剩余截面面积尚能满足使用要求时，可采用贴补的方法进行修复。贴补前，应将腐朽部分剔除干净，经防腐处理后，用干燥木材按所需形状和尺寸，以耐水性胶黏剂贴补严实，再用铁箍或螺栓紧固。若验算表明其承载能力已不能满足使用要求时，则需更换构件。更换时，宜选用与原构件相同树种的干燥木材，并预先做好防腐处理。

对于梁枋的干缩裂缝，当水平裂缝深度小于梁宽（或梁直径）的 1/4 时，可采取嵌补的方法进行修整，具体情况可参照柱子裂缝的修缮方法。

对于梁枋的脱榫，应根据其发生原因，采用下列方法修缮：①榫头完整，仅因柱子倾斜而脱榫时，可先将柱子拨正，再用铁件拉结榫卯。②梁枋完整，仅因榫头腐朽、断裂而脱榫时，先将破损部分剔除干净，并在梁枋端部开卯口，经防腐处理后，用新制的硬木榫头嵌入卯口内。嵌接时，榫头与原构件用耐水性胶黏剂粘牢并用螺栓紧固。榫头的截面尺寸及其与原构件嵌接的长度，应按计算确定，并应在嵌接长度内用碳纤维箍或两道铁箍箍紧。

9.2.4 斗栱的修缮

斗栱是中国古建筑特有的连接构件，应县木塔中四百多组丰富多彩的斗栱，展示了中国古代木结构的高超技艺（图 9-2）。斗栱是结构受力的关键部位，在外力作用下容易发生损坏，对斗栱的修缮也是古建筑修缮的重要部分。

斗栱构造复杂、形式多样，构件的数量很多，而且都是小构件；各构件相互搭交、锯凿榫卯后，一般剩余的有效截面都很小。在外力的作用下，常常出现卯口挤裂、榫头折断等现象。

斗栱的修补决定于是否大拆，因为斗栱中的构件所用材料都比较小，如果是大拆，破损较重，就需大部分更换新料。如果不是大拆，除少量必须更换的构件外，一般轻微破损的构件，可根据"保持现状"的原则，分别采用裂缝灌浆、局部粘贴、螺栓加固等修补方法。

为防止斗栱的构件位移，修缮斗栱时，应将小斗与栱间的暗销补齐，暗销的榫卯连接应严实。

图 9-2 应县木塔中的斗栱

9.2.5 木装修构件的修缮

在砖木古塔中，木装修包括门、窗、栏杆、挑檐等构件。木装修作为建筑整体中的组成部分，具有采光、通风和防护等功能，也起到美化古塔外观的效果。

受环境侵蚀和人为因素的影响，暴露在古塔外部的木装修易于发生损坏。木装修的损坏将会影响到古塔的使用功能和外立面的美观，甚至会削弱古塔的历史文物价值，因此需要对损坏的木装修进行及时的修缮和维护。

1. 门窗的修缮

古建筑的门窗，一般明间为外檐门，多为四扇五抹隔扇门，如图 9-3 所示。高度按上、下槛的净空尺寸，宽度分为四扇。五抹隔扇全高分五份，以腰抹头向下返 2/5 是群板及中绦环板、下绦环板所占部分，腰抹头向上返 3/5 是上边隔扇窗所占部分。隔扇窗是通气进光部分，四周在门边抹头之内单做窗子仔边，按要求用棂条做成各种几何形状。

古建筑门窗一般都采用双榫实肩大割角的做法，一般在门窗大边上做窝角线、三柱香线，棂子条多用盖面线。另外，棂子条一般都不直接交于门边或抹头，而是单做仔边小屉塞入框边，以便承做维修。

在扬州文峰塔修缮工程中，木门窗均采用木楔加固榫卯的方法进行修整，原有锈蚀的铁铰链用铜质铰链替换，表面涂刷油漆防腐，并保持了明代风格，如图 9-4 所示。

图 9-3　古建筑门窗

(a) 门　　　　　　　　(b) 窗

图 9-4　文峰塔门窗的修缮

2. 栏杆的修缮

栏杆是古建筑外部木装修的一个类别，依其位置分有一般栏杆和朝天栏杆两种，按构造做法分则有寻杖栏杆、花栏杆等类别。

栏杆的主要功能是维护和装饰。在檐柱间安装栏杆，以防止游客坠落。而安装在建筑平台屋面边缘的朝天栏杆，则主要起装饰作用。

(a) 混凝土栏杆剥落和锈蚀　　　　　　　(b) 修复后的木栏杆

图 9-5　文峰塔栏杆的修缮

木栏杆的修缮一定要按照修旧如旧的原则进行，切忌用其他材料代替。如扬州文峰塔的栏杆在 20 世纪 60 年代的修缮中，曾采用混凝土代替木材，结果导致楼层负重加大，混凝土也产生了剥落、内部钢筋锈蚀的现象（图 9-5（a）），严重地影响了古塔外观。2002 年扬州市按照文物保护原则对文峰塔进行了全面修缮，采用木材按原样修复了栏杆（图 9-5（b））。

3. 挑檐的修缮

挑檐是指挑出外墙的部分，一般挑出宽度不大于 50cm。挑檐主要是为了将楼层的雨水沿挑檐排入地面，防止雨水对楼层的渗漏，对外墙也起到保护作用。挑檐的长度因地域而有差异，一般南方多雨，出挑的长度较大，北方由于少雨，出挑的长度较小。

挑檐的修缮也需本着修旧如旧的原则，对于损伤较小的部位应进行局部加固处理，并保证与原构件的外形、色泽、花纹一致，保持原有的风格，对于需要替换的构件应根据相应的构造做法进行制作，并与其他构件的材质、色泽协调起来。

4. 金属构件的修缮

古塔中的金属构件不多，主要用于塔刹的制作（图 9-6）。金属塔刹一方面起到美观作用，远远望去使古塔显得更加巍峨庄严；另一方面金属构件可兼作防雷装置的部件（详见第 10 章），避免了古塔因雷击而损坏。不过，由于金属构件也会因各种因素的作用发生损伤，特别在潮湿的地方更会和空气中的水分和氧气作用发生化学反应，所以较多的金属塔刹常年暴露在外得不到妥善保护锈蚀严重。

图 9-6　金属塔刹

金属构件应针对其具体的损伤方式进行修缮，修缮方法如下：

（1）在保证结构安全的前提下，清除锈蚀金属构件表面的污染物和浮锈，选用恰当的表面处理方法与封护材料，钝化构件并达到与空气和水分的有效隔绝。为保留原始工艺信息，应尽可能地保留构件稳定的原始涂层，并对其起甲、剥落处进行修补、加固和部分封护处理。

（2）替换、添配构件时需谨慎，必要时需提前对新金属制构件进行防腐蚀处理，以免加大原有构件的构造应力，或者出现新的锈蚀因素。

（3）需要转变文物经一次保护处理就"一劳永逸"的观念，注重日常性监测和养护处理，随时了解金属构件的保存状况和材料的老化等情况，并及时采取应对措施。

9.3　瓦、石作修缮技术

瓦、石构件的修缮在古塔修缮中是经常遇到的项目，如对台基的整修、拆砌墙体、揭墁地面及翻修瓦顶等项目工程。

9.3.1　台基的修缮

台基又称基座，在建筑物的底部，是一个四面砌砖、里面填土、上面墁砖的台子。台基是整个古建筑的基础部分，塔体的木柱和墙体都是建立在它之上，古塔的稳定性和艺术造型都与它密切相关，因此占有十分重要的地位。台基在结构上分为可见部分和隐蔽部分，隐蔽部分是台面以下的结构，如图 9-7 所示。台基可见部分是表面结构造型，称台基露明，在覆钵式塔中，台基露明建造的较为高大，已经成为塔身的一个主体部分，对古塔起到重要的装饰和围护作用，如图 9-8 扬州莲性寺白塔采用的台基露明。

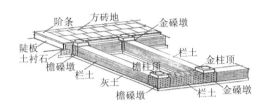

图 9-7　古建筑的台基构造

图 9-8　扬州莲性寺白塔的台基露明

1. 台基的修复步骤

台基的修复可根据其破损程度而采用不同的方法，首先对需修补砖石构件表面残留的污垢、水泥、砂浆彻底清洗干净。加固材料应先进行局部处理试验，在确定其加固效果和安全可靠性后再对台基构件逐一进行加固处理。

对于深层裂缝砖石构件，采用局部灌浆的方法。施工前充分作好砖石构件周边的保护措施，灌浆液宜采用低黏度加固剂。

对断裂和已脱落丢失的砖石构件，如对局部的结构稳定产生负面影响的部位要进行修补，修补时控制粘结部位的用胶量（不可抹涂过大，应局限裂缝边沿处）；根据黏合砖石构件的尺寸，涂胶要做到黏合面完全浸润，涂胶面均匀，防止出现固化不完全区和黏缝不整齐部位。砖石构件黏合前的表面必须清洗干净，无污垢、灰尘等杂物，为了增加粘结力，粘结表面还应具有适度的粗糙度。构件修补粘结后要进行外观做旧，恢复原雕花处理，外观色调保持与周围的原构件协调，但要有区别。

2. 台基整修的要点

（1）松动、移位和脱落大于30mm的砖石构件要归安、重新勾缝；

（2）断裂破损的部位用原材质砖石渣加环保胶修补；

（3）原已补水泥或水泥砂浆勾缝的应剔出重新修补，重新勾缝；

（4）风化、酥裂程度严重而无法使用的构件，应按原样原材质重新添配；

（5）残破柱顶石的裂缝，先清理、冲洗，再灌胶，加固补强。

3. 台基整修的做法

（1）修配或归安的台基：砖石构件必须牢固，灰浆或其它黏合剂必须饱满，新配的砖石料品种质感和色泽与原件相近，砖石料的层理走向不得有隐残炸纹，新配构件的外形尺寸及表面加工处理工艺手法要与原件相同。

（2）石构件归安：石构件可原地直接归安就位的直接归安，不能直接归位的可拆除或撬起、翻身、清理基层，并浇水浸透后灌浆；移位不严重的石构件可直接勾缝，移位较严重的石构件可在归安和灌浆加固后勾缝；勾缝前将松动的灰皮铲净，浮土扫净并用水泅湿，勾缝时将灰缝塞严，不可造成内部空虚，灰缝应与石构件勾平，最后打水搓子并扫净。

（3）添配石构件的制作和安装：依据现基座上相同名称的石构件图案与旧花纹吻合一致，石构件下坐足浆。

（4）台基的剔凿挖补：将缺损或风化的部分用錾子凿成易补配的形状，然后按照补配的部位下料，其短缺处，根据其原砖石料的材质和短缺的规格，用环氧树脂将补配的色泽相近的砖石料粘贴在台基的破损处；露明的表面按原样凿出糙样，安装牢固后"出细"；面积较大的可在隐蔽处扒铁锔子，缝隙处可用砖石粉拌合黏合剂堵实。抱鼓石、望柱石、栏板等有花纹的石构件应参照原有图案雕刻加工，做到修旧如故，保留原石的工艺和特点。汉白玉的补抹材料应使用白水泥、砂子、白灰，使其表面颜色、质感与原有石料相近。

（5）照色做旧：经补配、添配的新砖石料，应看不出新修的痕迹做旧的方法：将高锰酸钾溶液涂在新补配的砖石料上，待颜色接近时，用清水将表面的浮色冲净，再用黄泥浆涂抹一遍最后将浮土扫净。

4. 台基上裂缝的修复

（1）首先对需修补的砖石构件表面残留的污垢，水泥、砂浆彻底清理干净；

（2）按环氧树脂：乙烯三胺：二甲苯=100：10：10的比例配制黏合剂；

（3）做好砖石构件周边的保护工作，用护面胶带将砖构件裂缝周围仔细保护好；

（4）将环氧树脂黏合剂中加入80目相同材质石粉，无压力灌注至砖石缝中；

（5）对石立柱、石栏板接口处的宽缝用铁件与黏接相结合的方法修复，即在望柱头内铸钢芯（钢芯可采用$\phi 20$钢筋），在断裂处接触面上凿30mm的孔，注胶固定钢芯及断面；

（6）石栏板断裂处可应用铁扒锔荫入锚固后，再按上述方法进行裂纹修复；

（7）对阶条石、压面石接缝处采用白水泥、砂子、桐油、生石灰进行填补。

5. 台基修复的加固剂要求

破损砖石构件的修复应注意加固剂的选择，要满足以下要求：

（1）有一定的固结风化面的作用，但强度不宜增加过多，以免对文物造成新的破坏；

（2）对文物的外观、颜色没有影响；

（3）加固剂老化后不会对砖石构件造成新的破坏，同时也不会影响下一次的保护处理；

（4）对未贯通的细小缝隙和由于风化造成粉化的部位，采用有机氟或有机硅类加固剂进行处理，渗透加固提高表面的强度，减少表面雕刻的损失；

（5）对断裂和已脱落丢失的砖石构件，修补时选择相同材质、颜色的砖石料，黏合剂颜色与原砖石构件相同（用原砖石构件粉和胶进行调色），对石柱和石栏板接口处、阶条石、压面石接缝处等宽裂缝采用传统材料修复。

9.3.2　墙体的修缮

在木构架古建筑中，墙体主要起到围护和横撑作用；在木构架倾斜或柱脚糟朽的情况下，墙体也起到一定的承重作用。在砖石古塔中，墙体为结构的主体，兼具承重和围护的双重功能。古建筑墙体受雨水、风化的影响而损坏，一般在墙体下部出现大面积的酥裂和空鼓，既影响结构的性能，也影响建筑的外观。

古建筑墙体的检查和鉴定主要针对于碱蚀、酥松、空鼓、歪闪，以及明显裂缝等缺陷，这些问题的发生会使得墙体的承载力和稳定性下降，甚至于墙体的倒塌。在古砖石塔中，墙体为承重构件，其损伤状况与古塔的整体安全密切相关，因此，对古塔墙体修缮之前，需进行全面的检查和鉴定，作为修缮方法选择的依据。

1. 墙体的传统修缮方法

古塔墙体修缮视损伤面积大小而不同，小面积损伤的墙体可换砖修补，大面积损伤的墙体需换砖挖补或拆砌。墙体的修缮应遵循修旧如旧的原则，尽量按原形制、原材料、原做法，使其外形、色彩、尺度与原有墙体协调一致。常见的传统墙体修缮方法有剔凿挖补、择砌和局部拆砌。

对于墙体的局部酥碱剥落或是破损，可采用剔凿挖补的方法。先用钻子将需要修复的地方凿掉，凿去的面积应是单个整砖的整倍数。然后按原墙体砖的规格重新砍制，按照原样、原做法重新补砌好。

局部酥碱、空鼓或损坏的部位在墙体的中下部，而整个墙体比较完好时，可以采用择砌的方法。择砌必须边拆边砌，不可等到全部拆完再砌。一次择砌的长度不应超过 50 ~ 60cm，若只择砌外皮时，长度不要超过 1m。

若酥碱、空鼓或损坏的范围较大，可以采取局部拆砌的办法。该方法只适用于墙体的上部，即经局部拆砌后，上面不能再有墙体存在。其方法是先将需拆砌的地方拆除，如有砖槎，应留有坡槎，用水将旧槎湿润，然后按原样重新砌好。

2. 墙体植筋

植筋技术是目前建筑行业较为常用的一种加固补强技术。它是指在混凝土、砌体等基材上钻孔，然后注入高强专用植筋胶，再插入钢筋，利用植筋胶的粘结锚固力，将钢筋与基材粘结成受力的整体。该技术已广泛应用于建筑物的加固改造工程中，在增大古塔墙体强度的修复中也经常运用。

墙体植筋的操作过程如下：①清扫原墙体面层的浮渣，并冲洗干净，按设计要求准备钢筋和胶黏剂；②按设计图纸在植筋的平面位置上，用墨线划出纵横线条，确定植筋位置；③用电钻在标定位置进行钻孔并达到设计要求的锚固深度，孔径要大两级钢筋直径，如 $\phi16$ 钢筋的孔径为 20mm；④用高压气（空压机、打气筒）等冲洗，再用丙酮或工业酒精对孔壁和孔底进行擦拭；⑤按设计要求或厂家使用说明书配制植筋胶，用专用植筋胶注射器将搅拌好的胶注入清洗过的孔内，灌注量一般为孔深的 2/3；⑥将准备好的钢筋除锈和油污清理后，单向旋转插入孔内，直到设计的深度，并保证植入的钢筋与孔壁间隙均匀，且有少许植筋胶黏剂溢出；⑦钢筋植入定位后应加以保护，防止碰撞和移位，待植筋胶完全固化后（2 天），对植筋的质量进行检验，包括钻孔深度、垂直度和位置允许偏差。

植筋技术是一种较简捷、有效的结构连接与锚固技术。它是运用高强度的化学胶黏剂，使钢筋或螺杆等与构件产生握裹力，从而达到结合整体的效果。该技术具有施工简便、固着力大、固化时间短、快速承载、可缩短工期等优点，且植筋用的黏结材料抗腐蚀、耐老化、施工后产生高负荷承载力，使钢筋不易产生移位或被拔出，密实性能良好，无需作任何防水处理。

3. 塔身局部开槽

当需要在塔身墙体局部开槽时，应满足以下要求：①槽口上部有旧墙的部位，洞口宽度不得大于 1m。②应先掏挖过木槽，塞入过木后再向下掏挖；掏挖过木槽应分里、外、先、后进行，应塞入一侧过木后才能掏挖另一侧；过木应与上部砖墙顶实。③过木的厚度不应小于长度的 1/10。对于过木的搭墙长度，整砖墙不应小于 12cm，碎砖墙不应小于 18cm。

9.3.3　地面的修缮

古建筑室内地面及室外散水、甬路等，一般都采用砖墁地的形式。地面用砖可分为方砖和条砖两大类；地面缝的形式有十字缝、拐子锦、褥子面、人字纹等。砖墁地的操作方法分细墁和糙墁两种形式。

1. 室内地面

细墁地面用砖应事先加工打磨，操作过程分为：素土或灰土的夯实；放线；砖的趟数和每趟的块数；冲趟。在冲趟完毕后开始墁地，其程序有：样趟，揭趟，上缝，铲齿缝，刹趟。以后每一行都要进行上述操作，地面墁好后，再进行打点，墁水活并擦净、攒生。

糙墁地面所用的砖是未经加工的砖。其操作方法和细墁地面大致相同，但不抹油灰，也不攒桐油，最后用白灰砂子将砖缝守严扫净。

2. 室外地面

室外地面的修缮重点是散水，散水是在台基周边沿前后屋檐墁砖，用来保护地基不受雨水浸蚀。散水的宽度应根据出檐的远近来定，要保证从屋檐溜下的水一定要落在散水上。散水要有泛水，外口不应低于室外地坪，里棱应与土衬金边同高。散水的缝的形式除了可以参照室内地面缝的形式，还可以做成"一品书"和"联环锦"的形式。无论哪一种形式，外口一律要先栽一行牙子砖。栽牙子砖之前，应先算出散水砖所占的尺寸。散水铺墁方法可参照室内墁砖方法。

9.3.4　屋面的修缮

1. 屋面工程的分类

屋面工程按古建筑屋顶所使用的材料可分为琉璃屋顶工程和布瓦（青瓦）屋顶工程。琉璃瓦件与布瓦瓦件的不同之处是，琉璃瓦件是按部位烧制成型的，而布瓦瓦件可根据需要人工砍制。因此，琉璃屋面的技术性很大程度上在于能清楚地了解每一个琉璃瓦件的位置。

琉璃瓦件的选择先根据柱高确定吻高。吻高通常为 2/5 柱高，然后用这个尺寸确定瓦件样数。重檐建筑的下檐瓦件样数一般应比上檐小一样。

布瓦屋顶又叫"黑活屋顶"。布瓦屋顶除了所用材料与琉璃瓦不同外，瓦料的规格和名称，操作方法等也有所差别。布瓦屋顶比琉璃屋顶更复杂，技术性更强，工艺要求也越高。

2. 屋顶的养护与修缮

屋顶是保护建筑物内部构件的重要部分，屋顶养护和修缮的主要工作如下。

（1）除草清陇。由于瓦陇较易存土，布瓦的吸水性又强，所以在瓦陇中和出现裂缝的地方很容易滋生苔藓、杂草等。这些植物的生长对屋顶的损害很大，很容易形成漏雨，或造成瓦件离析。除草清陇中，拔草时应"斩草除根"，即应连根拔掉。要用小铲将苔藓和瓦陇中的积土、树叶等一概铲除掉，并用水冲净。在拔草过程中，如发现瓦件松动或裂缝，应及时整修。

（2）局部挖补。先将瓦面处理干净，然后将需挖补部分的底盖瓦全部拆卸下来，并清除底、盖瓦泥（灰）；盖瓦要注意新、旧槎子处应用泥灰塞严接牢，新、旧瓦搭接要严密。

（3）脊的修复。如果脊毁坏的不甚严重，可以用泥灰勾抹严实。对于破碎的瓦件一般不要轻易更换或扔掉，如果脊的大部分瓦件已残缺应将脊拆除后重新调脊。

（4）查补雨漏。查补雨漏一般分为两种情况。一种是整个屋顶比较好，漏雨的部位也很明确，且漏雨的部位也不多，这样就只需进行零星的查补。这种查补的关键在于查，只要查的准确，即使操作上粗糙些也能解决问题。查补雨漏的另一种情况是，大部分瓦陇不太好，或漏雨的部位较多，或经多次零星查补后仍不见效，就需要进行大面积的查补。

（5）瓦的修复。若底瓦破碎或质量不好，可以抽换底瓦。抽换瓦底的方法是先将上部底瓦和两边的盖瓦撬松，取出坏瓦，并将底瓦泥铲掉，然后铺灰，用好瓦原样放好。被撬动的盖瓦要进行"夹腮"或"夹陇"。如果盖瓦破碎或质量不好时，可以采取更换盖瓦的方法。先将破碎之瓦拿掉，并铲掉盖瓦泥，用水洇湿接槎处后铺灰，将新换之瓦重新铺好。接槎处要抹勾严实。

（6）揭瓦檐头。如檐头损坏严重时应采取揭瓦檐头的作法。先将勾头、滴子拆下，送到指定点存好备用。然后将檐头部分需揭瓦的底、盖瓦全部拆下，存好备用。连檐、瓦口一般都应重新更换。揭瓦檐头操作方法参见局部补挖，并要注意滴子、勾头（花边瓦）的高低与出檐要一致，如是布瓦，最后应在新、旧槎子处的上部弹线，按线在檐头"绞脖"。

（7）琉璃瓦釉剥落的修复。琉璃瓦釉剥落的修复除了可以更换以外，还可以采用刷漆的方法。这种方法适用于琉璃瓦釉剥落但漏雨现象并不严重，瓦件的破碎情况也不严重的屋面整修。刷色的方法较之瓦件的更换的方法用工少，工期短，造价低。

（8）瓦件的拆除。当上述各项维修方法都无效或者屋顶损坏严重，椽子望板多已糟朽，漏雨现象十分严重时，应考虑及时挑顶修缮。挑顶之前，应按顺序拆除瓦件，注意保护瓦件不受损失，并送到指定地点分类保存。

9.3.5　石构件的修缮

我国产石地区的石塔较多。非产石地区也常造砖石塔，石材一般用在砖塔的重要部位，以发挥其强度高、耐久性和装饰性强的特点。砖石混合塔的台基、台阶均采用石材砌筑，以达到防潮、防水和提高耐磨性的效果；塔的檐角、斗栱、门窗也常采用石材砌筑，以增强塔的美观性。

1. 石构件的更换

对于旧的石构件在强度等方面已无法满足要求需要替换时，石料的选材及修补应满足如下要求：

（1）石料的选配应符合设计规范的要求，并应与原石砌体的石料基本相同；

（2）添配石料的加工标准应按《古建筑修建工程施工与质量验收规范》的规定执行；

（3）修补毛石砌体应做到墙面平整、搭砌合理、灰缝饱满，接槎严密平顺，灰缝厚度均匀一致，色泽宜一致，墙面洁净；

（4）更换后的石构件除应保持原有风貌、砂浆饱满密实、搭砌牢固、接槎严实平直外，尚应与原样基本相同。

2. 旧石构件的修补

古塔旧石构件的表面处理，不得使用高压喷砂、酸洗等方法，可以采用刷洗见新、浇洗见新、花活剔凿等修复方法；对石料修补时，应选用与原物同品种的石材，并应与原材的色泽、质感相近。修补的接缝处及连接铁件的凹槽内不得勾抹水泥砂浆或月白灰。具体修补方法如下：①打点勾缝：用于台明、台基石构件的灰缝酥碱脱落或其它原因造成的头缝空洞；②添配：当石构件残破或缺损时，可进行添配。添配和归安修缮可结合进行；③石构件归安：当石构件发生位移或歪闪时，可进行归安修缮；④重新跺斧、刷道或磨光：用于阶条、踏跺等表面易磨损的石构件，表面处理的手法应与原有石构件的做法相同。

当石构件表面出现严重风化缺损时，可采取下列方法进行修补：①剔凿挖补：应先将缺损或风化的部分用錾子剔凿成易于补配的形状，然后按照补配的部位选好石料。石料形状应与剔出的缺口形状相吻合。露明部分应按原样凿出糙样，安装牢固后进一步细化。②补抹修补：应先将缺损的部位清理干净，然后堆抹上具有黏结力并具有石料质感的材料，干硬后再用錾子按原样凿出。

当砌体开裂、局部构架脱落时，可采用灌浆的方法进行加固。灌浆材料根据做法分为两类。采用传统做法时，灌浆材料应采取桃花浆或生石灰浆；采用现代做法时，灌浆材料应采用混合砂浆、水泥砂浆或素水泥砂浆，并宜加入水溶性的高分子材料。缝隙内部容量不大而强度要求较高时，可直接使用环氧树脂等高强的化学材料。

9.4 典型工程应用实例——文峰塔修缮加固技术

9.4.1 工程概况

扬州文峰塔屹立在扬州城南古运河畔文峰寺内，始建于明万年十年（1582年），高约 45 米，为八边形七层楼阁式砖木结构塔。文峰塔昔日曾为古运河航运上的导航塔，是古城扬州的重要标志之一，为南方楼阁式古塔的典型代表（图9-9）。

图 9-9　扬州文峰塔

文峰塔建成后的四百多年中，历经了风雨侵蚀，以及多次的地震和战火破坏；在此期间，当地政府也对文峰塔进行了多次修缮。如康熙七年，地震致使文峰塔塔尖坠毁，次年得到修复；咸丰三年，遭遇战争，仅存砖砌塔身，在民国期间得以修复。1957 年文峰塔被列为江苏省第二批文物保护单位后，在 1957 年 9 月和 1962 年 5 月两次加固维修过程中，改变了文物的部分建筑结构，使塔失去原有风貌。

至 20 世纪末，在长期的环境侵蚀与材质老化的影响下，文峰塔的局部构件变形过大，外露部分腐朽较为严重。由于历次修缮用料混杂，风格不一致，形式极不协调，如木栏杆改换成钢筋混凝土栏杆，并增设了支撑；且修缮后的栏杆因施工质量问题，导致栏杆内的钢筋裸露在外，并严重锈蚀（图 9-5（a））。

为了保护好这一古城的标志，扬州市政府决定对文峰塔进行全面的修缮加固，以重现当年的风貌。2002 年，扬州市宗教管理局确定扬州市古典建筑工程公司全面负责文峰塔的排险加固修缮工作。此次修缮加固方案采用了《扬州古塔抗震性能研究与抗震鉴定》科研项目的研究成果，并重新进行研究论证后，得到扬州市文物管理委员会批准。

9.4.2　文峰塔修缮的施工顺序

文峰塔为多层古建筑，在施工顺序上是先修上部塔顶，逐层向下修到台基，每层修缮时先修外部挑檐和平台，再修塔身和塔身内部。

根据文峰塔现场具体情况和所具备的条件，整个修缮工程分为 11 个施工顺序：

（1）搭设毛竹脚手架，铺设水平竹笆，维护竖向墨绿色安全网；

（2）搭设垂直运输井架吊篮设施；

（3）拆除屋顶及各层挑檐的筒瓦；

（4）拆除各层平座的混凝土栏杆和墁地砖；

（5）扶正塔刹和更新塔刹的铁链；

（6）维修加固塔体的挑檐、平座、楼面、吊顶、外栏杆、楼梯等木构件；

（7）增设防雷、照明、监控设施；

（8）维修瓦顶和砖墙；

（9）塔体内外粉刷；

（10）施工油漆和涂料；

（11）室外工程的完善。

9.4.3　文峰塔木构件的修缮原则

文峰塔的挑檐、平座、楼面、楼梯、吊顶、栏杆等都是木构件，这些木构件的修缮大致分为三种情况：保留原构件，修补原构件，替换原构件。

（1）保留原构件：构件的木质保存较好，不糟、不裂，构件强度满足承受荷载的要求，能够继续延用，略加休整即可。

（2）修补原构件：构件本身并不糟朽，仍能够承受荷载，但外露部分有劈裂、风化、缺损，则不拆不动，采取在原位就地修补，以保持构件的坚固及其本身的完整性。修补前先除尽残损部分，仍用与原构件材料相同的柏木就地补齐，修补的方法是先粘后钉，而后打抹着色腻子，使其色泽一致。

（3）替换原构件：凡严重糟朽者、劈裂缺材的构件，尤其是根部隐蔽部位和承重部位糟朽者，必须更换。所有更新构件，一律按原构件用柏木进行制作，以保持古塔木质的一致性能。

9.4.4　文峰塔构件的修缮加固技术

经过详细的调查，得出了文峰塔主要的修缮部位和构件有基座、木柱、梁枋、砖墙、楼面、外廊及栏杆、墙体及粉刷、挑檐及屋面、瓦顶、木门窗及塔心木、塔刹等，具体的修缮方法如下。

1. 基座

铲除台基和台明的水泥砂浆粉刷面，恢复原建筑台基和台明的砖细表面；塔四周铺设 1.8 米宽的青砖散水坡，并沿散水坡周边增设砖明沟，将雨水排入距基座较远的地下排水管周边的景观施工。图 9-10 为基座修缮后的面貌。

(a)   (b)

图 9-10　修缮后的基座

2. 柱子

（1）对木柱的干缩裂缝，当其深度不超过柱径（或该方向截面尺寸）1/3 时，按下列方法进行嵌补修整：①当裂缝宽度不大于 3mm 时，在柱的油饰或断白过程中，用腻子勾抹严实。②当裂缝宽度在 3～30mm 时，用木条嵌补，并用耐水性胶粘剂粘牢。③当裂缝宽度大于 30mm 时，用木条以耐水性胶黏剂粘牢，在柱的开裂段内加铁箍 2～3 道。

（2）当木柱有不同程度的腐朽而需整修、加固时，采用下列方法处理：①当柱心完好，仅有表层腐朽，且剩余截面尚能满足受力要求时，将腐朽部分剔除干净，经防腐处理后，用干燥木材依原样和原尺寸修补整齐，并用耐水性胶黏剂黏结。如系周围剔补，尚需加设铁箍 2～3 道。②当柱脚腐朽严重，但自柱子底面向上未超过柱高的 1/4 时，采用墩接法修缮，根据腐朽的程度和部位，按照 9.2.2 节采用柏木墩接。

3. 梁枋

（1）对梁枋的干缩裂缝，按下列要求处理：①当构件的水平裂缝深度（若有对面裂缝时，用两者之和）小于梁宽的 1/4 时，采用嵌补的方法进行修整，即先用木条和耐水胶黏剂，将缝隙嵌补粘结严实，再用两道以上铁箍箍紧。②若构件的裂缝深度超过上述限值，则应进行承载能力验算，若验算结果能满足受力要求，仍采用上述方法进行修整；若验算结果不能满足受力要求，则采用下述方法进行处理：更换构件，或在梁枋内埋设型钢加固件。

（2）梁枋内部因腐朽中空截面面积不超过全截面面积 1/3 时，采用环氧树脂灌注加固。

4. 砖墙

文峰塔墙体的整体质量较好，仅部分墙面有风化、开裂现象。对于风化、开裂严重的砖块需剔换新料；一般风化和裂缝轻微的砖块，采用有机硅涂料表面封护。

5. 木楼面

塔室木楼面的修缮工作为：①拆换腐朽、损坏的木楼板，加铺木楼楞以增大楼盖刚度。②拆换楼面损坏的方砖，塔室楼面破碎方砖按传统做法修补配齐。

6. 外廊构件

外廊（平座）沿每层塔体的周边设置，是观赏风景的重要通道，具有承受游客载荷和美化塔体外观的双重功能。受环境侵蚀和材料老化的影响，外廊的构件破损较严重，其中，1962 年维修时安装的混凝土栏杆钢筋锈蚀、混凝土破碎；这种做法改变了文物原有的建筑形式，增加了平座上的荷载，也影响了古塔的外观。栏杆的纠错维修是本次修缮的主要分项工程之一，修缮时将混凝土栏杆去除，恢复为原有的木栏杆形式，木栏杆的制作与安装须符合《古建筑修建工程质量检验评定标准》（CJJ70—96）的保证项目和基本项目的规定。

外廊的修缮包括过道、栏杆的更换整修等工作。具体方法如下：①校平过道下挑梁，新铺木材基层及嵌入墙内的木构件刷防腐沥青；②拆除外廊过道的混凝土基层与水泥砂浆面层，在其上铺 SBS 防水层，上铺一层钢丝网，再铺方砖；③拆除钢筋混凝土栏杆及柱，参照明代木栏杆形式制作木栏杆、望柱；望柱为方柱，望柱头雕刻覆钵形状，方柱根部采用榫结合与台口梁连接，并用铁件锚固。图 9-11 为外廊木栏杆制作的照片，图 9-12 为外廊修缮后的照片。

图 9-11 外廊的木栏杆制作

图 9-12 修缮后的外廊

7. 墙体粉刷

文峰塔墙体的粉刷主要为清水墙粉刷和混水墙粉刷。

（1）底层回廊墙体为清水砖墙，外墙面基本按原色调配色浆涂刷（图 9-10）；内墙需先修补后粉刷，内墙面嵌有石碑，修补时用软布遮盖墙面石碑，完成后再对石碑表面进行清洗。

（2）第二至第七层塔身均为混水墙，外墙面对校平挑梁时挖补的墙体表面用青灰砌筑，内部用 M7.5 水泥砂浆砌筑；砌筑时注意砂浆饱满，逐层砖与砖咬接，与原墙面合拢时，砖应塞紧填实；内墙面全部铲除原粉刷层后，重新用纸筋灰浆粉刷；门窗套及角柱经修补后，改用水泥加青灰粉刷（原为水泥砂浆粉刷）。

8. 挑檐

文峰塔第二至七层的外廊均为悬挑式，廊顶挑檐长期受屋面荷载作用下挠较大。挑檐的修缮及工序为：①校平挑檐单步梁，新铺木材基层及嵌入墙内的木构件刷防腐沥青；②拆除腐朽的椽、望板和封檐板，并按原制进行恢复；③配齐老角梁下端的木雕花篮饰件；④补装遗失的铜质风铃；⑤重新安装好老角梁至望柱内的圆钢柱，凡腐蚀严重的均按原样置换。图 9-13 为校平与加固后的角部挑梁。

图 9-13　文峰塔角部挑梁加固示意图和现场图

9. 屋面

因屋面筒瓦破碎较多（图 9-14）、渗漏严重，需全部落地，在木构架修整和木基层恢复后，再进行屋面做脊铺瓦。剔除 20 世纪整修改用的水泥砂浆筒瓦及其他砂浆复制品构件，小部分按现存规格、制式、图案等委托古典砖瓦厂开模、制坯和烧结。

屋面的修缮方法为：①拆除所有水泥砂浆仿筒瓦屋面，恢复为黏土筒瓦屋面；②拆除砂浆仿制的龙吻脊件，按原样安装重新烧制的黏土龙吻脊件（图 9-15）；③在屋面木基层上铺 SBS 防水层，上铺一层钢丝网，用 1∶3 水泥砂浆找平，再用混合砂浆铺瓦；④铺瓦采用混合砂浆，要求宽度均匀、盖瓦顺直、顶面曲线流畅。

图 9-14　瓦片破碎　　　　　　　　　图 9-15　屋脊修缮

10. 木门窗及塔心木

所有木门窗均用木楔加固榫卯的方法进行修整，并用铜质铰链替换原锈蚀的铁铰链；塔心木用镶木六棱柱替换已损坏的簿板镶包的六棱柱，但仍保持明代风格。

11. 油漆与彩绘

所有木质构件均按原色调调配桐油和油漆处理，图 9-16 为油漆处理后的塔内扶手和塔外栏杆。

底层回廊内的枋和月梁的原有彩绘全部保留，并予以妥善保护，新换构件按原样进行雕刻，并仿原风格、色彩做彩绘（图 9-17）。

(a) 塔内扶手油漆　　　　　　　　　(b) 塔外栏杆油漆

图 9-16　部分木构件油漆

图 9-17　回廊彩绘

铲除内外墙面的石灰泥粉刷，内外墙面粉刷 1∶1∶4 水泥石灰砂浆底面，内墙面刷白色乳胶漆，外墙面刷黄色外墙涂料。全部木构件涂刷熟桐油三遍，调和漆一遍；所有铁件涂刷防锈漆一遍，调和漆一遍；所有方砖地面涂刷熟桐油两遍。

12. 塔刹

塔刹的修缮包括：①整修塔刹基座；②扶正倾斜的塔刹；③将锈蚀的铁揽风锚链更换为镀锌锚链。图 9-18 为塔刹修缮前和修缮中的照片。

图 9-18　塔刹修缮前和修缮中的状况

9.4.5　结论

文峰塔加固工程在修复过程中采用的原材料和构件均符合文物建筑的要求，充分收购和利用旧砖、旧瓦，新增添的材料由专业人员负责加工制作，并保证新材料做旧处理，与原建筑协调一致，实现了古建筑"不改变文物原状"的原则，基本解决了历史遗留问题，保持和恢复了文峰塔应有的本色。

第 10 章　古塔的防火防雷技术

古塔是中华文明的宝贵遗产，体现了古代劳动人民的智慧和光辉灿烂的建筑文化，在考古、艺术、社会经济等方面都具有很高的科学研究价值。在长期的古塔研究和保护历程中，人们已经深切地感受到，火灾和雷击常常会对古塔造成毁灭性的破坏，是古塔保护中不容忽视的一个重要问题。由于火灾和雷击都具有时间上的不确定性和灾害损失的不确定性，因此，在古塔的各项保护修缮技术和措施中，增设必要的防火防雷设施，并加强对防火防雷技术的研究与应用，对古塔的保护具有十分重要的现实意义。

10.1　古塔防火技术

10.1.1　古建筑火灾

古建筑大多采用砖木结构或木结构，因此，古建筑物内一旦发生火灾，其火势蔓延非常快，发烟量大，给疏散和扑救带来很大的困难，特别是木结构古建筑，其扑救难度更大。加之大多数古建筑物的建造年代久远，很难达到现代建筑的消防要求，因此，对古建筑实施严格的防火保护措施显得尤为重要。古建筑的消防措施应立足于防，以防为主，消防结合。古建筑消防的这一基本原则，对古建筑的保护修缮设计和施工都提出了很高的要求。实际工程中，应使古建筑具有一套完善的消防系统，一旦发生火灾，能尽早报警，及时组织扑救和人员疏散，将火灾危害和损失降低到最低限度。

1. 火灾的形成条件

一般而言，形成火灾必须同时具备以下三个方面的要素：①可燃物，可燃物的存在是发生火灾的基本因素；②火源，火源是发生火灾的必要因素；③空气，足够量的空气是维持燃烧并形成火灾必不可少的条件。消除其中任意一个要素，都将切断燃烧，直至火焰熄灭。从这一思路出发，可在古建筑中采取相应的消防措施。

2. 火灾的原因

根据有关统计资料，引起古建筑火灾的原因包括：生活用火不慎、电气火灾（包括电线老化、绝缘损坏、大功率灯泡烤着可燃物等）、儿童玩火、雷击、纵火或战火等，其中生活用火不慎和电气火灾属于最主要的两个直接原因，而在现代建筑消防中，电气火灾已成为火灾的第一大原因。

上述引起古建筑火灾的原因构成了火灾形成条件中的第二个要素，即火源。因此，严格控制火源是古建筑消防中的重要环节。

3. 火灾的发展过程

按火灾现场温度的变化过程可将火灾的发展过程分为三个阶段（图10-1）：

（1）初始阶段：火场内温度不平衡，除局部燃烧点之外，其他各点温度均较低，燃烧面小，人员可从容疏散。在此阶段，火势尚未蔓延，燃烧不稳定，若通风不足，且能组织有效的扑救，火场内温度会很快下降，直至火势熄灭（图10-1中虚线部分）。

（2）全面发展阶段：可燃物燃烧速度加快，温度迅速上升。对于大多数建筑物，当温度达到600℃左右时，出现"轰燃"现象，意味着全面燃烧阶段开始，火灾迅速蔓延。虽然并非所有火灾中都会出现"轰燃"，但是一旦形成"轰燃"，古建筑内所有可燃物都会猛烈燃烧，使火灾进入全面发展阶段。

（3）熄灭阶段：随着古建筑内可燃物燃烧殆尽，燃烧速度和室内温度开始下降，火灾进入熄灭阶段。

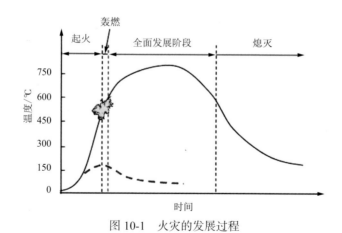

图 10-1　火灾的发展过程

4. 火灾的特点

大多数古建筑火灾存在如下特点：

1）蔓延速度快，易形成"轰燃"

古建筑大多以木材为主要建筑材料，一旦起火，如果短时间内不能组织有效的扑救，则火势将会迅速蔓延，导致火场温度快速上升，直至"轰燃"发生。一般古建筑的内部空间较大，且缺少防火分隔物，特别是古塔建筑中存在明显的"烟囱效应"，火势极易出现蔓延速度更快的竖向扩散，形成立体猛烈燃烧。

2）耐火等级低，易燃物多，扑救难度大

火灾初始阶段的扑救往往非常困难。我国多数古建筑的分布往往远离城镇，甚至位于高山之上，或深谷之中，消防条件差，水源无法保证，同时，位于山林之中的古建筑还受到山林火灾的威胁，如建于唐大历九年（774 年）的南京弘觉寺塔正是毁于山林火灾。这些先天不足的因素都加大了扑救的难度。

3）烟雾量大，且扩散速度快

国内外的建筑消防实践表明，从火灾中造成的人员伤亡的原因来看，烟雾的危害远远大于直接燃烧。大多数古建筑缺少明确的防火分区和防烟分区，使得烟雾扩散速度极快，古建筑中的木材燃烧后，将生成包含大量有毒有害成分的烟雾，不仅会对建筑内部人员造成伤亡，而且也给消防队员的火灾扑救工作带来很大的困难和危险。

4）古建筑群火灾易形成"火烧连营"，殃及古塔

古建筑群内各类砖木结构房屋鳞次栉比，容易出现"火烧连营"现象，很多位于寺庙之中的古塔常被殃及。据史料记载，我国历史上毁于此类火灾的古塔不在少数。

目前，砖木结构古塔修缮保护过程中，对防火阻燃方面的要求相对较低，甚至没有引起古塔保护修缮工作者的重视，这给古塔的保护留下了极大隐患，尤其是以木构件为主的古塔，一旦发生火灾，将造成不可估量的和不可挽回的损失。如 2001 年 2 月扬州长生寺发生的火灾，导致寺内古塔严重受损，其塔刹、木结构屋盖以及两层木楼面、木门窗全部烧毁。

10.1.2　古塔消防措施

一般而言，古塔内的消防措施应立足于防，立足于自救，以防为主，消防结合。

1. 古塔防火阻燃措施

在古塔的各种消防措施中，对古塔进行阻燃处理是行之有效的方法。从防火原理来看，要使木结构不发生燃烧，必须消除或隔绝形成火灾的三个要素中的一个因素（可燃物质、火源、空气）。采用难燃或不燃的涂料将可燃表面封闭起来，避免基材与空气的接触，就可使可燃表面变成难燃或不燃的表面。我国古代的很多民居采用了"外不露木"这一防火措施，其作用相对于为建筑物涂上了厚厚的

"防火涂料"。

木结构的防火涂料一般是以水作溶剂、由有机和无机复合材料作黏结剂，加入高效阻燃剂和助剂配制而成，能满足环保、装饰和防火为一体的要求，应用范围非常广泛，在大多数古建筑的修缮保护中起防火阻燃作用。

木材阻燃剂是古塔和其他古建筑修缮保护中进行阻燃处理的常用材料。由于古塔木构件具有自身的特殊性，尤其是在修缮保护过程中经常使用原有的木构件，在对其进行阻燃处理时一定要根据木构件的材种、形状和尺寸，阻燃剂吸收量和渗透深度等具体要求，采用适当的处理方法对木构件进行阻燃处理，以保障古塔在修缮保护后的使用过程中，能满足安全、防火阻燃、环保等要求。目前对木材阻燃剂的要求及其相应的标准、规范越来越严格，除了要求其具有阻燃的特性，还需考虑抑烟、环境特性、附加特性（如防腐、防虫性）等。木材阻燃剂的种类虽然很多，但投入实际应用的品种并不多。其中，树脂型阻燃剂被认为是新一代的木材阻燃剂，根据不同的阻燃需求分别用脲醛树脂、酚醛树脂或三聚氰胺与无机阻燃剂如磷酸氢二铵、聚磷酸铵等复合而成，其特点是对木材的物理和力学性能影响小、吸湿性低、阻燃剂不析出等，具体处理方法是将木材放入高压罐内，先抽成真空，然后加压将阻燃剂压入木材内部。

2. 古塔防烟措施

防排烟措施是现代建筑消防技术中的重要内容，现行消防技术规范要求根据建筑物的具体条件，将建筑物内部分隔成若干个防火分区和防烟分区，采取相应的机械防排烟和自然排烟措施。防排烟措施在消防疏散、人员逃生过程中发挥的效能甚至超过了直接灭火措施，对于高层建筑其重要性尤其突出。

虽然在古塔建造的年代，防排烟技术还达不到现代建筑消防技术的要求，在古塔中采用机械方式进行防烟排烟也是不现实的，将古塔内部分隔成若干个防火分区和防烟分区也十分困难。但是，从现代消防技术的观点来看，古塔中的一些措施在客观上起到了自然排烟的作用，如古塔中的门窗可以将火灾中塔内产生的高温烟气迅速排出；由于空间布置的原因，塔内大多采用盘旋式楼梯，在客观上也起到了阻滞"烟囱效应"的作用。在进行古塔修缮保护时，对于常年不上人的古塔，建议将内部楼梯进行临时性封闭处理，这样将有助于减缓火灾时火势和热烟气的竖向扩散，从而为灭火赢得宝贵的时间。

3. 古塔灭火措施

1）灭火器

目前使用的灭火器种类很多，常用的有干粉灭火器、二氧化碳灭火器、泡沫灭火器等。其中使用最多的是手提式干粉灭火器，具有体积小、重量轻、易于操作、设置地点和设置数量灵活、灭火效果明确等特点，特别适合早期火灾的扑救，是古塔各种灭火措施中较容易实现的一种。同时，设置摆放手提式灭火器不会对古塔造成任何损伤，可在古塔所在的周围一定区域内分散布置，在重点保护区域内集中布置。

在选用灭火器时，应注意灭火器中灭火剂的选择。一般而言，对古塔砖木材料具有腐蚀作用的或喷射后使砖木材料形成斑痕且不易复原的灭火剂不宜选用（如早期的酸碱灭火器），而应采用干粉灭火器、二氧化碳灭火器等。

2）消火栓系统

消火栓系统是最早出现的且目前最为常用的消防给水系统，一般可分为室内消火栓系统和室外消火栓系统。室内消火栓系统通常由消火栓、水枪、水带、给水管网和水源（屋顶水箱和室外消防水池）等组成。当水压不能满足要求时，应设置消防水泵（或其他增压设备），并采用带有消火栓泵启动按钮的箱体。图 10-2 所示为古塔内设置的室内消火栓。

图 10-2 古塔内增设的消火栓

在进行消火栓布置时，不仅要考虑古塔本身的灭火要求，还应考虑古塔周围其他古建筑的消防要求。因此，消火栓的布置间距是设计过程中需要进行验算的重要内容，一般应考虑消火栓的充实水柱、保护半径以及室内各部位所需的水柱股数。

在古塔所在的区域内还应布置一定数量的室外消火栓。室外消火栓是设置在建筑物外面消防给水管网上的供水设施，要从市政给水管网或室外消防给水管网取水供消防车实施灭火，也可以直接连接水带、水枪出水灭火。所以，室外消火栓系统也是扑救火灾的重要消防设施之一。图 10-3 和图 10-4 分别为地下式和地上式室外消火栓，可根据古建筑群内的具体情况进行选用。

图 10-3　地下式室外消火栓　　图 10-4　地上式室外消火栓

3）自动灭火系统

自动灭火系统包括自动喷水系统、气体灭火系统、泡沫灭火系统、细水雾灭火系统等。其中，自动喷水系统是安全可靠、经济实用且最为常用的系统，这些系统已经被广泛地应用于各类建筑物内，为建筑物（特别是大型建筑和高层建筑）提供十分可靠的消防安全屏障。

为了保证自动喷水灭火系统有稳定可靠的水源，可在系统中设置高位水箱或采用稳压装置提供水源，由于在古塔内很难设置高位水箱，因此，采用稳压装置的自动喷水灭火系统是可供古塔选择的一种自动灭火系统。图 10-5 为采用增压泵进行稳压的自动喷水湿式系统原理图，在古塔内每层设置一定数量的喷头，在火灾中，当喷头附近的温度达到一定温度（如 68℃）时，喷头将自动破裂，从而使喷头打开以一定的水压向四周喷水，实现自动灭火的功能。实践表明，在条件许可的情况下，采用适当形式的自动灭火系统可使得古塔在火灾时受到的损失降低到最低程度。

4. 古塔火灾监控系统

1）火灾自动报警系统

火灾自动报警系统是现代消防系统中的一个重要组成部分，是现代电子工程与计算机技术在消防中应用的产物，已成为现代建筑中不可缺少的组成部分，并越来越受到人们的重视。"报警早，损失小"是人们在与火灾作斗争的漫长过程中总结出的一条经验。在古塔中适当位置安装火灾自动报警系统将有利于在古塔消防中实现早期报警，为古塔灭火及人员疏散赢得宝贵的时间。

火灾自动报警系统在报警的同时，还具有"联动"功能，即通过控制线路将消防给水设备、自动灭火设备和防排烟设备组织起来，按照预定的要求动作，指挥各种消防设备在火灾时密切配合、各司其职，有条不紊地投入工作。实践表明，安装有火灾自动报警系统并加以妥善管理的建筑物中，该系统在消防中都发挥了积极的作用。

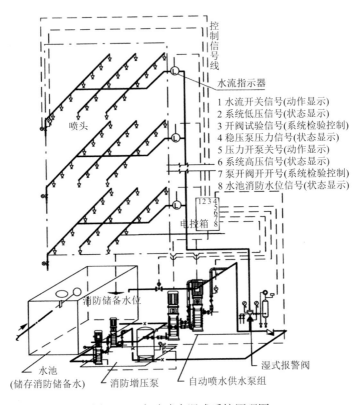

图 10-5　自动喷水湿式系统原理图

按照消防警戒区域的大小，可将火灾自动报警系统分为区域报警系统、集中报警系统和消防控制中心报警系统。如图 10-6 所示为古塔中采用火灾区域报警系统的示意图。其中，火灾探测器是组成各种火灾报警系统的重要器件，是系统的"感觉器官"，其作用是将火灾初期的各种物理和化学参数转换为电信号，传送到火灾报警控制器进行早期报警。

按照火灾现场的探测参数可分为感烟、感温、感光、可燃气体探测器以及上述两个或两个以上参数的复合探测器，一般而言，在砖木古塔内部适合采用感烟探测器，并根据古塔的内部构造将其安装于烟雾容易到达与集聚的位置。此外，应在古塔所在的防火区域内明显的和便于操作的位置设置手动火灾报警按钮，作为人工确认的报警信号，其底边距地高度宜为 1.3～1.5m，且应有明显的标志。

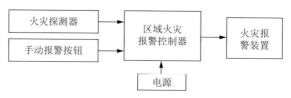

图 10-6　火灾区域报警系统

2011 年 5 月 9 日凌晨，南京鸡鸣寺药师佛塔失火，火势一直燃烧到塔尖。此后的主体修缮过程中，充分考虑了塔内消防措施，增设了消防自动报警系统和自动喷淋系统，每层设置 4 个喷淋设施以及感烟探测器，并通过一定措施保障消防水源的水量和水压，同时修复了塔体的防雷系统，从而极大地提高了佛塔的消防安全性能。

2）吸气式烟雾探测火灾报警系统

吸气式烟雾探测火灾报警系统（也称为空气采样烟雾探测报警系统）是一种先进的火灾早期探测技术，该系统在空气流量较高、流速较快的环境下，仍具有非常高的烟雾探测能力，目前主要用于保护计算机房/数据中心、通信机房、博物馆/档案馆、古建筑、地铁等重要场所。而随着吸气式烟雾探测技术的不断发展，其适用范围已经超出了最初的保护高风险设施的应用领域，目前已经被用于一些文物价值高且火灾风险大的古建筑内。

吸气式烟雾探测系统主要包括探测器和采样网管，如图 10-7 所示。探测器由吸气泵、内部分析系统（通常为灵敏度非常高的激光探测腔）、控制装置、显示电路等组成。采样管网由钻有若干数量小孔（也称为采样点）的钢管或 PVC 管组成，被保护区内的空气样品通过小孔被吸气泵不断地采集送入探测器，在探测器内经过系统分析，根据烟雾浓度值进行判断并显示其报警等级。

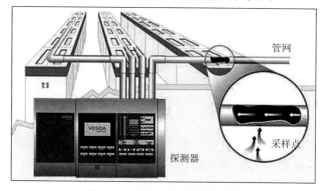

图 10-7　吸气式烟雾探测系统

由于吸气式烟雾探测系统采用了主动抽气方式，而传统的火灾自动报警系统中的探测器是处在一种"被动地等待"烟雾进入的状态，当空气流动强烈时，传统的烟感探测器不易达到它的报警阈值，易造成延迟报警甚至漏报。因此，与传统的火灾自动报警系统相比，吸气式烟雾探测系统的探测结果和响应时间不受环境气流的影响，能够在火灾的第一时间发现火灾并进行报警。结合古塔消防的"以防为主，防患于未然"的宗旨，吸气式烟雾探测系统将能够为古塔消防提供一种既保险又可靠的消防安全监控系统解决方案。

目前，大多数寺庙建筑或古建筑群内均设有安防监控系统，在进行古塔火灾自动报警系统或吸气式烟雾探测系统设计时，可将安防监控系统与相应的消防系统相关联，进行系统集成，在消防报警的同时，通过监控系统加以确认，既可以减少工程量，又能够提高消防系统的可靠性与智能化水平。需要强调的是，在进行各类消防设施的设计和施工过程中，应注意避免对古塔结构的破坏，在保证消防设施的应有功能的同时，尽量使各种水电管线的敷设做到美观、隐蔽，同时，还应符合有关建筑电气、消防等国家现行标准、规范的要求。

10.1.3　古塔电气防火技术要点

1. 古塔照明与电气系统

电气照明是建筑电气技术的基本内容，是保证建筑物发挥基本功能的必要条件。电气照明在建筑物中作用可归结为为建筑室内外空间提供符合要求的光照环境为主的功能作用；或以营造环境的艺术气氛为主的装饰作用。对一般的古建筑来说，功能性照明与装饰性照明均需要加以考虑，在很多庙堂内为了减少使用明火，都使用小功率灯具取代传统的贡香明火。但对大多数古塔而言，电气照明的作用主要体现在装饰作用方面，尤其是在夜晚，通过古塔外部的立面装饰照明（或称亮化），能够将古塔气势宏伟的结构造型、富有韵律的流线轮廓、舒展的飞檐斗栱等建筑艺术元素突显在夜幕之中，使得古塔与附近山水浑然一体。

在古塔内的电气系统除了电气照明系统外，还包括 10.1.2 节所述的安防监控系统和火灾自动报警系统等弱电系统。电气系统的引入给古建筑的开发利用带来了方便，也给古建筑的管理提供了新的手段。但是，电气系统对古建筑的消防安全与防雷确实也带来了一定的风险，通常电气系统引起的火灾原因可能是电气线路的短路、漏电以及电光源发热引燃周围易燃物。

2. 排除电气线路短路隐患

造成电气线路短路的原因很多，主要包括：

（1）绝缘电线、电缆长期过负荷运行，导致绝缘层老化，以至于损坏，使线芯裸露，形成短路。此时，若电路中的断路器不能及时跳闸保护，将引起线路发热，直至起火或者引燃周边易燃物品。为了消除此类隐患，应在设计阶段认真验算绝缘导线或电缆的截面积，一般要求导线或电缆在规定条件下（包括敷设方式、管材、管径、环境温度及穿管导线根数等）的允许载流量大于或等于线路中的计算电流，即

$$I_N \geq I_C \qquad (10\text{-}1)$$

式中，I_C 为线路中的计算电流，A；I_N 为导线或电缆的允许载流量，A，由相关设计手册中查得。

目前，在各类工程中广泛使用的普通绝缘导线和电缆的允许连续工作的最高温度为 65℃，但是在有消防要求的强弱电系统（火灾自动报警系统、消防水泵供电系统）中，应采用阻燃型导线或电缆。

（2）线路年久失修，绝缘层陈旧老化或受损，使线芯裸露，失去了绝缘能力。此类火灾隐患通常出自于平时对线路的维护检查不当，而疏于管理未能及时发现排除隐患。因此，建议在古塔内的电气线路采用钢管作为保护管，避免采用塑料管，以防老鼠咬坏保护管而使导线丧失绝缘能力。

（3）电源过电压，使电线绝缘被击穿。由于某种原因（如雷电或操作真空开关等）引起电源在瞬间出现过电压现象，可能损坏用电设备，甚至使导线或电缆的绝缘层被击穿，造成火灾。针对此类隐患，通常在电路中加装适当的过电压保护装置或浪涌保护装置，可以有效地限制大气（雷电）过电压和操作过电压。需要注意的是，过电压保护装置或浪涌保护装置并不能取代古塔的防雷装置。

一般而言，只要在古塔的电气系统设计、施工安装以及日常维护管理等各个环节中严格按照有关标准、规范和规章制度执行，就可以消除或减小由于电气线路短路所引起的火灾隐患。

3. 电气线路的漏电火灾的防范

漏电火灾是指由于供电线路绝缘层损坏后，使得电流从导线内部通过各种金属物向外泄漏，在漏电途中产生电火花、电弧，其高温引燃周围可燃物的现象。由于漏电火灾隐患中通常电流较小，但其漏电路径不确定，因而隐蔽性强，漏电隐患潜伏期长，平时不易被发现，大多是在灾后事故调查中才查找到电气线路上的漏电点。随着建筑电气技术的不断发展，各种类型的电气火灾漏电报警装置（也称剩余电流报警系统）应运而生，其基本原理是通过零序电流互感器探测剩余电流来进行漏电报警，由漏电报警装置"局部跳闸"来实现整体的漏电防护，具有安全、可靠、经济的特点，已经被广泛用于各类大型建筑物以及火灾风险大的建、构筑物内。对于古塔电气火灾的防范，电气火灾漏电报警系统也是必不可少的安全装置之一。

4. 合理选用电光源，以防光源发热引燃周围易燃物

电光源在各类建筑中都是最主要的用电设备之一，是电气照明的重要组成部

分。电光源的种类很多，各种形式的电光源的外观形状以及光电性能指标都有很大的差异，但从发光原理来看，电光源可分为三类：热辐射光源、气体放电光源和半导体光源。

热辐射光源是利用金属在高温下辐射出可见光形成照明光源，金属物温度越高，在其总辐射量中，可见光所占的比例越大。典型的热辐射光源有白炽灯和卤钨灯等。热辐射光源的发光原理决定了其所具有的特点：发热量大、发光效率低（即耗电量大），因此，在节能减排的时代背景下，热辐射光源正在全球范围内被逐步淘汰或被禁用。从消防安全的角度而言，在古塔照明中尤其不应采用热辐射光源。

气体放电光源是利用蒸气的弧光放电或非金属电离激发而发出可见光。气体放电光源的种类很多，如荧光灯、荧光高压汞灯、钠灯、金属卤化物灯等，与热辐射光源相比较，其共同的特点是发光效率高、寿命长、耐震性好等。在古塔照明中，可以选用配有电子镇流器的紧凑型小功率荧光灯作为塔内局部照明的电光源，选用金属卤化物灯作为立面泛光照明的电光源。

半导体光源是一种半导体固体发光器件（简称为 LED），是利用固体半导体芯片作为发光材料，在半导体中通过载流子发生复合放出过剩的能量而引起光子发射，直接发出红、黄、蓝、绿、青、橙、紫、白色的光。LED 照明光源就是利用 LED 作为光源制造出来的照明器具。一般而言，半导体光源具有工作电压低、光源功率小、发光效率高、寿命长、环保（不含汞）等优点，已经被广泛用于包括古建筑在内的各类建筑的室内外照明中，对古塔的照明也是一种十分理想的电光源。

5. 接地形式

在低压配电系统中的接地是指将电力系统或建、构筑物中电气装置、设施的某些导电部分，经接地线连接至接地极。在古塔中的供配电系统采用适当的接地形式对古塔的电气消防安全和用电安全都具有重要的意义。

按照接地系统的不同目的，可以分为工作接地系统、保护接地系统、重复接地系统、防雷接地系统、防静电接地系统等。

按照接地系统的接线方式的不同，通常将接地系统分为 IT 系统、TT 系统和 TN 系统，其中，TN 系统又可分为 TN-C 系统（系统中的中性线与保护线为同一根导线，也称为接零系统）、TN-S 系统（系统中的中性线与保护线线是分开的，又称为三相五线制）以及 TN-C-S 系统（系统中的中性线与保护线只有在电源端接地点连接，进入建、构筑物后即分开，并不可再次连接，又称为局部三相五线制）。TN-S 系统和 TN-C-S 系统都是我国目前建筑供配电系统中最为常用的接地系统，而对古塔而言，塔内外的低压供配电系统都是后期增设的设备，因此，更适合采用 TN-C-S 系统进行供配电系统的设计与改造。

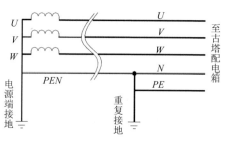

图 10-8　TN-C-S 系统

目前，在各类建筑电气系统中均趋向于采用共用接地系统，即将防雷、保护、工作等接地连接在一起，这样有利于消除不同接地系统之间可能存在的电位差，有利于减小接地电阻，容易均衡建筑物内各部分的电位，降低接触电压和跨步电压，排除在不同金属部件之间产生闪络的可能，从而进一步提高接地系统的安全性和可靠性。

10.2　古塔防雷技术

由于大多数古塔都是高耸构筑物，顶部装有金属塔刹、建于空旷地带，甚至建于山顶等原因，因此古塔往往最容易遭遇雷电破坏。我国史料中记载了大量的有关古塔遭受雷击后受损、倒塌、或起火焚毁的实例，如《洛阳伽蓝记》中生动地记载了北魏时期极其壮观的永宁寺塔被雷击而焚毁的经过，其惨厉的景象令全城淹没于哭声之中，至今仍令世人倍感痛惜。

随着科学技术的不断发展，人们在雷电所产生的破坏作用、机理及其防护措施等方面进行了大量的研究和探索，采取了一系列的预防措施，至今已经形成了一套比较成熟的理论和技术措施。但由于历史的原因，大多数古塔的防雷设施并不完善，古塔遭受雷击的事件仍时有发生，因此雷电仍然是古塔保护中所面临的主要威胁之一。

10.2.1　古建筑防雷规定

1. 雷电及其危害

雷雨云在形成过程中，它的一部分会积聚正电荷，另一部分则积聚起负电荷。随着电荷的不断增加，不同极性云块之间的电场强度不断加大，当某处的电场强度超过空气可能承受的击穿强度时，就产生放电现象，这种放电现象有些是在云层之间进行的，有些是在云层与大地之间进行的，后一种放电现象即通常所说的雷击，放电形成的电流称为雷电流。雷电流持续时间一般只有几十微秒，但电流强度可达几万安培，甚至十几万安培。

雷电的危害主要表现为直接雷、间接雷和高电位侵入。

1）直接雷

直接雷是指雷电通过建（构）筑物或地面直接放电，在瞬间产生巨大的热量可对建（构）筑物形成破坏作用。直接雷大多作用在建（构）筑物的顶部突出的部分，如屋角、屋脊、女儿墙和屋檐等处，对于高层建筑或处于空旷地带的高大古塔，雷电还有可能通过其侧面放电，称为侧击。

2）间接雷

间接雷也称为感应雷。它是指带电云层或雷电流对其附近的建筑物产生的电磁感应作用所导致的高压放电过程。一般而言，间接雷的强度不及直接雷，但是间接雷的危害也是不容忽视的。

3）高电位侵入

高电位侵入是指雷电产生的高电压通过架空线路或各种金属管道侵入建筑物内，危及人身和电气设备的安全。

2. 古建筑的防雷等级

《古建筑物防雷技术规范》（征求意见稿）根据古建筑的文物重要性和价值将古建筑的防雷等级分为 A、B、C 三级：

A 级：国家级重点保护的古建筑；

B 级：省、自治区、直辖市保护的古建筑；

C 级：其他古建筑。

按古建筑的重要性和价值、年预计雷击次数、自身结构、内部环境变化、雷击史等项指标的权重和分值，《古建筑物防雷技术规范》（征求意见稿）提出对古建筑物雷击风险进行定量评估及计算的方法（表 10-1）。

表 10-1　古建筑物雷击风险评估及计算方法

项目	内容	权重/%	级别	分值
X_1	重要性和价值	Q_1=20	世界遗产、国家级	100~90
			省、部级	89~80
			其他级	≤79
X_2	年预计雷击次数（次/a）	Q_2=25	≥0.05	100~90
			>0.01 且<0.05	89~80
			≤ 0.01	≤79

项目	内容	权重/%	级别		分值
X_3	自身结构	$Q_3=15$	金属结构、屋顶有金属物		$100 \sim 90$
			部分金属结构		$89 \sim 80$
			其他砖、木结构等		$\leqslant 79$
X_4	内部环境、结构变化	$Q_4=25$	年久失修、木结构进水		$100 \sim 90$
			潮湿、存放有金属物		$89 \sim 80$
			其他		$\leqslant 79$
X_5	雷击史	$Q_5=15$	自身有雷击记录		$100 \sim 90$
			周围有雷击记录		$89 \sim 80$
			无雷击记录		$\leqslant 79$

古建筑雷击风险计算值 E 的计算公式为

$$E = \sum_i X_i Q_i$$
$$= 20\%X_1 + 25\%X_2 + 15\%X_3 + 25\%X_4 + 15\%X_5 \qquad (10\text{-}2)$$

根据式（10-2）所计算出的风险值 E 确定古建筑的雷电防护等级：当 $E \geqslant 90$ 时，定为 A 级，必须安装防雷设施；当 E 在 $89 \sim 80$ 时，定为 B 级，应安装防雷设施；当 $E \leqslant 79$ 时，定为 C 级，可安装防雷设施。

在古建筑物风险评估计算方法中，"年预计雷击次数"一项占有 25%权重，表示古建筑物可能遭受的雷击概率，是雷击风险度评估中的一个重要因素。该项权重系数与古建筑所在的地理位置、古建筑物的高度、外部环境等因素存在密切关系，应按照《建筑物防雷设计规范》（GB50057—2010）中的公式（A.0.1）进行计算。

3. 防雷措施

不同防雷等级的建（构）筑物所采取的具体防雷措施虽然有所不同，但防雷原理是相同的。

1）防直接雷措施

防直接雷的基本思想是给雷电流提供可靠的通路，一旦建（构）筑物遭到雷击，雷电流可通过设置在其顶部的接闪器、防雷引下线和接地极泄入大地，从而达到保护建（构）筑物的目的。

2）防间接雷措施

雷电流和带电云层的电磁感应作用所引起的高电压，会在建筑物内的金属间隙中产生火花，可能损坏电气设备，引起火灾，甚至危及人身安全。因而需将建筑物内的金属物（如设备、构架、电缆金属外皮、金属门、窗等）和突出屋面的金属物与接地装置相连接；室内平行敷设的长金属物（如管道、构架、电缆金属外皮等），当其净距小于 100mm 时，应每隔 30m 用金属线跨接，以防静电感应。

3）防高电位侵入

当古塔内需要引入电源、信号线路或增设消防、防盗防火报警、视频监视等系统设备时，应充分考虑雷电高电位可能造成的危害。为防止雷电引起的高电位沿配电线路侵入室内，可将低压配电线路全长采用电缆直接埋地敷设，在入户端将电缆的金属外皮接到防雷电感应的接地装置上。当建筑物的低压配电线路采用架线引入时，在入户处应加装防雷接闪装置。为防范此类雷害，古塔的塔内、外部照明等电气系统的供配电线路（或电缆）均应采用埋地敷设的方式。

10.2.2　古塔防雷装置与相关技术

从建筑防雷的角度来看，大多数古塔都属于"孤立的高耸建筑物"，而与之相适应的防雷设施还不够完善。对古塔进行防雷设计与施工过程中，应充分考虑到古塔的历史和艺术价值，以及所处的位置、高度、与周围其他古建筑或高大树木之间的关系等特点，设计出科学合理的防雷方案。

1. 防雷装置

古塔的防雷装置可分为外部防雷装置和内部防雷装置。外部防雷装置由接闪器、引下线和接地装置组成，内部防雷装置主要由防雷等电位连接组成。

1）接闪器

接闪器的作用是通过防雷引下线和接地装置将雷电流导入地下，从而使接闪器下一定范围内的建筑物免遭直接雷击。接闪器包括拦截闪击的接闪杆、接闪带、接闪线、接闪网以及金属屋面、金属构件等。

（1）接闪杆

接闪杆（旧称避雷针）通常由圆钢或焊接钢管制成，其保护范围由滚球法确定，滚球半径按照建筑物防雷等级的不同取不同数值（表 10-2）。大多数古塔顶部均有金属塔刹，在设置古塔防雷装置时，通常用金属塔刹作为古塔的防雷接闪杆。

表 10-2　滚球半径与接闪网网格尺寸

建筑物防雷类别	滚球半径 h_r/m	接闪网网格尺寸/m
第一类防雷建筑物	30	≤5×5 或 ≤6×4
第二类防雷建筑物	45	≤10×10 或 ≤12×8
第三类防雷建筑物	60	≤20×20 或 ≤24×16

我国《建筑物防雷设计规范》（GB50057—2010）采用"滚球法"作为计算接闪杆保护范围的方法。滚球法是以 h_r 为半径的一个球体沿需要防止雷击的部位滚动，当球体只触及接闪器（包括被用作接闪器的金属物）或只触及接闪器和地面（包括与大地接触并能承受雷击的金属物），而不触及需要保护的部位时，则该部分就得到接闪器的保护。

如图 10-9 所示，当接闪杆高度 h 小于或等于滚球半径 h_r 时，单支接闪杆的保护范围为：圆弧 AB 关于 OO′轴的旋转面（图 10-9 中阴影部分）以下的区域，即假想存在一个半径为 h_r 的球体，贴着地面滚向接闪杆，产生雷击的带电云团为球心 Q，当球体只触及接闪杆和地面，而不触及需要保护的部位时，则该部分就处于接闪杆的保护范围之内，反之，若球体被建筑物的某个部位阻挡而无法触及接闪器，则该部分不受接闪器保护，如图 10-9 中，与接闪杆相距为 r_x 处的某建筑物，只有当其高度小于 h_x 时，方能受接闪器保护。

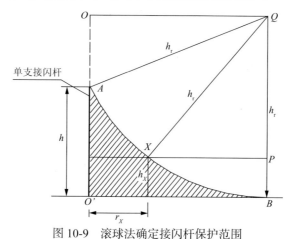

图 10-9　滚球法确定接闪杆保护范围

（2）接闪带

接闪带通常采用直径不小于 8mm 的圆钢或截面不小于 48mm² 的扁钢、或厚度不小于 4mm 的扁钢制成。接闪带应沿着建筑物的挑檐、屋脊、或女儿墙等易受雷击的部位设置，当屋面面积较大时，应设置避雷网，其网格尺寸见表 10-2。

在一般古建筑屋面上设置的接闪带应采用金属支持卡支出 10 ~ 15cm，支持卡之间的间距为 1.0 ~ 1.5m（图 10-10），接闪带及其与引下线的各个节点应焊接可靠，并注意美观整齐、不影响建筑物的外观效果。在古塔顶部常采用铁链将金属塔刹与顶层挑檐相连接，如图 10-11 所示，从防雷的角度而言，这部分铁链就具有接闪带的功能，如果再设置相应的引下线和接地装置将雷电流迅速导入地下，则可以起到很好的防雷效果。

图 10-10　接闪带　　　　　　　图 10-11　古塔顶部铁链与塔刹

2）引下线

引下线的作用是将接闪器和防雷接地装置连成一体，为将雷电流顺利地从接闪器传导至接地装置，从而导入地下提供可靠的电气通路，在整个防雷系统中起着承上启下的作用。引下线可采用镀锌的圆钢或扁钢制作。在新建建筑物中，通常的做法是利用建筑物钢筋混凝土柱内直径不小于 16mm 的主筋作为引下线，称之为自然引下线，这样既可节约钢材，又可使建筑外观不受影响。但是，对于古建筑而言，一般只能采用圆钢、扁钢或多股铜线，沿建筑物外墙明敷，并经最短路径与接地装置连接。图 10-12 分别为太原永祚寺古塔和苏州上方山古塔上明敷的引下线。采用圆钢做引下线时，其直径不应小于 8mm，扁钢截面不应小于 48mm^2，其厚度不应小于 4mm，多股铜线不小于 16mm^2。古塔的引下线一般不得少于 2 组。

(a) 太原永祚寺古塔　　　　　　(b) 苏州上方山古塔

图 10-12　古塔防雷引下线

古塔的引下线上端与塔顶部的接闪带相连接，下端与接地装置相连接，为了保证连接可靠，一般应采用焊接。为了便于测量接地电阻和检查防雷系统的连接状况，当采用多根专设引下线时，应在各引下线距地面以上 0.3 ~ 1.8m 装设断接卡（或测试卡）。

3）接地装置

防雷接地装置是接地体与接地线的统称，其作用是传输雷电流并将其迅速导入大地。接地体的形式可分为人工接地体和自然接地体两种，一般应尽量采用自然接地体，特别是高层建筑中，利用其桩基础、箱形基础等作为接地装置，可以增加散流面积，减小接地电阻，同时还能节约金属材料。

几乎所有古建筑的接地装置都是近年来进行改造时增设的，均为人工接地体，因此，在进行改造设计时应根据古建筑的地理环境和游客多少等情况来选择埋设方式和埋设位置。对于有地宫的古塔，要采用一定措施（如探地雷达）判明地宫的方位，选择合适的埋设方式和埋设位置避开地宫敷设防雷接地装置。对位于重要的景区内、且游客集中的古塔应采取均压措施，如采用闭合环形接地装置，构成均压接地网。古塔接地装置的冲击接地电阻应不大于 4Ω，若古塔位于岩石之上，其接地电阻不能满足要求时，可加大接地装置的接地面积以减小接地电阻。由于没有成熟的防雷理论和技术指导，很多古塔在建造时只在塔顶留有金属塔刹，而没有与之相配套的引下线和接地装置，反而使得古塔更容易被雷电击中。

4）等电位连接

等电位连接是指将古塔内的各种电气装置和外露的金属物体直接用导线与防雷装置相连接，同时将接地装置和等电位连接网络结合在一起，是古塔内部防雷措施的一部分。等电位联结将古塔内的各种金属物、消防管道、电气装置等连接起来，形成一个等电位连接网络，可防止直击雷、感应雷、或其他形式的雷，避免雷击引发的火灾、生命危险和设备损坏。

与一般建筑物相比，古塔内的电气装置和金属管道的数量很少，等电位连接装置往往较为简单，投资很小，但它却是设计与施工中必不可少的一个环节，能在极端条件下起到消除安全隐患的重要作用。因此，应定期检测内部防雷装置和设备等电位连接的电气连续性，若发生连接处松动或断路，应及时修复。

2. 古塔易受雷击的部位

根据雷击形成的机理与雷电活动规律以及古塔遭受雷击的记录，可以得到古塔易受雷击的部位主要包括塔刹、宝顶、挑檐，檐角以及斜脊等突出的部位。因此，在古塔防雷装置设计与施工中应尽量考虑在上述易受雷击的部位处设置相应的防雷设施，如图 10-13 所示。除此之外，对于较高大的古塔，还应考虑防侧击雷的措施。虽然目前各类古建筑保护的标准、规范中均未对设置防侧击雷的古塔高度加以明确，但是，对于高度超过 30 米、且周围没有其他高大建筑或树木的古塔，应考虑防侧击雷的有关措施，通常可以在古塔塔身的上部，特别是塔顶以下三层外檐上安装接闪带，或在檐角上加装短接闪杆。

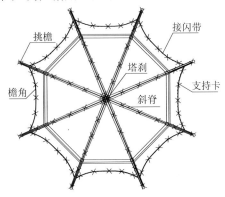

图 10-13　易受雷击部位及防雷设施

3. 古塔防雷设施的管理与维护

完善的防雷设施是保证古塔安全的重要措施，也是古塔的保护与修缮中一项重要内容，防雷设施的安装施工往往涉及从古塔顶部直至基础部分，工作量大，要求美观，且精度要求较高。因此，应尽量将防雷设施的安装施工与古塔的整体修缮加固同步进行。

完善的防雷设施应由熟悉雷电防护技术的专职或兼职人员负责进行日常维护与管理。与古塔防雷设施维护管理相关的工作内容很多，主要包括建立各项防雷减灾管理规章制度、落实各部分防雷装置（如接地电阻值）的定期检测并进行相应的处理、日常维护和雷害灾情上报等。

10.3　典型工程应用实例——文峰塔消防与防雷设计方案

我国古代所建的各类古塔数以千计，然而能完整保存至今的已为数不多，其中很多古塔或毁于火灾，或毁于雷击。从对古塔的抢救或维护的角度出发，在对古塔进行修缮、加固的过程中，做好消防和防雷方面的设计与设施安装已经成为古塔保护中的一个重要环节。本节仅以扬州文峰塔为例，提出相应的消防和防雷方面的设计方案。

10.3.1 工程概况

扬州文峰塔是一座七层八角形砖木结构楼阁式古塔，始建于明万历十年（公元 1582 年），坐落于扬州城南古运河畔的文峰寺内，地面以上高度为 44.75 米。每层塔身四面开门，交错设置；楼盖为木结构，上铺砖板；沿内壁设木楼梯供人环绕而上。塔顶为木结构，上设紫铜包木塔刹压顶，刹杆与塔中心柱相接延伸至塔底。外部塔檐、栏杆、平座均为木结构。塔檐和平座自砖砌塔身内挑出，伸出较宽，便于走出塔身外面观览江河景色。在平座的木栏杆柱与上层挑檐木悬臂之间设置钢拉杆，用于加强平座的刚度。

1957 年，文峰塔被定为省级文物保护单位。2002 年扬州市有关部门在对文峰塔进行修缮加固的过程中，曾对塔体的防雷系统做了测试和安全评估，发现原有的防雷引下线在三层处已断开，实际上丧失了防雷功能，因此在其后的修缮中，仅对该处引下线进行了修复。此外，文峰寺内虽然有部分消防设施，但文峰塔自身的消防措施还不尽完善，有必要深化与改善消防系统的设计，进一步提高消防系统工作的可靠性。

10.3.2 消防系统方案设计

由于文峰塔为砖木结构古塔，楼盖、塔顶、塔檐、栏杆、平座等均为木结构，火灾危险性较大，其消防系统方案包括移动式灭火器、消火栓给水系统、自动喷水灭火系统和火灾自动报警系统。因文峰寺内除了文峰塔外尚有大雄宝殿、藏经楼、戒台等多座古建筑，因此，本系统方案设计将综合考虑寺内所有古建筑的消防安全。

1. 移动式灭火器

在文峰塔第二至第七层每层摆放手提式干粉灭火器两只，第一层塔内、外各放置手提式干粉灭火器两只。

2. 消火栓给水系统

在文峰寺内设置消防加压泵房，泵房内设有两套消火栓系统加压水泵，一用一备，消火栓加压水泵的启动方式为：①消火栓处按钮远程启泵；②通过消防控制中心自动启泵；③消防加压泵房内手动启动。由于文峰寺紧邻古运河，可以运河作为天然水源，因此寺内无须另设消防贮水池。

室外（文峰寺内）消火栓消防用水量为 20L/s，文峰塔内消火栓消防用水量为 10L/s，在塔体四周布置环状的室外消防管道，在室外消防管网上、塔体北侧设置两套 DN150 地上式水泵接合器，供市政消防车使用。室外消防给水系统由市政管网接入文峰寺内，利用已有的室外消火栓供水。图 10-14 所示为文峰塔消火栓系统示意图。

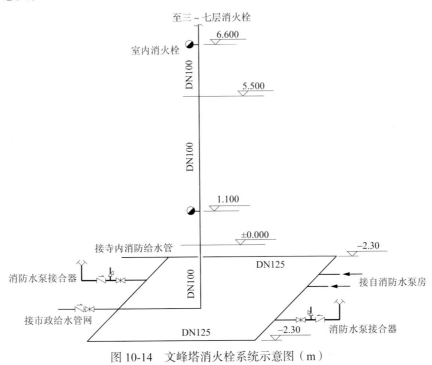

图 10-14　文峰塔消火栓系统示意图（m）

塔内每层设置室内消火栓一只，每个消火栓箱内布置 1 个 DN65 消火栓、1 支 DN19 铝合金水枪，消火栓栓口离地面的安装高度为 1.10m。本系统的设计流量为 15L/s，所需压力为不小于 0.40MPa，供水水源来自文峰寺内的消防泵房。

3. 自动喷水灭火系统

在消防加压泵房内设置两套自动喷淋系统加压泵，一用一备，自动喷淋加压水泵的启动方式为：①水流指示器、火灾探测器等信号提供消防控制中心经确认后启泵；②通过压力开关启泵；③消防加压泵房内手动启动。本系统采用湿式自动喷水系统，所需的水压不小于 0.40MPa，报警阀组设在消防泵房内，一层设水流指示器 1 只。每层设置两只直立型喷头，动作温度为 68℃。

4. 火灾自动报警系统

在文峰寺内设置消防控制中心，通过火灾自动报警控制设备和消防控制设备，接收、显示、处理火灾报警信号，对相关消防设施进行联动控制。消防中心可接收感烟、感温火灾报警信号、水流指示器、压力报警阀、手动报警按钮、消火栓按钮等处的动作信号。

考虑到文峰塔每层塔身四面开门，在火灾情况下，烟雾容易被风吹散，因此，在每层塔内吸顶安装感烟探测器和感温探测器各一只。消防自动报警系统按两总线设计。系统的成套设备，包括报警控制器、联动控制台、CRT 显示器、打印机、应急广播、消防专用电话总机、对讲录音电话及电源设备等。

10.3.3　防雷系统方案设计

1. 雷击风险评估

文峰塔位于古运河畔，土壤中含水量高，电阻率小，加之周围没有其他高大建筑物，使得遭遇雷击的几率增加。根据《古建筑物防雷技术规范》（征求意见稿）中雷击风险评估及计算方法（表 10-1 及公式（10-2））以及《建筑物防雷设计规范》（GB50057—2010），得到，X_1=85、X_2=85、X_3=80、X_4=85、X_5=85，则

$$\begin{aligned} E &= 20\%X_1 + 25\%X_2 + 15\%X_3 + 25\%X_4 + 15\%X_5 \\ &= 84.25 \end{aligned} \tag{10-3}$$

因此，扬州文峰塔雷电防护等级定为 B 级，应安装防雷设施。

2. 外部防雷设施

文峰塔外部防雷设施布置如图 10-15 所示，具体措施包括：①利用塔顶的金属塔刹以及八根连接挑檐的铁链作为接闪器；②采用两根 φ10 镀锌圆钢做防雷引下线，对称布置，沿塔体外侧明敷引下；③引下线自地面到 1.7m 处采用角钢或硬塑料保护管加以保护，各引下线距地面以上 1.8m 处装设断接卡，供测试接地电阻之用；④每根引下线的冲击接地电阻不大于 4 欧姆。垂直接地极采用 φ20 镀锌圆钢，长度不小于 2.5m，间距为 5m；⑤水平接地极采用 40×4 镀锌扁钢，防雷装置的所有节点均需双面焊接。

为防止侧击雷，沿第六、七两层檐角设置接闪带环绕一周成为均压环（图 10-13），并将其与引下线焊接连通。

3. 内部防雷设施

本方案采用共用接地系统。所有进出塔体的金属管线均与防雷装置做等电位连接，塔内使用的所有强弱电线路各自穿管引入塔内，分别接入电源箱、接线箱或终端箱。所有强弱电供电电源箱内均加装浪涌保护装置，进行防雷电保护。

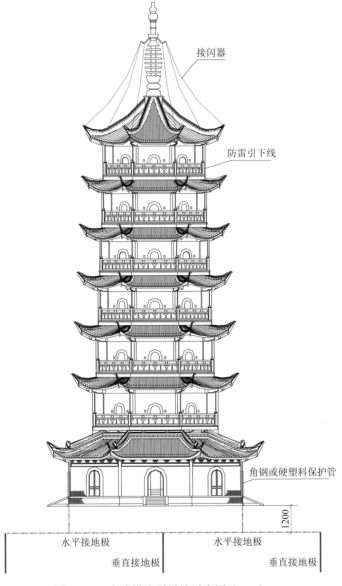

接闪器

防雷引下线

角钢或硬塑料保护管

1200

水平接地极　　　　　　水平接地极

垂直接地极　　　　　　垂直接地极

图 10-15　文峰塔防雷设施示意图（mm）

主要参考文献

《木结构设计手册》编辑委员会. 2005. 木结构设计手册. 第三版. 北京：中国建筑工业出版社.

安卫华，魏乃永，张萌. 2011. 故宫博物院太和殿等古建筑的防雷改造设计体会. 建筑电气，(22): 50-53.

蔡纪鹤. 2008. 古塔类建筑的防雷设计. 低压电器，(10): 42-52.

蔡裕康，宋金海. 2004. 古建筑电气装置与火灾预防. 北京：中国建筑工业出版社.

曹双寅，邱洪兴，李一平. 1999. 古塔结构可靠性诊断的系统方法及应用. 特种结构，(4): 50-52.

陈明达. 2001. 应县木塔. 北京：文物出版社.

陈平，姚谦峰，赵冬. 1999. 西安大雁塔抗震能力研究. 建筑结构学报，(1): 46-49.

谌壮丽，王桢. 2011. 古塔纠倾加固技术. 北京：中国铁道出版社.

戴诗亮. 1996. 随机振动实验技术. 北京：清华大学出版社.

丁绍祥. 2008. 砌体结构加固工程技术手册. 武汉：华中科技大学出版社.

樊华，胡跃祥，袁建力. 2013. 中江南塔的结构动力特性测试研究. 扬州大学学报，(3): 1-5.

高久斌，袁建力，樊华，等. 2006. 古砖木塔结构安全性评估的研究. 建筑结构，(1): 85-88.

顾功叙. 中国地震目录. 1983. 北京：科学出版社.

顾祥林，彭斌，黄庆华. 2007. 结构抗震分析中的计算机仿真技术. 自然灾害学报，(2): 92-100.

顾轶东. 2004. 冲击回波法在混凝土无损检测中的应用. 无损检测，(9): 468-472.

国家强震动台网中心. 2008. 汶川地震强震动记录.

洪峰，王绍博. 2000. 砌体结构抗震抗剪强度分析. 地震工程与工程振动，(3): 22-32.

胡聿贤. 地震工程学. 1988. 北京：地震出版社.

黄文铮. 2011. 古建筑旧青砖回弹测强曲线的建立. 科学技术与工程，(5): 3111-3113.

孔明明. 1997. 古塔抗震鉴定测量. 江苏测绘，(4): 20-22.

李采芹，秦载椿，厉声钧. 1999. 中国高层古建筑与消防. 消防技术与产品信息，(1)8-11.

李采芹，王铭珍. 2009. 中国古建筑与消防（修订版）. 上海：上海科学技术出版社.

李大心. 1994. 探地雷达方法及应用. 北京：北京地质出版社.

李德虎，何江. 1990. 砖石古塔动力特性的试验研究. 工程抗震，(3): 27-29.

李德虎，魏涟. 1990. 砖石古塔的历史震害与抗震机制. 建筑科学，(1): 13-18.

李国强，李杰. 2002. 工程结构动力检测理论与应用. 北京：科学出版社.

李胜才，Ayala D D，呼梦洁. 2014. 灌浆与钢箍加固震损砖墙的抗震性能试验研究. 土木建筑与环境工程，(8): 36-41.

李胜才，赵有军，Ayala D D，等. 2014. 砖石古塔地震损伤演化的数值模拟. 扬州大学学报，(11): 60-63.

李铁英，魏剑伟，张善元，等. 2005. 高层古建筑木结构——应县木塔现状结构评价. 土木工程学报，(2): 51-58.

李玉, 王社良, 赵祥, 等. 2006. 某古塔抗震及碳纤维加固性能分析. 工业建筑, (6): 104-106.

林建生. 1990. 从古石塔的抗震能力研究 1604 年泉州海外大震对塔址地震影响. 华南地震, (2): 17-24.

凌代俭, 陈伟, 袁建力. 2013. 用双向反应谱比法估计地形对结构反应的影响. 中国地震, (2): 256-264.

刘殿华, 袁建力, 樊华, 等. 2004. 虎丘塔加固工程的监控和观测技术. 土木工程学报, (7): 51-58.

刘敦桢. 1984. 中国古代建筑史. 第二版. 北京: 中国建筑工业出版社.

刘桂秋. 2008. 砌体及砌体材料弹性模量取值的研究. 湖南大学学报(自然科学版), (4): 29-32.

刘海卿, 倪镇国, 欧进萍. 强震作用下砌体结构倒塌过程仿真分析. 地震工程与工程振动, (5): 38-42.

卢俊龙, 刘伯权, 等. 2008. 某砖石古塔地基相互作用系统地震反应分析. 工业建筑, (6): 102-105.

罗先中. 2007. 冲击回波法检测混凝土结构. 铁道建筑, (7): 106-108.

罗哲文. 2006. 古建维修和新材料新技术的应用. 中国文物科学研究, (4): 55-59.

罗哲文. 1985. 中国古塔. 北京: 中国青年出版社.

骆万康, 李锡军. 2000. 砖砌体剪压复合受力动、静力特性与抗剪强度公式. 重庆建筑大学学报, (4): 13-19.

吕翠华, 陈秀萍, 张东明. 2012. 基于三维激光扫描技术的建筑物三维建模方法. 科学技术与工程, (10): 2410-2414.

马炳坚. 1992. 中国古建筑木作营造技术. 北京: 科学出版社.

乔尔. 2011. 探地雷达理论与应用. 雷文太, 等译. 北京: 电子工业出版社.

乔普拉[美]. 2007. 结构动力学: 理论及其在地震工程中的应用. 谢礼立, 吕大刚, 等译. 北京: 高等教育出版社.

邱洪兴, 蒋永生, 曹双寅. 2001. 古塔结构损伤的系统识别. 东南大学学报(自然科学版), (2): 86-90.

宋彧, 周乐伟, 原国华. 2008 砌体结构预应力斜拉筋加固抗震性能试验研究. 兰州理工大学学报, (5): 118-121.

苏启旺, 刘成清, 赵世春. 2013. 砌体结构地震破坏程度的估计研究. 工业建筑, (2): 39-44.

陶逸钟. 1987. 苏州虎丘塔——中国斜塔的加固修缮工程. 建筑结构学报, (6): 1-10.

王达诠, 武建华. 2002. 砌体 RVE 均质过程的有限元分析. 重庆大学建筑学学报, (4): 35-39.

王其亨. 2006. 古建筑测绘. 北京: 中国建筑工业出版社.

王占雷. 2014. 古建筑无损检测技术与工程实践. 北京: 化学工业出版社.

文化部文物保护科研所. 2006. 中国古建筑修缮技术. 北京: 中国建筑工业出版社.

文立华, 王尚文, 刘洪兵. 1995. 古塔动力性能试验. 工程抗震, (4): 30-31.

吴体. 2012. 砌体结构工程现场检测技术. 北京: 中国建筑工业出版社.

谢宏全, 侯坤. 2013. 地面三维激光扫描技术与工程应用. 武汉: 武汉大学出版社.

徐华铛. 2007. 中国古塔造型. 北京: 中国林业出版社.

徐建. 2002. 建筑振动工程手册. 北京: 中国建筑工业出版社.

扬州大学, University of Roma Tor Vergata. 2002. 古建筑动力特性的测试与建模方法.

扬州大学, 扬州市古典建筑工程公司. 2005. 文峰塔修缮加固技术及抗震能力鉴定系统方法.

扬州大学, 扬州市基本建设委员会. 1996. 扬州古塔可靠性鉴定与抗震鉴定.

扬州大学. 2010. 汶川地震四川省古塔的损伤状况调研、统计与鉴定.

杨峰, 彭苏萍. 2010. 地质雷达探测原理与方法研究. 北京: 科学出版社.

杨仲江, 李玉照, 姜长稷. 2009. 从扬州重宁寺藏经楼雷击事故看古建筑防雷. 建筑电气, (10): 40-43.

叶书麟. 1988. 地基处理. 北京: 中国建筑工业出版社.

应怀樵. 1985. 波形和频谱分析与随机数据处理. 北京: 中国铁道出版社.

于习法, 袁建力, 李胜才. 1999. 楼阁式古塔抗震勘查测绘的探讨. 古建园林技术, (2): 50-52.

俞茂宏, Oda Y, 方东平, 等. 2006. 中国古建筑结构力学研究进展. 力学进展, (1): 43-64.

袁建力. 2002. 现代测试技术在古建筑保护中的应用. 古建园林技术, (6): 45-49.

袁建力. 2008. 砖石古塔的震害特征与抗震鉴定方法//汶川地震建筑震害调查与灾后重建分析报告. 北京: 中国建筑工业出版社, 396-403.

袁建力. 2013. 砖石古塔震害程度与地震烈度的对应关系研究. 地震工程与工程振动, (2): 163-167.

袁建力. 2015. 砖石古塔基本周期的简化计算方法. 地震工程与工程振动, (2): 151-156.

袁建力, 陈明, 陈扬. 1991. 汉墓扁壳结构测试及计算模型分析. 结构工程学报, (3): 865-872.

袁建力, 樊华, 陈汉斌, 等. 2005. 虎丘塔动力特性的试验研究. 工程力学, (10): 158-164.

袁建力, 李胜才, 刘大奇, 等. 1999. 砖石古塔抗震鉴定方法的研究与应用. 扬州大学学报, (3): 54-58.

袁建力, 李胜才, 陆启玉, 等. 1998. 砖石古塔动力特性建模方法的研究. 工程抗震, (1): 22-25.

袁建力, 刘殿华, 李胜才, 等. 2004. 虎丘塔的倾斜控制和加固技术. 土木工程学报, (5): 44-49.

曾昭发. 2010. 探地雷达原理与应用. 北京: 电子工业出版社.

张序, 李兆堃, 袁铭, 等. 2012. 苏州虎丘塔三维数字化表达研究与应用. 测绘通报, (12): 51-53.

张驭寰. 2000. 中国塔. 太原: 山西人民出版社.

张泽江, 梅秀娟. 2010. 古建筑消防. 北京: 化学工业出版社.

赵殿甲, 胡文龙, 沈耀良. 1987. 普通测量学. 北京: 中国建筑工业出版社.

赵鸿铁, 薛建阳, 隋䶮, 等. 2011. 中国古建筑结构及其抗震. 北京: 科学出版社.

赵辉. 2014. 古建筑消防工程施工细节详解. 北京: 化学工业出版社.

浙江省文物考古研究所. 2005. 雷峰塔遗址. 北京: 文物出版社.

中国地震局汶川地震现场指挥部. 2009. 汶川 8.0 级地震图集. 北京: 地震出版社.

中国科学院地震工作委员会历史组. 1956. 中国地震资料年表. 北京: 科学出版社.

中国文化遗产研究院. 2011. 四川德阳孝泉镇龙护舍利宝塔抗震抢险、维修工程.

中华人民共和国国家标准(GB/T17742-2008). 2009. 中国地震烈度表. 北京: 中国标准出版社.

中华人民共和国国家标准(GB/T50315-2011). 2011. 砌体工程现场检测技术标准. 北京: 中国建筑工业出版社.

中华人民共和国国家标准(GB/T50452-2008). 2008. 古建筑防工业振动技术规范. 北京: 中国建筑工业出版社.

中华人民共和国国家标准(GB50003-2001). 2002. 砌体结构设计规范. 北京: 中国建筑工业出版社.

中华人民共和国国家标准(GB50005 -2003). 2003. 木结构设计规范. 北京: 中国计划出版社.

中华人民共和国国家标准(GB50009-2001). 2002. 建筑结构荷载规范. 北京: 中国建筑工业出版社.

中华人民共和国国家标准(GB50011-2010). 2011. 建筑抗震设计规范. 北京: 中国建筑工业出版社.

中华人民共和国国家标准(GB50057-2010). 2010. 建筑物防雷设计规范. 北京: 中国计划出版社.

中华人民共和国国家标准(GB50165-92). 1992. 古建筑木结构维护与加固技术规范. 北京: 中国建筑工业出版社.

中华人民共和国国家标准(GB50608-2010). 2011. 纤维增强复合材料建设工程应用技术规范. 北京: 中国计划出版社.

中华人民共和国国家标准(GB50702-2-11). 2011. 砌体结构加固设计规范. 北京: 中国建筑工业出版社.

中华人民共和国国家标准(GB50728-2-11). 2012. 工程结构加固材料安全性鉴定技术规范. 北京: 中国建筑工业出版社.

中华人民共和国行业标准(CJJ39—91). 2008. 古建筑修建工程质量检验评定标准(北方地区). 北京: 中国建筑工业出版社.

中华人民共和国行业标准(CJJ70-96). 1997. 古建筑修建工程质量检验评定标准(南方地区). 北京: 中国建筑工业出版社.

中华人民共和国行业标准(JC/T 796-2013). 2013. 回弹仪评定烧结普通砖强度等级的方法. 北京: 国家建筑材料工业局标准化研究所.

中华人民共和国行业标准(JGJ 123-2000). 2000. 既有建筑地基基础加固技术规范. 北京: 中国建筑工业出版社.

中华人民共和国行业标准(JGJ 159-2008). 2008. 古建筑修建工程施工与质量验收规范. 北京: 中国建筑工业出版社.

中华人民共和国行业标准(JGJ 8-2007). 2007. 建筑变形测量规范. 北京: 中国建筑工业出版社.

中华人民共和国行业标准(JGJ/T136 – 2001). 2002. 贯入法检测砌筑砂浆抗压强度技术规程. 北京: 中国建筑工业出版社.

中铁西北科学研究院有限公司. 2008. 都江堰市奎光塔抢险加固工程设计.

Afshin S. 2003. Application of impact-echo technique in diagnoses and repair of stone masonry structures. NDT & E International. (36): 195-202.

Akhaveissy A H, Milani G. 2013. A numerical model for the analysis of masonry walls in-plane loaded and strengthened with steel bars. International Journal of Mechanical Sciences, (72): 13-27.

Altin S, Kuran F, Anil O, et al. 2008. Rehabilitation of heavily earthquake damaged masonry building using steel straps. Structural Engineering and Mechanics. (6): 651-664.

Antonio B, Paolo C, Giulio C, et al. 2009. Strengthening of brick masonry arches with externally bonded steel reinforced composites. Canadian Metallurgical Quarterly, (6): 468-475.

Borri A, Castori G, Corradi M. 2011. Shear behavior of masonry panels strengthened by high strength steel cords. Construction and Building Materials, (2): 494-503.

Bruno S, et al. 2010. Calibration and application of a continuum damage model on the simulation of stone masonry structures: gondar church as a case study. Bulletin of Earthquake Engineering, 1-24.

Burland J B, Potts D M. 1995. Development and application of a numerical model for the leaning tower of Pisa, proceedings of the internationalsymposium on the pre-failure deformation characteristics of geomaterials. Japan, (2): 715-738.

Cano M. C, Guedes J M, Arête A, et al. 2010. Numerical simulation of the seismic response of a Mexican colonial model temple tested in a shaking table. Advanced Materials Research, (133-134): 683-688.

Carpinteri A, Invernizzi S, Lacidogna G. 2005. *In situ* damage assessment and nonlinear modelling of a historical masonry tower, Engineering Structures, (27): 387-395.

Casolo S. 1998. A three-dimensional model for vulnerability analysis of slender medieval masonry tower. Journal of Earthquake Engineering, (4): 487-512.

Ditommaso R, Mucciarelli M, Parolai S, et al. 2012. Monitoring the structural dynamic response of a masonry tower: comparing classical and time-frequency analyses. Bulletin of Earthquake Engineering, (4): 1221-1235.

Donato A, Lorenzo M, Yuan J L. 2009. Mechanical behavior of leaning masonry Huzhu Pagoda. Journal of Cultural Heritage, (10): 480-486.

Fan X B, Xiong Q F, Xia Z G. 2011. Study on the lightning-protection of ancient buildings. Journal of Landscape Research. (5): 65-69.

John B, Michele J, Carlo V. 1998. Stabilising the leaning tower of Pisa. Bull Eng. Geol. Env., (57): 91-99.

Li S C, Liu Y, Yuan J L. 2012. Parameters fitting on the dynamic behaviours of an ancient pagoda damaged by Wenchuan earthquake. Wroclaw, Poland, 1709-1715.

Ling D J, Fu S H, Yuan J L. 2013. Forward simulation and image analysis of ground penetrating radar for subsurface pipes. Applied Mechanics and Materials, (256-259): 1212-1216.

Miltiadou-Fezans A, Tassios T P. 2013. Stability of hydraulic grouts for masonry strengthening. Materials and Structures, (1): 1-22.

Nolph S M, Elgawady M A, Asce M. 2012. Static cyclic response of partially grouted masonry shear walls.
Journal of Structural Engineering, (7): 864-879.

Pablo A, Hernan S M. 2008. Experimental response of externally retrofitted masonry walls subjected to shear loading. Canadian Metallurgical Quarterly, (5): 489-498.

Paret T F, Freeman S A, Searer G R, et al. 2008. Using traditional and innovative approaches in the seismic evaluation and strengthening of a historic unreinforced masonry synagogue. Engineering Structures, (8): 2114-2126.

Pineda P, Robador M D, Gil-Martí M A. 2011. Seismic damage propagation prediction in ancient masonry structures: an application in the non-linear range via numerical models. The Open Construction and Building Technology Journal, (Suppl 1-M4): 71-79.

Resta M,, Fiore A, Monaco P. 2013. Non-linear finite element analysis of masonry towers by adopting the damage plasticity constitutive model. Advances in Structural Engineering, (5): 791-803.

Riva P, Perotti F, Guidoboni E, et al. 1998. Seismic analysis of the Asinelli Tower and earthquakes in Bologna. Soil Dynamics and Earthquake Engineering, （17）: 525–550.

Sansalone M, Lin J M, Streett W B. 1997. Impact-echo: nondestructive evaluation of concrete and masonry. Ithaca NY and Jersey Shore, PA Bullbrier Press.

Yuan J L, Li S C. 2001. Analysis and investigation of seismic behavior for multistory pavilion ancient pagodas in China. STREMAH, WIT Press, （7）: 129-137.

Yuan J L, Li S C. 2013. Study of the seismic damage regularity of ancient masonry pagodas in the 2008 Wenchuan earthquake. WIT Transactions on The Built Environment, （132）: 421-432.

Yuan J L, Rong L, Fan H. 2015a. Experimental research on dynamic behavior of the masonry pagoda based on soil - structure interaction. Advanced Materials Research, Vols. （1079-1080）: 212-219.

Yuan J L, Wang J. 2007. Analysis and simulation on unequal settlement of ancient masonry pagodas. WIT Transactions on the Built Environment, （95）: 459-468.

Yuan J L, Yang Y, Peng S N. 2015b. Experimental study on the material and environmental property of ancient adobe brick. Advanced Materials Research, Vols. （1120-1121）: 1485-1490.

Yuan J L, et al. 2008. Integrated modeling method for dynamic behavior of ancient pagodas. Structural Analysis of Historic Construction, London, CRC Press, 393-402.